動く曲線の数値計算

矢崎 成俊

共立出版

はじめに

　異なる二つの媒質や状態の境目をはっきりとさせたとき，その境目は，数学的には曲線あるいは曲面の集合として表現される．例えば，コップに水を入れて，そこに氷を浮かべたとしよう．このとき，氷の表面は空気と氷の境目，水面は水と空気の境目であり，そして水中には氷と水の境目が現れる．これらはいずれも界面 (interface) の例であり，特にはっきりとした界面 (sharp interface) の場合，それは境界の集合として数学的な表現を得る．

　本書の目的は，そのはっきりとした界面が平面内の境界線として定式化され，その境界線が時間とともに変形していく場合に，その変形運動を追跡する数値計算法を紹介することにある．拙著『界面現象と曲線の微積分』（共立出版，2016）においては，変形運動を記述するモデル方程式の導出や解曲線の性質を中心に解説した．本書では前掲書第8章「数値計算とその応用」をクローズアップして，その背景から詳細に紹介することを主眼としている．その意味で目次の上からは前掲書の続編ともいえるが，前掲書の趣旨の流れを考えると，その続編としては曲面の運動や空間曲線の運動となるべきであろう．したがって，本書の位置づけは（続編ではなく），

　　界面現象を題材に取り上げた，数値計算を応用するための書

であり，その姿勢で執筆したし，またその観点から読む意欲のある読者を期待している．とはいえ，もっと素朴にタイトル通りの本，つまり，

動く曲線はどのように数値計算すればよいのか

という疑問に答えた本になるように心がけた．
その観点から本書ではさまざまな数値計算法を紹介するが，その目的は次の二つに集約される．

数値解の計算 さまざまな方程式の解が解析的に（あるいは手計算で）求まらない場合に，方程式を解くための近似計算スキームを考え，コンピュータを用いて，その解を近似する数値を求めること．

可視化 方程式の真の解，あるいは数値的に求めた近似解の様子や挙動を，得られたデータからコンピュータを用いて可視化すること．

真の解に接近する数値解を求めることは本来的には次善の策であるが，真の解が得られない場合，そしてそれはほとんどの場合といっても過言ではないから，現実的には最善に近い策といってよいだろうし，少なくとも真の解を得ようと努力することの強力な援護となることは間違いない．また，数学は世界の共通言語であるが，可視化された画像や映像は一目瞭然に分野を超えた共感が得られるのだから，異分野交流には欠かせない，現代的には必須な方法であるといえるであろう．なお，本書で紹介する計算は，表計算ソフト（エクセル）を使った部分もあるが，ほとんどのものは数値スキームをC言語でコンピュータに実装し，プログラムを実行して得られたデータをgnuplotで可視化したものである．gnuplotについて若干のスクリプトを紹介した章もあるが，基本的にプログラミング言語や可視化についての具体的な記述方法について深入りはしていない．その理由は，日々アップデートされる描画ソフトについてはインターネットで検索して最新の方法を入手する方がよいことと，描画ソフトやプログラミング言語の選択はユーザーの嗜好や経験に強く依存することである．

本書は三部構成である．第I部では，数値計算の最低限の基礎知識を復習することに加えて，実験的収束次数(EOC)というとても重要な概念を紹介する．手許にあるどの数値計算の本にもEOCの記述はないが，EOCの本質的概念は古くからいわれてきたものに他ならず，新しいものではない．しかし，あえてEOCと命名することにより，数値計算における重要なチェック機能を果たす

であろうと信じている．また，若干の歴史的考察も交え，名が残っている先達の偉業を筆者なりに振り返ったつもりである．

第II部は，標準的な偏微分方程式の差分法を最小限で紹介したものである．1階と2階の偏微分方程式の差分解法について，例えば，連続量の離散化と離散量の連続極限など，連続と離散の間を行き来しながらさまざまな角度から論じ，通常の差分法において気をつけるべき点や特筆すべき点にも注意を促した．標準的ながらもエスプリのきいた章になっただろうか．

第I部と第II部の初歩的で基礎的な準備のもと，本題第III部に入る．したがって，数値計算に熟達している読者は第III部から読み進めても特に不具合はない．しかし，数値計算には「これがベストで，これ以外にない！」という方法がない．それは数値計算が日進月歩であるからともいえるし，意外にも好みがその理由にあるように思う．つまり，数値計算法は，大筋においての共通理解はあるが，差分化するときや実装するときにおけるさまざまな細かい点において，使用者や開発者の癖・好み・思想が随所に反映されるのである．第I部と第II部はそういった意味で，はからずも，筆者の癖・好み・思想が反映された数値計算の初歩と基礎であるから，もし第III部から読み進めて，自分とはちょっとスタイルが違うと思ったならば，ぜひ第I部や第II部に立ち戻り，筆者の考えを一瞥してもらえれば幸いである．さて，第III部では，本書の主題である直接法アプローチを順を追って詳細に述べているが，間接法についても章を割いて，具体的な数値計算とともに紹介した．直接法も間接法も互いに他方にはない利点がいくつかあって，どちらかだけ知っていればよい，あるいはどちらかが圧倒的によいということは決してない．将来的には，直接法と間接法の両方の利点を盛り込んだ，簡単だがいいとこどりのハイブリッドな「直間法」ができればと期待している．

数値計算の醍醐味は，解析的には表現ができない関数や解曲線の挙動を視覚化できるところにある．本書の方法によって，いままで見えなかった界面の振る舞いが見えるようになったら嬉しい限りである．さらに，本書よりも洗練されたスキームを開発する意欲が読者に沸き立ったならば，それは筆者にとって望外の喜びである．いや，それどころか，ありがとう！と御礼申し上げたい．

謝辞

本書は 2017 年 9 月におこなった埼玉大学大学院における集中講義ノート『境界追跡法：界面現象の数値計算』を骨格としている．翌 10 月，共立出版からの出版が決定し，そして，とんとん拍子に執筆が進む…，はずだった．事実は，決定から 1 年半経ち，やっと初校に到達．その間，編集部の大谷早紀氏は，筆者の完成延期（の言い訳）メールを沢山受信して下さった．そして，原稿提出後は非常に丁寧に校正して下さった．合わせて深謝したい．

当初の予定よりも執筆期間が長くなったが，タイミングがよかったこともある．0.6 節の山中マジックは，筆者が勝手に命名したものだが，山中脩也氏（明星大学）の 2 回の講演 [133] から抜粋したものである．特に 2 回目の 2018 年 2 月の話題も本書で紹介できたのはよかった．同氏からは浮動小数点数について多くのことを教わった．また，8.5 節の蔵本 - シバシンスキー方程式に関する記述は本書の特徴の一つであるが，2018 年夏前後に出版された研究成果だったので加えることができた．

本書全般の校正・査読を積極的に引き受けてくれた明治大学大学院理工学研究科博士前期課程の飯島ひろみ，舘野周一，同後期課程の上形泰英，小林俊介，大学院 OB の加茂章太郎，宗像俊行，京都大学／理化学研究所の榊原航也，および，株式会社レキシーの秋田健一，以上の諸氏には深くお礼を申し上げたい．軽微な誤植から深刻なミスまで，多くの不備を発見し，的確に指摘してくれたお陰で本書を随分とよくすることができた．

みなさまに深く感謝の意を表したい．

平成 31 年 4 月 12 日　矢崎成俊

ページ番号についての注意

図，定理，問や式番号が，読んでいるページより 2 ページ以上離れている場合にページ番号を付した．

目　次

第0章　コンピュータ上の「数」　1
- 0.1　コンピュータの得手不得手　1
- 0.2　浮動小数点数　2
- 0.3　2進法　5
- 0.4　IEEE754規格　8
- 0.5　浮動小数点数の計算　10
- 0.6　山中マジック　14
- 0.7　結局，いいたいこと　18

第I部　数値計算の基本　19

第1章　常微分方程式の数値解法　21
- 1.1　離散変数法　21
- 1.2　オイラー法の収束　22
- 1.3　オイラー法の改良　24
- 1.4　打ち切り誤差と丸め誤差　29
- 1.5　EOC　30
- 1.6　カオス登場　33
- 1.7　単振り子の運動方程式　38
- 1.8　「気の利いた」オイラー法　39
- 1.9　シンプレクティック・オイラー法　40

1.10　エネルギーが保存するような離散化　43
  1.11　オイラーによるオイラー法　44

第2章　数値積分　49
  2.1　区分求積法と数値積分　49
  2.2　左端点則と右端点則　50
  2.3　中点則と台形則　54
  2.4　シンプソン則　57
  2.5　「気の利いた」変形　59

第3章　非線形方程式の数値解法　63
  3.1　ニュートン法　64
  3.2　縮小写像の原理　68
  3.3　ニュートン法の収束　69
  3.4　ニュートンによるニュートン法　73
  3.5　2分法　79
  3.6　2分法の収束，および収束性の一般論　83

第II部　偏微分方程式の差分解法 ─────── 85

第4章　1階線形偏微分方程式の差分解法　87
  4.1　移流方程式　87
  4.2　偏微分方程式の差分解法　89
  4.3　移流方程式の全離散化　93
  4.4　前進差分スキーム (4.9) の不安定性　94
  4.5　風上差分スキーム (4.10) の安定性，適合性，収束性　96
  4.6　中心差分スキーム (4.11) とフォン・ノイマンの安定性　100

第5章　2階線形偏微分方程式の差分解法　103
  5.1　熱方程式の導出　103
  5.2　差分の記号　107

5.3 熱方程式の初期値境界値問題 (5.3) の離散化　108
5.4 エネルギー不等式と「気の利いた」半陰的離散化　110
5.5 保存量をもつ勾配流方程式　114
5.6 半離散版の面積保存曲線短縮方程式　116
5.7 拡散の遷移確率と CFL 条件 (4.14)，安定条件 (5.14)　121

第 III 部　動く曲線の数値計算 ──────── 129

第 6 章　動く曲線の問題　131

6.1 時間変化する平面曲線とその表現　131
6.2 さまざまな量の時間発展方程式　136
6.3 さまざまな法線速度　139
 6.3.1 アイコナール方程式 $V = V_c$　140
 6.3.2 古典的曲率流方程式 $V = -\kappa$　140
 6.3.3 古典的面積保存曲率流方程式 $V = \langle \kappa \rangle - \kappa$　141
 6.3.4 表面拡散流方程式 $V = \kappa_{ss}$　141
 6.3.5 重み付き曲率流方程式 $V = -w(\theta)\kappa$　141
 6.3.6 正べき曲率流方程式 $V = -|\kappa|^{p-1}\kappa$　142
 6.3.7 非斉次界面エネルギーの勾配流方程式
  $V = -\gamma\kappa - \nabla\gamma \cdot \boldsymbol{N}$　142
 6.3.8 ウィルモア流方程式 $V = \kappa_{ss} + \kappa^3/2$　143
 6.3.9 ヘルフリッヒ流方程式
  $V = \kappa_{ss} + \kappa^3/2 + (c_0^2/2 + \lambda_1)\kappa + \lambda_2$　143
 6.3.10 ヘレ・ショウ流方程式 $V = -(b^2/12\mu)\nabla p \cdot \boldsymbol{N}$　144
 6.3.11 蔵本 - シバシンスキー方程式
  $V = V_c + (\alpha_{\text{eff}} - 1)\kappa + \delta\kappa_{ss}$　145
 6.3.12 その他の方程式　145
6.4 動く開曲線の問題　147
6.5 開曲線版古典的面積保存曲率流方程式とディドの問題　150

第 7 章 動く折れ線上の「曲率」と「法線」 **155**

- 7.1 時間変化する平面折れ線とその表現　155
- 7.2 頂点や辺上の「曲率」と頂点における「法線」方向の変遷　165
  - 7.2.1 周長の第一変分　165
  - 7.2.2 曲率ベクトル　166
  - 7.2.3 古典的曲率流方程式　166
  - 7.2.4 離散版古典的曲率流方程式　167
  - 7.2.5 曲率半径の逆数　168
  - 7.2.6 接線角度の弧長微分　169
- 7.3 「曲率」$\kappa_i, K_i, \hat{\kappa}_i$ は曲率の近似か　171

第 8 章 動く折れ線の問題 **181**

- 8.1 準備　181
  - 8.1.1 全界面エネルギー L_σ の時間微分　183
  - 8.1.2 弾性エネルギー E の時間微分　184
- 8.2 さまざまな法線速度 $\{v_i\}$　188
  - 8.2.1 アイコナール方程式 $v_i = V_c$　188
  - 8.2.2 古典的曲率流方程式 $v_i = -\kappa_i$　189
  - 8.2.3 古典的面積保存曲率流方程式 $v_i = \langle \kappa \rangle - \kappa_i$　189
  - 8.2.4 重み付き曲率流方程式 $v_i = -(\kappa_\sigma)_i$　190
  - 8.2.5 正べき曲率流方程式 $v_i = -|\kappa_i|^{p-1}\kappa_i$　190
  - 8.2.6 ウィルモア流方程式，蔵本 - シバシンスキー方程式，表面拡散流方程式　191
- 8.3 接線速度 $\{W_i\}$ の決定：漸近的一様配置法と曲率調整型配置　192
  - 8.3.1 漸近的一様配置法　192
  - 8.3.2 漸近的曲率調整型配置法　197
  - 8.3.3 開曲線に対する一様配置と曲率調整型配置の比較　202
- 8.4 アルゴリズム（線の方法）　203

8.5　数値スキームの実例：蔵本 - シバシンスキー方程式　204

第9章　間接法やグラフによる表現　213

9.1　レベルセットの方法：等高線による動く曲線の表現　213
9.2　グラフによる動く曲線の表現　224
9.3　蔵本 - シバシンスキー方程式のスケール変換　232
9.4　特異極限法：アレン - カーン方程式による動く曲線の表現
　　　236

第10章　基本解近似解法 (MFS)　251

10.1　MFSとは　251
10.2　MFSのアイディア　253
10.3　不変スキーム　256
　　10.3.1　零平均条件　258
　　10.3.2　第2特異点と重み付き平均条件　260
10.4　MFSの数値計算例：ヘレ・ショウ問題　262
　　10.4.1　スキーム　264
10.5　隙間 b が時間に依存する $b = b(t)$ の場合の数値計算例　265

問の解答例　271

参考文献　319

索引　327

第0章 コンピュータ上の「数」

数値解を求めたり，データを可視化したりするには，コンピュータ上で「数」を扱わなければならない．コンピュータ上の「数」とはどのような「数」なのか．

0.1 コンピュータの得手不得手

コンピュータが無理なことや苦手なことは，無限が関わることである．例えば，無限小数や無限回の操作が必要となる実数や極限操作（微分，積分）などは，有限小数や有限回の操作で代替され，基本的に近似された数値を入力し，近似された数値が出力される．

一方，コンピュータが得意なことは，有限桁の数を有限回演算することである．有限といっても10とか100とかではなく，巨大な数である．しかし巨大といっても果てしないわけではなく，果てはある．手許にあるノートパソコンのC言語で扱える倍精度型の浮動小数点数（後述）の最大値は $1.797693134862316 \times 10^{308}$ であった．江戸時代に活躍した和算家・吉田光由の『塵劫記』で初めて登場したといわれる無量大数は 10^{68} 程度といわれているので，10^{308} の方がよっぽど大数である．ただ，無量大数の名誉のため(?)にいっておくと，整数型の最大値は2147483647であったので，これに比べると無量大数はやはり大数である．

コンピュータ上で，無限小数は有限小数で近似され，有限小数どうしの演算

結果もまたある定まった桁数の有限小数で近似される．したがって，演算するたびに近似されていくので，演算すればするほど真の数値との誤差が堆積していく．数千回，数万回の演算回数は普通であるから，下手なスキームを作ると誤差が山となって悲惨なことになる．しかし，誤差の堆積をうまく制御すれば，必ずしも「ちり（誤差）も積もれば山となる」ことにはならない．

さて，コンピュータはどのような「数」を扱っているのか．

0.2　浮動小数点数

表計算ソフトで 0.1 を 100 回足すと 10 になるか

エクセルなどの表計算ソフトで 0.1 を 100 回足してみる．図 0.1 のように，最初のセル A1 を 0.1 にして，以降 A2～A100 まで，上から下に向かって順次 0.1 を足していく．図 0.1 において，100 番目のセル A100 には，0.1×100 の結果が表示されるはずで，確かに 10.0 となっている．図 0.1 は，セルの書式設定で，小数点以下 1 桁を表示するようにしてある．これには何も問題がないようにみえる．

次に，A 列のすべてを，セルの書式設定で，小数点以下 15 桁まで表示させ

	A		A		A		A		A
1	0.1	21	2.1	41	4.1	61	6.1	81	8.1
2	0.2	22	2.2	42	4.2	62	6.2	82	8.2
3	0.3	23	2.3	43	4.3	63	6.3	83	8.3
4	0.4	24	2.4	44	4.4	64	6.4	84	8.4
5	0.5	25	2.5	45	4.5	65	6.5	85	8.5
6	0.6	26	2.6	46	4.6	66	6.6	86	8.6
7	0.7	27	2.7	47	4.7	67	6.7	87	8.7
8	0.8	28	2.8	48	4.8	68	6.8	88	8.8
9	0.9	29	2.9	49	4.9	69	6.9	89	8.9
10	1.0	30	3.0	50	5.0	70	7.0	90	9.0
11	1.1	31	3.1	51	5.1	71	7.1	91	9.1
12	1.2	32	3.2	52	5.2	72	7.2	92	9.2
13	1.3	33	3.3	53	5.3	73	7.3	93	9.3
14	1.4	34	3.4	54	5.4	74	7.4	94	9.4
15	1.5	35	3.5	55	5.5	75	7.5	95	9.5
16	1.6	36	3.6	56	5.6	76	7.6	96	9.6
17	1.7	37	3.7	57	5.7	77	7.7	97	9.7
18	1.8	38	3.8	58	5.8	78	7.8	98	9.8
19	1.9	39	3.9	59	5.9	79	7.9	99	9.9
20	2.0	40	4.0	60	6.0	80	8.0	100	10.0

図 0.1　小数点以下 1 桁で表示

	A
1	0.100000000000000
2	0.200000000000000
3	0.300000000000000
4	0.400000000000000
5	0.500000000000000
6	0.600000000000000
7	0.700000000000000
8	0.800000000000000
9	0.900000000000000
10	1.000000000000000
11	1.100000000000000
12	1.200000000000000
13	1.300000000000000
14	1.400000000000000
15	1.500000000000000
16	1.600000000000000
17	1.700000000000000
18	1.800000000000000
19	1.900000000000000
20	2.000000000000000

	A
21	2.100000000000000
22	2.200000000000000
23	2.300000000000000
24	2.400000000000000
25	2.500000000000000
26	2.600000000000000
27	2.700000000000000
28	2.800000000000000
29	2.900000000000000
30	3.000000000000000
31	3.100000000000000
32	3.200000000000000
33	3.300000000000000
34	3.400000000000000
35	3.500000000000000
36	3.600000000000000
37	3.700000000000000
38	3.800000000000000
39	3.900000000000000
40	4.000000000000000

	A
41	4.100000000000000
42	4.200000000000000
43	4.300000000000000
44	4.400000000000000
45	4.500000000000000
46	4.600000000000000
47	4.700000000000000
48	4.800000000000000
49	4.900000000000000
50	5.000000000000000
51	5.100000000000000
52	5.200000000000000
53	5.300000000000000
54	5.400000000000000
55	5.500000000000000
56	5.600000000000000
57	5.700000000000000
58	5.800000000000000
59	5.900000000000000
60	5.999999999999990

	A
61	6.099999999999990
62	6.199999999999990
63	6.299999999999990
64	6.399999999999990
65	6.499999999999990
66	6.599999999999990
67	6.699999999999990
68	6.799999999999990
69	6.899999999999990
70	6.999999999999990
71	7.099999999999990
72	7.199999999999990
73	7.299999999999990
74	7.399999999999990
75	7.499999999999990
76	7.599999999999990
77	7.699999999999990
78	7.799999999999990
79	7.899999999999990
80	7.999999999999990

	A
81	8.099999999999990
82	8.199999999999990
83	8.299999999999990
84	8.399999999999990
85	8.499999999999990
86	8.599999999999990
87	8.699999999999990
88	8.799999999999990
89	8.899999999999990
90	8.999999999999980
91	9.099999999999980
92	9.199999999999980
93	9.299999999999980
94	9.399999999999980
95	9.499999999999980
96	9.599999999999980
97	9.699999999999980
98	9.799999999999980
99	9.899999999999980
100	9.999999999999980

図 **0.2** 小数点以下 15 桁で表示

る（図 0.2）．すると，セル A60 で本来 6.0 のはずが 5.999 · · · 90 となり，以降 A100 まで真の値とは異なる値が表示されている．

これは一体何が起きているのだろうか．実は，0.1 は入力した時点でもはや厳密には 0.1 ではないのである．なぜだろうか．

コンピュータ上の「数」

コンピュータでは無限小数を扱えないから，無限に続く小数を次のように有限小数として近似的に扱う．例えば，無限小数 $x = 0.0001234567\cdots$ を，先頭から続く 0 を除いて得られる 4 桁で近似すると，

$$\bar{x} = +1.235 \times 10^{-4}$$

と表現される．「+」はプラスの符号で，$\bar{x}$ は**有効数字** 4 桁の数，**有効桁数** 4 桁という．有効桁数は先頭から続く 0 を除いた数の桁数を指す．真の値から近似値を得ることを**丸める**と呼び，切り捨て，切り上げ，四捨五入，最近点丸めなどさまざまな近似の方法がある．上の例では，小数第 4 位 (1.234<u>5</u>) を四捨五入して，x を $\bar{x}$ に丸めた．

一般に，
$$\bar{x} = \pm \left(d_0 + \frac{d_1}{10} + \frac{d_2}{10^2} + \cdots + \frac{d_{t-1}}{10^{t-1}} \right) \times 10^e$$
$$= \pm (d_0.d_1 d_2 \cdots d_{t-1})_{10} \times 10^e$$

の形の数を 10 進法で表された t 桁の**浮動小数点数**（短く，10 進 t 桁の浮動小数点数）という．ここで，$d_i \in \{0, 1, \ldots, 9\}$ で，$\pm$ を**符号**，e を**指数**，$(d_0.d_1 d_2 \cdots d_{t-1})_{10}$ を**仮数**と呼ぶ．（添え字の 10 は 10 進法の 10 の意味である．以下，本書では n 進法で表された数を簡単に n 進数と呼ぶことにする．ただ，数論では素数 p に対して p 進数を全く異なる意味で用いるので注意されたい．）

浮動小数点数の「浮動」とは数によって小数点の位置が動くことを意味している．これは例えば，

$$0.00\underset{\uparrow}{1}234 = 1.234 \times 10^{-3}, \quad 0.0\underset{\uparrow}{1}234 = 1.234 \times 10^{-2}, \quad 0.\underset{\uparrow}{1}234 = 1.234 \times 10^{-1}$$

において，各式の両辺の小数点の位置が異なっているということである．$d_0 = 0$ を許すと，$t = 4$ のときの $x = 0.0001234567\cdots$ の浮動小数点表示は，x を小数第 7 位で四捨五入したら，

$$0.\underline{123} \times 10^{-3}$$

となり，x を小数第 6 位で四捨五入したら，

$$0.0\underline{12} \times 10^{-2}$$

となる．これでは浮動小数点数の表現が定まらないうえに，四捨五入して丸められて，有効数字も前者は 3 桁，後者は 2 桁となる．浮動小数点数の表現を一意にして，かつ有効数字の桁数をなるべく多くするために，$\bar{x}$ のように $d_0 \neq 0$ とするのが通例である．これを**正規化表現**という．

通常のコンピュータでは浮動小数点数は 2 進法で表現される．これは電圧のレベルに対応してコンピュータや通信機器の上で数値を扱いやすくしていることに由来している．2 進 t 桁の浮動小数点数は，

$$\bar{x} = \pm \left(d_0 + \frac{d_1}{2} + \frac{d_2}{2^2} + \cdots + \frac{d_{t-1}}{2^{t-1}} \right) \times 2^e$$
$$= \pm (d_0.d_1 d_2 \cdots d_{t-1})_2 \times 2^e$$

の形の数である．ここで，$d_i \in \{0,1\}$ で，$\pm$ を符号，e を指数，10 進数 x を 2 進法で表現した数を $x = (\cdots)_2$ と表すことにし，$(d_0.d_1d_2\cdots d_{t-1})_2$ を仮数と呼ぶ．有効数字は先頭から続く 0 を除くのだから，2 進数の場合，最初の数字はつねに 1 である．したがって，浮動小数点表示の一意性と有効桁数を 1 桁稼ぐために正規化すると $d_0 = 1$ であるから，正規化された 2 進 t 桁の浮動小数点数は，

$$\bar{x} = \pm \left(1 + \frac{d_1}{2} + \frac{d_2}{2^2} + \cdots + \frac{d_{t-1}}{2^{t-1}}\right) \times 2^e$$
$$= \pm (1.d_1d_2\cdots d_{t-1})_2 \times 2^e$$

となる．

0.3　2進法

2 進法による数の表現（以下，短く 2 進表現という）についてまとめる．10 進数では，$0,1,\ldots,9$ の次が 10（じゅう）であるが，2 進数は，$0,1$ の次が 1 0（いちぜろ）である．このとき，次の系列がわかる．

$$\cdots \leftarrow (10^{-2})_2 \leftarrow (10^{-1})_2 \leftarrow (1)_2 \rightarrow (10)_2 \rightarrow (10^2)_2 \rightarrow \cdots$$
$$\cdots \leftarrow \quad 2^{-2} \quad \leftarrow \quad 2^{-1} \quad \leftarrow \quad 1 \quad \rightarrow \quad 2 \quad \rightarrow \quad 2^2 \quad \rightarrow \cdots$$

自然数の場合

自然数 x を

$$x = 2^m a_m + 2^{m-1} a_{m-1} \cdots + 2a_1 + a_0$$
$$= \left(a_m + \frac{a_{m-1}}{2} \cdots + \frac{a_1}{2^{m-1}} + \frac{a_0}{2^m}\right) \times 2^m \quad (a_i \in \{0,1\})$$

のように分解して，x の 2 進表現

$$x = (a_m a_{m-1} \cdots a_1 a_0)_2$$
$$= (a_m.a_{m-1} \cdots a_1 a_0)_2 \times 2^m \quad (a_i \in \{0,1\})$$

を得る.係数 a_i は,最後に商が $q_m = 0$ になるまで x を 2 で次々と割り続けることで得られる.

$$x = 2q_0 + a_0, \quad q_i = 2q_{i+1} + a_{i+1} \quad (i = 0, 1, \ldots, m-1).$$

ここで,q_0 は x を 2 で割った商で a_0 は余り,q_{i+1} は q_i を 2 で割った商で a_{i+1} は余りである.

◆ **例 0.1**　$123 = (1111011)_2 = (1.111011)_2 \times 2^6$ である.以下のような筆算や表計算をしてみるとわかりやすい.

i	q_i	a_i
0	61	1
1	30	1
2	15	0
3	7	1
4	3	1
5	1	1
6	0	1

例えば,123 を 2 進有効桁数 4 桁で 0 捨 1 入する場合は,

$$123 = (1.111\breve{0}11)_2 \times 2^6$$

の $\breve{0}$ を 0 捨 1 入して,

$$(1.111)_2 \times 2^6 = 2^6 + 2^5 + 2^4 + 2^3 = 120$$

となる.

[**問 0.1**]　111 の 2 進表現を求め,2 進有効桁数 4 桁で 0 捨 1 入した数 $111'$ と切り捨てした数 $111''$ をそれぞれ求めよ.

小数の場合

次に,区間 $[0, 1]$ の小数 $x = 0.\cdots$ を

と分解して，次のような x の 2 進表現を得る．

$$x = (0.d_1 d_2 \cdots)_2.$$

係数 d_i は，x の小数部分を 2 で次々と掛けていくことにより得られる（$[\cdot]$ はガウス記号）．

$$\alpha_1 = 2x, \quad d_1 = [\alpha_1],$$
$$\alpha_i = 2(\alpha_{i-1} - d_{i-1}), \quad d_i = [\alpha_i] \quad (i = 2, 3, \ldots).$$

✔ **注 0.2** 0 と 1 は，それぞれ

$$(0.00\cdots)_2 = (0)_2 = 0, \quad (0.11\cdots)_2 = (1)_2 = 1$$

である．

◆ **例 0.3** 0.1 は，無限 2 進小数となる．以下のように表を作り展開の様子を観察するとよい．

i	α_i	d_i
1	0.2	0
2	0.4	**0**
3	0.8	**0**
4	1.6	**1**
5	1.2	**1**
6	0.4	0
7	0.8	0
8	$\cdots$	$\cdots$

$\alpha_6 = \alpha_2$ より 0.1 の 2 進表現は循環小数となる．よって，正規化された浮動小数点数で表示すると，

$$0.1 = (0.0\ \mathbf{0011}\ 0011\ 0011\ \cdots)_2$$
$$= \left(1.1001\ 1001\ 1001\ \cdots \times 10^{-4}\right)_2$$
$$= (1.1001\ 1001\ 1001\ \cdots)_2 \times 2^{-4}.$$

例えば，0.1 を 2 進有効桁数 9 桁で 0 捨 1 入すると，

$$0.1 = (\underline{1.1001\ 1001}\ \breve{1}001\cdots)_2 \times 2^{-4}$$

の $\breve{1}$ を 0 捨 1 入して，10 進表現で，

$$(1.1001\ 1010)_2 \times 2^{-4}$$
$$= \left(1 + \frac{1}{2} + \frac{1}{2^4} + \frac{1}{2^5} + \frac{1}{2^7}\right) \times \frac{1}{2^4}$$
$$= 0.10009765625$$

となる．また，有効桁数 9 桁で切り捨てするならば，$\breve{1}$ 以下を切り捨てて，10 進表現で，

$$(1.1001\ 1001)_2 \times 2^{-4}$$
$$= \left(1 + \frac{1}{2} + \frac{1}{2^4} + \frac{1}{2^5} + \frac{1}{2^8}\right) \times \frac{1}{2^4}$$
$$= 0.099853515625$$

となる．

[問 **0.2**]　0.2 と 0.3 の 2 進表現をそれぞれ求めよ．

0.4　IEEE754 規格

実数 x を 2 進 t 桁の正規化された浮動小数点数で表示すると，

$$\bar{x} = \pm(1.d_1 d_2 \ldots d_{t-1})_2 \times 2^e \quad (d_i \in \{0, 1\})$$

であった．現在，標準的に採用されている IEEE754 規格においては，正規化された 2 進浮動小数点形式で，倍精度（double 型）の場合は，表 0.1 のような

0.4 IEEE754 規格

表 0.1 倍精度の浮動小数点数

符号 s	指数部 E	仮数部 d
1 ビット	11 ビット	52 ビット
0 or 1	$E_{10}E_9\cdots E_0$	$d_1d_2\cdots d_{52}$

64 ビット (bit) の形式長をもつ格納庫が用意されている．単精度は 32 ビット（指数部は 8 ビット），4 倍精度は 128 ビット（指数部は 15 ビット）である．

符号 s は正の場合 $s=0$，負の場合 $s=1$ である（つまり，$(-1)^s$）．仮数部は 52 ビットであるが，正規化した際の先頭の 1 があるので，情報としては 53 ビット分である（隠れビットという）．1 ビット「ケチ」っている（得している）ことになるが，本来は無限に続く実数をたった 64 ビットで表現しようとしているのだからこの節約表現は重要である．これをケチ表現と呼ぶ．これより，倍精度の有効桁数は $\log_{10}2^{53} \approx 15.95\cdots$ だから，10 進法で約 15 桁であることがわかる．また，指数 e の範囲は $-1022 \leq e \leq 1023$ で，$E=e+1023$ のように「ゲタ」を履かせて $1 \leq E \leq 2046$ とする ($2^{10}=1024$)．これをバイアス表現，ゲタ履き表現と呼ぶ．すなわち，

$$E = 2^{10}E_{10} + 2^9 E_9 + \cdots + 2^1 E_1 + E_0$$
$$= (E_{10}E_9\cdots E_1 E_0)_2.$$

ここで，$E_i \in \{0,1\}$ である．IEEE Std 754^{TM}-2008 [45, 3.4 節] によれば，指数部が 11 ビットの場合，総数は $2^{11}=2048$ 通りだが，残りの 2 通りのうち，最初の $E=(00\cdots 0)_2=0$ は零に，最後の $E=(11\cdots 1)_2=2^{11}-1$ は無限大 (infinity) と非数 (NaN, not-a-number) に用いる．特に，$s=0$ の零は +0 と表され，$s=1$ の零は -0 と表される．また，指数部はすべて 1，仮数部はすべて 0 のとき，正の無限大は $s=0$ で inf と表され，負の無限大は $s=1$ で -inf と表される．指数部はすべて 1 で，仮数部は「すべて 0」でないとき，非数で nan と表される．

例えば，0.1 は，倍精度で

```
sEEEEEEE EEEEdddd dddddddd...
00111111 10111001 10011001 10011001 10011001 10011001 10011001 10011010
```

と表現される（この浮動小数点数表示は [73, プログラム 1.3] を用いて出力した）．丸めの方法は，最も近い浮動小数点数に丸める方法で，最近点への丸めと呼ばれる．最も近い浮動小数点数が二つあった場合は，仮数部の最終ビットが 0 となる浮動小数点数（偶数）に丸められる．

[**問 0.3**] 上の倍精度表記の 0.1 を $\overline{0.1}$ とおく．このとき $\overline{0.1} > 0.1$ で，$D = \overline{0.1} - 0.1$ とおくと，$D \in (2^{-58}, 2^{-57}) \subset (10^{-18}, 10^{-17})$ であることを示せ．

問 0.3 の評価は手計算でチャレンジしてほしい．具体的な数値を Mathematica を用いて小数点以下 64 桁まで表示すると，

$$\overline{0.1} = \left(1 + \sum_{i=1}^{12}\left(\frac{1}{2^{4i-3}} + \frac{1}{2^{4i}}\right) + \frac{1}{2^{49}} + \frac{1}{2^{51}}\right) \times \frac{1}{2^4}$$

$$= 0.1000\ 0000\ 0000\ 0000\ \underline{05}55\ 1115\ 1231\ 2578$$
$$\quad\quad 2702\ 1181\ 5834\ 0454\ 1015\ 62\breve{5}0\ 0000\ 0000$$

となる．問 0.3 の考察の通り，$\overline{0.1}$ は 0.1 よりも大きく，$\underline{05}$ が小数点以下 17 〜 18 桁目であるから，誤差 D は $(10^{-18}, 10^{-17})$ の範囲に入っている．また，$\breve{5}$ は小数点以下 55 桁目で，それ以降 64 桁目まで 0 が続いているが，この 0 は永遠に続く．実際，$\overline{0.1}$ の展開において，一番小さい 2 のべき乗が 2^{-55} で，その一つ前が 2^{-53} だから，$\overline{0.1}$ は小数点以下 54 〜 55 桁目が $\cdots$ 25 で，これが最終の 2 桁の有限小数である．

結局，0.1 は入力した時点でもはや 0.1 ではないのである．

0.5 浮動小数点数の計算

浮動小数点数の四則計算は通常の実数の計算と異なり，面白いことがたくさん起きる．

丸め誤差：フェルマーの最終定理の反例！？

浮動小数点数の和や差の計算は，指数の大きい方に小数点を合わせ，仮数部

の加減算をして，丸める．例えば，10進有効桁数16桁の切り上げで次の足し算をすると，

$$2.159844483732450 \times 10^{20} + 9.997840155516267 \times 10^{23}$$
$$= (0.002159844483732450 + 9.997840155516267) \times 10^{23}$$
$$= 10^{24}$$

となる．ここで，最後の等号において，

$$\begin{array}{r} 0.002159844483732450 \\ + \ 9.997840155516267 \\ \hline 9.9999999999999994\check{} \end{array}$$

の $\check{4}$（小数第16位）を切り上げた．

　実はこの足し算をコンピュータの倍精度計算で行うと，1995年にアンドリュー・ワイルズによって証明されたフェルマーの最終定理「3以上の自然数 n について， $a^n + b^n = c^n$ を満たす自然数の組 a, b, c は存在しない」の反例が見つかる！　その組は， $n = 3,\ a = 5999856,\ b = 99992800,\ c = 10^8$ である．実際，

$$a^3 = 2.1598444837324502 \times 10^{20}, \quad b^3 = 9.9978401555162674 \times 10^{23}$$

となって，

$$a^3 + b^3 = 10^{24} = c^3$$

となる．もちろん！　これは反例ではなく，浮動小数点数の計算における丸め誤差の影響である．丸めのときに生じる誤差を**丸め誤差**と呼ぶ．

　Mathematica で計算すると，

$$\begin{aligned} a^3 &= 215984448373245014016 \\ b^3 &= 999784015551626752000000 \\ a^3 + b^3 &= 999999999999999997014016 \end{aligned}$$

となった．

[問 0.4] インターネットで上の数値「5999856, 99992800」を検索するといろいろな記事が見つかる.さらに,次のような絶妙な楽しい計算も見つかった.これらの類題を作ってみよ.

$$\begin{array}{r} 70^3 = 343000 \\ +\ 212^3 = 9528128 \\ \hline 462^3 = 98611128 \end{array}$$

情報落ち:$\exists y \neq 0\ (x+y=x)$!?

上の a と b は 3 桁ほど違ったが,もっと大きさが極端に違う二つの浮動小数点数の和を計算してみる.例えば,10 進有効桁数 5 桁の切り捨てで,$x = 0.12345 \times 10^3$ と $y = 0.54321 \times 10^{-2}$ の和を計算すると,

$$x + y = (1.2345 + 0.000054321) \times 10^2 = 1.2345 \times 10^2$$

となって,y が無視される.このように小さい浮動小数点数の下位の数桁の損失が起こる現象を**情報落ち**という.

丸めの影響:$x(yz) \neq (xy)z$!?

浮動小数点数の計算は丸めの影響で入力値も出力値も近似されることがほとんどである.そのために,当たり前だと思っている実数の演算規則が成り立たないことが多い.例えば,結合律は成り立たない.実際,10 進有効桁数 2 桁の四捨五入で,次の積の計算をすると,

$$2.9 \cdot (1.3 \cdot 1.1) = 2.9 \cdot 1.4 = 4.1, \quad (2.9 \cdot 1.3) \cdot 1.1 = 3.8 \cdot 1.1 = 4.2$$

となる.すなわち,丸めの影響で積についての結合律が成り立たないことがわかる.

[問 0.5] $x = 0.123, y = 0.456, z = 0.789$ とする.10 進有効桁数 3 桁の切り上げで,$(x+y)+z = 1.37, x+(y+z) = 1.38$ となることを確認せよ.

0.5 浮動小数点数の計算

桁落ち：$-1+\sqrt{1+\varepsilon} \neq \dfrac{\varepsilon}{1+\sqrt{1+\varepsilon}}$ ！？

差について，10進有効桁数5桁の四捨五入で，$x = 1.2345 \times 10^{-3}$ と $y = 1.2343 \times 10^{-3}$ の差を計算すると，

$$x - y = (1.2345 - 1.2343) \times 10^{-3} = 2 \times 10^{-7}$$

となって，有効桁数が1桁となる．このように，近接する二つの浮動小数点数の減算で有効桁数が損失する現象を桁落ちという．

桁落ちに関連した現象として，中学数学で習う2次方程式の解の公式をそのまま用いると正しい答えが得られないことがある．例えば，$\varepsilon > 0$ としたとき，2次方程式 $x^2 + 2x - \varepsilon = 0$ の解は，$x_\pm = -1 \pm \sqrt{1+\varepsilon}$ である．$n = 1, 2, \ldots$ に対して，$\varepsilon = 2 \cdot 10^{-n} + 10^{-2n}$ としたとき，エクセルの倍精度計算で表 0.2 を得た．厳密解は，

$$x_- = -\left(2 + 10^{-n}\right), \quad x_+ = 10^{-n}$$

である．

表0.2 2次方程式の数値解．$\mathrm{E} \pm m$ は $\times 10^{\pm m}$ の意味．

n	ε	$x_+ = -1 + \sqrt{1+\varepsilon}$	$x_+ = -\varepsilon/x_-$
1	2.100000000000000E-01	1.000000000000000E-01	1.000000000000000E-01
2	2.010000000000000E-02	1.000000000000000E-02	1.000000000000000E-02
3	2.001000000000000E-03	9.999999999998900E-04	1.000000000000000E-03
4	2.000100000000000E-04	9.999999999998900E-05	1.000000000000000E-04
5	2.000010000000000E-05	1.000000000006550E-05	1.000000000000000E-05
6	2.000001000000000E-06	9.999999999177330E-07	1.000000000000000E-06
7	2.000000100000000E-07	1.000000000583870E-07	1.000000000000000E-07
8	2.000000010000000E-08	9.999999392252900E-09	1.000000000000000E-08
9	2.000000001000000E-09	9.999998606957660E-10	1.000000000000000E-09
10	2.000000000100000E-10	1.000000082740370E-10	1.000000000000000E-10
11	2.000000000010000E-11	1.000000082740370E-11	1.000000000000000E-11
12	2.000000000001000E-12	1.000088900582340E-12	1.000000000000000E-12
13	2.000000000000100E-13	9.992007221626410E-14	1.000000000000000E-13
14	2.000000000000010E-14	9.992007221626410E-15	1.000000000000000E-14
15	2.000000000000000E-15	0.000000000000000E+00	1.000000000000000E-15
16	2.000000000000000E-16	0.000000000000000E+00	1.000000000000000E-16

εが小さいとき，$\sqrt{1+\varepsilon} \approx 1$である．$x_+$のように近接する二つの浮動小数点数の減算では，理論上は正しい公式を用いても，結果は誤差が大きくなることがある．このような場合は，

$$x_+ = -1 + \sqrt{1+\varepsilon} = \frac{\varepsilon}{1 + \sqrt{1+\varepsilon}}$$

と変形して計算する．解と係数の関係から，これは$x_+ = -\varepsilon/x_-$に他ならず，このようにすれば，表0.2のように倍精度の範囲で厳密解に一致する．

0.6 山中マジック

自然数xに「ある値aを足してから引いても」，あるいは「（0でない）aを掛けてから割っても」，当然，xの値は変わらない．すなわち，$x + a - a = x$であるし，$x \times a/a = x$である．しかし，aが浮動小数点数で，演算が倍精度演算であった場合，この等号は本当に等号となるのか．実は，必ずしもそうはならないという巧妙な例を紹介しよう．本節のアイディアはすべて山中脩也氏（明星大学）のご教示[133]による．

マジック加減算：$x + a - a \neq x$！？

与えられた$x \in \mathbb{N}$に対して，

$$x + a - a \neq x$$

となるようなaの例として，次のようなものがある．

$$a = 2^{n+53}, \quad n = \lfloor \log_2 |x| \rfloor. \tag{0.1}$$

このとき，例えば$x = 18$とすると，

$$x + a - a = 32$$

となる．ちなみに，$x - a + a = 16$である．不思議だ！

以下は，C言語の「xを入力し$x + a - a$を出力する」プログラムである．聴衆に向かってパソコンで操作しながら披露すると驚きとともに盛り上がる！

0.6 山中マジック

```
#include <stdio.h>
#include <math.h>
#include "magic1.h"

int main(void){
  double x, a;

  printf( "Input x=" );  // xの値を入力
  scanf( "%lf", &x );    // xの値を読み込む
  a = magic1( x );       // aの値を生成

  printf( "x+a-a=%.0f\n", x + a - a ); // x+a-aの値を出力

  return 0;
}
```

ここで，聴衆を煙に巻くため，わざと magic1.h というヘッダファイルを作っておいて，それを include している．magic1.h の中身は (0.1) で，コードは次の通りである．

```
double magic1( double x ){
  int n = (int) floor( log2( fabs( x ) ) );
  return pow( 2.0, n + 53 );
}
```

magic1.h でどのような a が生成されているかを見るには，メインプログラムの出力行の前に，

```
    printf( "a=%.0f\n", a ); // aの値を出力
```

を加えればよい.さらに,出力行の後に,

```
    printf( "x-a+a=%.0f\n", x - a + a ); // x-a+aの値を出力
```

を加えて,x と $x+a-a$ と $x-a+a$ の値がすべて異なるかどうか実験してみるとよい.

例えば,

```
Input x=18
a=144115188075855872
x+a-a=32
x-a+a=16
```

となる.どうしてこの程度の a の値で加減算が成立しないのだろうか.マジック加減算の種明かしをすると,倍精度計算における最近点丸めによる繰り上げ現象を使ったものであるといえる.10進有効桁数5桁の切り上げで,このことを理解してみよう.

$$x \in \mathbb{N}, \quad n = [\log_{10} x], \quad a = 10^{n+5}$$

とする.

例えば $x = 23456$ とすると,$n = 4$, $a = 10^9$ となるから,

$$\begin{aligned} x + a &= 2.3456 \times 10^4 + 10^9 \\ &= (0.000023456 + 1) \times 10^9 \\ &= 1.0001 \times 10^9 \end{aligned}$$

となる.ここで,最後の等式において,1.0000̌23456 の 2̌ を切り上げて,1.0001 になった.よって,

0.6 山中マジック

$$x + a - a = 1.0001 \times 10^9 - 10^9$$
$$= 0.0001 \times 10^9$$
$$= 10^5 \neq x$$

を得る.

マジック乗除算：$x \times a / a \neq x$!?

次に,「x を入力し $x \times a / a$ を出力する」プログラムを紹介しよう. マジック加減算と同じく, 聴衆の驚嘆を狙ってヘッダファイル magic2.h を作っておく.

```
double magic2( double x ){
  if( x >= 1.0 ) return 1.0;
  else return pow( 2.0, -1074 ) / fabs( x );
}
```

メインプログラムは以下の通りである.

```
#include <stdio.h>
#include <math.h>
#include "magic2.h"

int main(void){
  double x, a;

  printf( "Input x=" );       // x の値を入力
  scanf( "%lf", &x );         // x の値を読み込む
  a = magic2( x );            // a の値を生成

  printf( "a=%f\n", a );      // a の値を出力
```

```
    printf( "x*a/a=%f\n", x * a / a ); // x*a/aの値を出力

    return 0;
}
```

0.7　結局，いいたいこと

　このように，コンピュータ上での計算は，理論的な数の計算とは異なることや信じられない結果をもたらす場合もあることがわかった．特に次の二点は覚えておいて損はない．

- 「丸め」は機種やソフトに依存する．（同じプログラムであっても，異なるコンピュータを使うと異なる結果が出力されることがある．）
- 演算の「順序」は出力に影響する．（同一のコンピュータで，理論的には同じ演算であっても，異なる結果が出力されることがある．）

　さまざまな現象をみてきたが，これらの原因ははっきりしていて，浮動小数点数という「数」を扱っているからに他ならない．したがって，コンピュータを過剰に信頼してコンピュータの結果は絶対的であると思うことは極端な盲目的姿勢であり，一方，数の近似誤差がつきまとうからといってすべてを否定するような完全拒否反応を示すことは潔癖な排他的姿勢といえる．コンピュータは，人間がインプットした命令やプログラムに従って，ある程度の近似誤差を含みつつも，一定の仕組みの中で有限時間内に何らかの結果をアウトプットする機械である．そして，アウトプットされた結果をどのように解釈し，活用するのかは，また人間の仕事となる．コンピュータやその結果に必要以上に振り回されてはならない．コンピュータの管理者もユーザーも人間で，コンピュータはあくまでも人間の思考の支援であるべきだ．

　本章の内容をより詳しく学びたい読者は，数値計算，数値解析，コンピュータ関連の書籍を参考にするとよい．例えば，[46, 73, 74, 101] などがある．

第 I 部

数値計算の基本

第1章

常微分方程式の数値解法

常微分方程式の数値解法については古くから多くの方法が研究されており，関連書物は洋の東西を問わず数多く出版されている．本来，数値解法に「明るくなる」ためにはそれらの書物を読むことが肝要であるが，数値解法の大海は広く，そして深い．初学者が大海原で路頭に迷わないように，本章では，基本的，初歩的，常識的な考え方を紹介する．本章の例題や問題を「手を動かして」回答し，納得していくことによって，明るくなるための第一歩を踏み出すことができるであろう．

1.1 離散変数法

微分可能な関数 $x = x(t)$ に対して，変数 t が t から微小量 h だけ増えたときの $x(t)$ の増分

$$\Delta x = x(t+h) - x(t) = \underline{\dot{x}(t)h} + o(h)$$

の主要部（下線部）を x の**微分**といい，dx と表す．$x = t$ の場合を考えると $h = dt$ であるので，

$$dx = \dot{x}(t)\, dt$$

を得る．こうして，導関数 $\dot{x}(t) = \dfrac{dx}{dt}$ を**微分商**と呼ぶことに意味があることがわかる．（また，$\dot{x}(t)$ は微分 dt の係数だから，$\dot{x}(t)$ を（t における）微分係数と

呼ぶことにも得心がゆく．)

本章では，常微分方程式の初期値問題

$$\begin{cases} \dot{x}(t) = f(t, x(t)) & (0 \leq t < T), \\ x(0) = x_0 \end{cases} \tag{1.1}$$

において，微分商（導関数）を差分商（平均変化率）で置き換えた**差分方程式**の初期値問題

$$\begin{cases} \dfrac{X(t+h) - X(t)}{h} = f(t, X(t)) & (t = 0, h, 2h, \ldots, (N-1)h), \\ X(0) = x_0 \end{cases}$$

を主テーマにする．ここで，$T > 0$ と x_0 は与えられた実数とし，区間 $[0, T]$ を N 等分して $h = T/N$ と定める．この式は，初期値 $X(0) = x_0$ から始まって，$X(h), X(2h), \ldots, X(Nh)$ のように飛び飛びに値が定まるので**離散変数法**と呼ばれる．そこで，$x_n = X(t_n)$, $t_n = nh$ とおけば，与えられた初期値 x_0 から，$x_1, x_2, \ldots, x_N$ を順次定める**差分方程式**

$$\frac{x_{n+1} - x_n}{h} = f(t_n, x_n) \quad (n = 0, 1, \ldots, N-1) \tag{1.2}$$

を得る．(1.2) は (1.1) の近似解法とみなすことができ，**オイラー (Euler) 法**と呼ばれる．

1.2 オイラー法の収束

オイラー法による (1.2) の解「近似解 x_n」と (1.1) の解「真の解 $x(t_n)$」との誤差 **(error)** はどのくらいだろうか．それを見積もるために，

$$\epsilon_n = x(t_n) - x_n \quad (n = 0, 1, \ldots, N)$$

とおく．さらに，仮定として，$f(t, x)$ は $[0, T] \times \mathbb{R}$ 上の連続関数でリプシッツ **(Lipschitz) 条件**

$$|f(t, y) - f(t, z)| \leq L|y - z| \quad (0 \leq t \leq T;\ y, z \in \mathbb{R})$$

1.2 オイラー法の収束

を満たしているとし（$L > 0$ は変数に無関係な定数），(1.1) の解は $[0, T]$ で 2 階連続微分可能な関数とする．このとき，$|\ddot{x}(t)| \le M$ が任意の t について成り立つような定数 $M > 0$ がある．(2 階導関数は $\ddot{x} = d\dot{x}/dt$ と表記する．) よって，テイラーの定理より，$\lambda_n \in (0, 1)$ があって，

$$\begin{aligned}
\epsilon_{n+1} &= x(t_{n+1}) - x_{n+1} \\
&= x(t_n + h) - (x_n + f(t_n, x_n)h) \\
&= x(t_n) + \dot{x}(t_n)h + \frac{1}{2}\ddot{x}(t_n + \lambda_n h)h^2 - (x_n + f(t_n, x_n)h) \\
&= x(t_n) + f(t_n, x(t_n))h + \frac{1}{2}\ddot{x}(t_n + \lambda_n h)h^2 - (x_n + f(t_n, x_n)h) \\
&= \epsilon_n + (f(t_n, x(t_n)) - f(t_n, x_n))h + \frac{1}{2}\ddot{x}(t_n + \lambda_n h)h^2
\end{aligned}$$

が成り立つ．これより，

$$\begin{aligned}
|\epsilon_{n+1}| &\le |\epsilon_n| + |f(t_n, x(t_n)) - f(t_n, x_n)|h + \frac{1}{2}|\ddot{x}(t_n + \lambda_n h)|h^2 \\
&\le |\epsilon_n| + L|x(t_n) - x_n|h + \frac{1}{2}Mh^2 \\
&= (1 + Lh)|\epsilon_n| + \frac{1}{2}Mh^2
\end{aligned}$$

がわかる．ゆえに，$\epsilon_0 = 0$ を使って，

$$\begin{aligned}
|\epsilon_n| &\le (1 + Lh)|\epsilon_{n-1}| + \frac{1}{2}Mh^2 \\
&\le (1 + Lh)^2|\epsilon_{n-2}| + (1 + (1 + Lh))\frac{1}{2}Mh^2 \\
&\le (1 + Lh)^3|\epsilon_{n-3}| + (1 + (1 + Lh) + (1 + Lh)^2)\frac{1}{2}Mh^2 \\
&\le (1 + Lh)^n|\epsilon_0| \\
&\quad + (1 + (1 + Lh) + (1 + Lh)^2 + \cdots + (1 + Lh)^{n-1})\frac{1}{2}Mh^2 \\
&= (1 + Lh)^n|\epsilon_0| + \frac{(1 + Lh)^n - 1}{2Lh}Mh^2 \\
&= \frac{M}{2L}((1 + Lh)^n - 1)h \\
&\le \frac{M}{2L}(e^{nLh} - 1)h \qquad\qquad (1.3)
\end{aligned}$$

$$\leq \frac{M}{2L}(e^{LT}-1)h = Ch \tag{1.4}$$

がすべての $n=0,1,\ldots,N$ について成立する．（上の式変形からわかるように初期値の誤差が $|\epsilon_0| \leq C_0 h$ であっても同様の結果を得る．）ここで，定数 $C>0$ は N に無関係である．よって，$|x(t_n)-x_n| = O(h^1)$ であることがわかった．h の指数 1 を収束次数 (order of convergence) と呼び，オイラー法による近似解は 1 次精度で真の解に収束する，あるいはオイラー法は 1 次精度の近似解法であるという．一般に，$|x(t_n)-x_n| = O(h^r)$ となる近似解法は r 次精度であるといい，指数 r を収束次数と呼ぶ．

オイラー法は最も素朴な方法であり，扱いは楽である．精度はよいとはいえないが，場合によっては非常に有効な手段である．

[問 **1.1**] (1.3) に式変形するとき，$x \geq 0$ と自然数 n に対して，

$$(1+x)^n \leq e^{nx}$$

という事実を使った．これを示せ．

1.3 オイラー法の改良

オイラー法と，以下に挙げるその類型やその高精度改良型の 4 種は基本的である．特に，オイラー法とルンゲ - クッタ法は知っておくべき近似解法である．

1. **オイラー法**
$$x_{n+1} = x_n + hf(t_n, x_n)$$

2. **後退オイラー法**
$$x_{n+1} = x_n + hf(t_{n+1}, x_{n+1})$$

3. **2 次のルンゲ - クッタ (Runge-Kutta) 法** $(\alpha + \beta = 1, \ \beta \in (0,1])$

$$k_1 = f(t_n, x_n)$$
$$k_2 = f\left(t_n + \frac{h}{2\beta}, x_n + \frac{h}{2\beta}k_1\right)$$
$$x_{n+1} = x_n + h(\alpha k_1 + \beta k_2)$$

3 (a). 修正オイラー法 ($\alpha = 0$, $\beta = 1$)
$$k_1 = f(t_n, x_n)$$
$$k_2 = f\left(t_n + \frac{h}{2}, x_n + \frac{h}{2}k_1\right)$$
$$x_{n+1} = x_n + hk_2$$

3 (b). ホイン (Heun) 法 ($\alpha = \beta = 1/2$)
$$k_1 = f(t_n, x_n)$$
$$k_2 = f(t_n + h, x_n + hk_1)$$
$$x_{n+1} = x_n + \frac{h}{2}(k_1 + k_2)$$

4. 4次のルンゲ-クッタ法
$$k_1 = f(t_n, x_n)$$
$$k_2 = f\left(t_n + \frac{h}{2}, x_n + \frac{h}{2}k_1\right)$$
$$k_3 = f\left(t_n + \frac{h}{2}, x_n + \frac{h}{2}k_2\right)$$
$$k_4 = f(t_n + h, x_n + hk_3)$$
$$x_{n+1} = x_n + \frac{h}{6}(k_1 + 2k_2 + 2k_3 + k_4)$$

4次のルンゲ-クッタ法はルンゲの **1/6** 公式とも呼ばれる．通常，ルンゲ-クッタ法といったらこの方法を指すので，今後は単にルンゲ-クッタ法と呼ぶことにする．

[問 **1.2**] クッタの **3/8** 公式とはいかなるものか調べよ．

例1. $f(t, x) = x$ の場合

それぞれの解法の精度について，初期値問題

$$\begin{cases} \dot{x}(t) = x(t) \quad (0 \le t < T), \\ x(0) = 1 \end{cases} \tag{1.5}$$

を例に調べてみよう．

まず，厳密解は $x(t) = e^t$ だから，$t_n = nh$, $h = T/N$ として，

$$\begin{aligned} x(t_{n+1}) &= e^h x(t_n) \\ &= \left(1 + h + \frac{h^2}{2!} + \frac{h^3}{3!} + \frac{h^4}{4!} + \cdots \right) x(t_n) \end{aligned}$$

がわかる $(n = 0, 1, \ldots, N-1)$．

以下，$x_0 = 1$ を初期値として，初期値問題 (1.5) に対する各近似解法による差分方程式を列記する $(n = 0, 1, \ldots, N-1)$．

1. オイラー法

$$x_{n+1} = (1+h)x_n$$

2. 後退オイラー法

$$\begin{aligned} x_{n+1} &= (1-h)^{-1} x_n \\ &= (1 + h + h^2 + h^3 + \cdots) x_n \end{aligned}$$

3. 2次のルンゲ - クッタ法

$\alpha + \beta = 1$, $\beta \in (0, 1]$ を満たす任意の α と β について以下が成り立つ．

$$x_{n+1} = \left(1 + h + \frac{h^2}{2!}\right) x_n$$

4. ルンゲ - クッタ法

$$x_{n+1} = \left(1 + h + \frac{h^2}{2!} + \frac{h^3}{3!} + \frac{h^4}{4!}\right) x_n$$

初期値問題 (1.5) に対するオイラー法が1次精度の近似解法であることは前節の一般論に包摂される．同じ証明方法で，後退オイラー法，2次のルンゲ - クッタ法，ルンゲ - クッタ法がそれぞれ1次精度，2次精度，4次精度の近似解法であることがわかる．

1.3 オイラー法の改良

例えば，初期値問題 (1.5) に対するルンゲ‐クッタ法が 4 次精度の近似解法となっていることを前節の証明方法にならって示してみよう．

誤差を $\epsilon_n = x(t_n) - x_n$ $(n = 0, 1, \ldots, N)$ とおく．簡単のため，

$$H = h + \frac{h^2}{2!} + \frac{h^3}{3!} + \frac{h^4}{4!}$$

とおくと，ルンゲ‐クッタ法による差分方程式は $x_{n+1} = (1+H)x_n$ である．よって，$x(t_{n+1}) = e^h x(t_n)$ より，

$$\begin{aligned}
\epsilon_{n+1} &= x(t_{n+1}) - x_{n+1} \\
&= (1+H)x(t_n) + (e^h - (1+H))x(t_n) - (1+H)x_n \\
&= (1+H)\epsilon_n + \left(\frac{h^5}{5!} + \frac{h^6}{6!} + \frac{h^7}{7!} + \cdots\right)x(t_n), \\
|\epsilon_{n+1}| &\leq (1+H)|\epsilon_n| + \left(\frac{1}{5!} + \frac{h}{6!} + \frac{h^2}{7!} + \cdots\right)e^{t_n}h^5
\end{aligned}$$

となる．これより，$\epsilon_0 = 0$ なので，

$$\begin{aligned}
|\epsilon_n| &\leq (1+H)|\epsilon_{n-1}| + \left(\frac{1}{5!} + \frac{h}{6!} + \frac{h^2}{7!} + \cdots\right)e^{t_{n-1}}h^5 \\
&\leq (1+H)|\epsilon_{n-1}| + \left(1 + h + \frac{h^2}{2!} + \cdots\right)e^{t_{n-1}}h^5 \\
&= (1+H)|\epsilon_{n-1}| + e^h e^{t_{n-1}}h^5 \\
&= (1+H)|\epsilon_{n-1}| + e^{t_n}h^5 \\
&\leq (1+H)|\epsilon_{n-1}| + e^T h^5 \\
&\leq (1+H)^n|\epsilon_0| + (1 + (1+H) + (1+H)^2 + \cdots + (1+H)^{n-1})e^T h^5 \\
&= \frac{(1+H)^n - 1}{H}e^T h^5 \\
&\leq \frac{e^{nH} - 1}{h}e^T h^5 \\
&\leq Ch^4 \quad (C = (e^{C'} - 1)e^T,\ C' = Te^T)
\end{aligned}$$

を得る．ここで，

$$nH \leq N\left(h + \frac{h^2}{2!} + \frac{h^3}{3!} + \frac{h^4}{4!}\right) = Nh\left(1 + \frac{h}{2!} + \frac{h^2}{3!} + \frac{h^3}{4!}\right)$$

$$\leq T\left(1 + h + \frac{h^2}{2!} + \frac{h^3}{3!}\right)$$

$$\leq Te^h = Te^{T/N} \leq Te^T$$

と評価した（最適な評価ではない．しかし，C' が，したがって C が N に依存しないことが示されている）．

[問 **1.3**] 初期値問題 (1.5) に対する後退オイラー法が 1 次精度の近似解法となっていることを示せ．

例 2. $f(t,x) = x^2$ の場合

初期値問題

$$\begin{cases} \dot{x}(t) = x(t)^2 & (0 \leq t < T), \\ x(0) = x_0 > 0 \end{cases} \tag{1.6}$$

の場合はどうだろうか．

厳密解は，

$$x(t) = \frac{1}{T_{\max} - t}, \quad T_{\max} = x_0^{-1}$$

である．この解の最大の特徴は，有限時間 $T_{\max}$ で解が発散することである．

$$\lim_{t \to T_{\max} - 0} x(t) = \infty$$

このように，解の何らかの量が発散する現象を**爆発 (blow-up)** と呼ぶ．

さて，初期値問題 (1.6) に対するオイラー法と後退オイラー法によるそれぞれの差分方程式は以下のようになる（$n = 0, 1, \ldots, N-1$）．

1. オイラー法

$$x_{n+1} = x_n + hx_n^2$$

2. 後退オイラー法

$$x_{n+1} = x_n + hx_{n+1}^2$$

これらの近似解は，爆発現象を（近似的にでも）満たしているかどうかはすぐにはわからない．

試しに，見かけ上のオイラー法と後退オイラー法の中間的な差分方程式

$$x_{n+1} = x_n + h x_n x_{n+1} \tag{1.7}$$

を考えてみよう．この式は

$$x_{n+1}^{-1} = x_n^{-1} - h$$

と整理できるので，これを解いて，

$$x_n = \frac{1}{T_{\max} - t_n}, \quad T_{\max} = x_0^{-1}, \quad t_n = nh$$

を得る．驚くべきことに，$x(t_n) = x_n$ がつねに成り立っている．つまり離散時刻 $t = t_n$ において真の解と一致している．

実は，この差分方程式は，

$$\dot{z}(t) = -1, \quad z(t) = \frac{1}{x(t)}, \quad z(0) = \frac{1}{x_0} \tag{1.8}$$

のオイラー法による差分方程式

$$\frac{z_{n+1} - z_n}{h} = -1, \quad z_n = \frac{1}{x_n}$$

に等しい．（この解は $z_n = T_{\max} - t_n$ である．(1.8) の右辺が定数なので，近似解法によらず同じ差分方程式を得る．）

このように，与えられた方程式を変形してから数値解法を適用すると，効果的であることは少なくない．

1.4 打ち切り誤差と丸め誤差

誤差 $\epsilon_n = x(t_n) - x_n$ は，微分商を差分商で置き換えたことによって発生したものである．言い換えれば，極限操作 $h \to +0$ を有限の $h > 0$ で打ち切って，近似式を用いたために生じた誤差であるので，**打ち切り誤差**，**離散化誤**

差などと呼ばれる．一方，コンピュータ上では，丸めの影響によって生じる丸め誤差があることは前章でみた．

数値解析では，この二つの誤差を上手に扱う必要があるが，これらの誤差は本質的に相反する．なぜなら，打ち切り誤差を小さくするために収束次数を高くすると近似式が増えてしまい，結局は演算回数が増加して丸め誤差が台頭してくるからである．もちろん，そもそも精度が悪いとhを小さくとらねばならず，計算時間が長くなり，丸め誤差の堆積を招くことはいうまでもない．したがって理想的な数値解法は，演算回数の少ない高精度近似解法である．

オイラー法の打ち切り誤差が$O(h)$であっても，通常$(1.4)_{\text{p.24}}$のCの値はわからないので，hをどのくらい小さくすれば，つまりNをどのくらい大きくすればどのくらいの誤差となるのかを先験的（アプリオリ (a priori)）に見積もることは難しい．そこで，次節のように数値実験によって収束傾向をみることは，丸め誤差の影響も含まれているので現実的であり，また多くの近似解法に適用できるという意味で汎用性も高い．さらに，プログラムのバグ (bug) の発見に役立ち有用である．

1.5 EOC

初期値x_0と時刻$T > 0$を与えて，$(1.1)_{\text{p.22}}$の真の解$x(t)$が$t \in [0, T]$で得られているとする．このとき，Nを1つ固定するごとに，(1.1)の何らかの近似解法による近似解x_nとの誤差

$$\epsilon_n(h) = x(t_n) - x_n, \quad h = \frac{T}{N}, \quad t_n = nh \quad (n = 1, 2, \ldots, N)$$

が定まる．簡単のため初期値を$x(0) = x_0$とする．（よって，つねに$\epsilon_0 = 0$である．）ここで，

$$E_p(h) = \begin{cases} \left(\dfrac{1}{N} \sum_{n=1}^{N} |\epsilon_n(h)|^p\right)^{1/p} & (0 < p < \infty), \\ \max_{1 \leq n \leq N} |\epsilon_n(h)| & (p = \infty) \end{cases}$$

とおくと，これは区間$[0, T]$全体の平均誤差や最大誤差を与える．$p \leq q < \infty$

に対して $E_p(h) \leq E_q(h) \leq E_\infty(h)$ や $\lim_{p\to\infty} E_p(h) = E_\infty(h)$ などの事実が知られているので (問 1.4),特徴的な E_1, E_2, E_∞ あたりの評価がよく使われる.

[問 1.4] $0 < p \leq q < \infty$ に対して,不等式 $E_p(h) \leq E_q(h) \leq E_\infty(h)$ および $\lim_{p\to\infty} E_p(h) = E_\infty(h)$ を示せ.

一般に,h を固定するごとに定まる区間 $[0,T]$ 全体の誤差を $E(h)$ とおく.このとき,近似解法の収束次数を r 次とすると,$\lim_{h\to+0} \dfrac{E(h)}{h^r} = C$ である.よって,$\lim_{h\to+0} \dfrac{E(h/2)}{(h/2)^r} = C$ であるから,$\lim_{h\to+0} \dfrac{E(h)}{E(h/2)} = 2^r$ がわかる.これより,

$$\mathrm{EOC}(h) = \log_2 \frac{E(h)}{E(h/2)}$$

とおけば,$\lim_{h\to+0} \mathrm{EOC}(h) = r$ を得る.ここで,EOC は**数値実験による収束次数 (experimental order of convergence)** の頭文字である.

✓ **注 1.1** EOC という言葉を誰が使い始めたか,筆者は知らない.しかし,EOC と同等の値は 1988 年の論文 [97] で使われているし,理論的な収束次数と丸め誤差が加味された数値計算結果による収束次数とを比較して,打ち切り誤差が丸め誤差よりも優位に働いているかをチェックするという考え方も,1985 年の数値計算の成書 [46] や 1994 年の論文 [18] においてその重要性が強く指摘されている.遅くとも 1980 年から 1990 年にかけて EOC の考え方は浸透していたように思われる.

例 3. ロジスティック方程式

具体例で EOC を求めてみよう.$\alpha > 0$ とし,初期値問題

$$\begin{cases} \dot{x}(t) = \alpha x(t)(1-x(t)) & (0 \leq t < T), \\ x(0) = x_0 \end{cases} \tag{1.9}$$

をオイラー法で離散化して EOC を調べる.

微分方程式 (1.9) は,ロジスティック (logistic) 方程式と呼ばれ,生物の個体数増殖過程のモデルとして知られている [129, 124]. 厳密解はすぐに求まり,

$$x(t) = \frac{x_0}{(1-x_0)e^{-\alpha t} + x_0} \tag{1.10}$$

である．これより，初期値によって次のように場合分けされる．

- $x_0 = 0$ と $x_0 = 1$ は定数解である．
- $x_0 \in (0,1)$ のとき，任意の $t > 0$ について $x(t) \in (0,1)$ であり，単調に増加しながら $t \to \infty$ で 1 に収束する．
- $x_0 > 1$ のとき，任意の $t > 0$ について $x(t) > 1$ であり，単調に減少しながら $t \to \infty$ で 1 に収束する．

図 1.1 は $x_0 = 0, 0.4, 1, 1.8$, $\alpha = 4$ としたときの厳密解のグラフの概形である．解曲線はしばしばロジスティック曲線と呼ばれる．

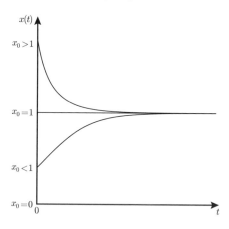

図 1.1　ロジスティック曲線

本来，$x(t)$ は個体数（密度）であるので，モデルの観点からは負の値は意味をなさないが，微分方程式の解としてその場合を考察することは可能である．

[問 1.5]　$x_0 < 0$ のときの解の様子を調べよ．

さて，(1.9) のオイラー法による差分方程式は，

$$x_{n+1} = x_n + \alpha x_n (1 - x_n) h \tag{1.11}$$

である．表 1.1 は，$x_0 = 0.4$, $T = 2$, $\alpha = 4$ としたときの各 EOC である．

ここで，$E(h) = E_p(h)$ を使って導出した EOC(h) を $\text{EOC}_p(h)$ と書いた．

表1.1 ロジスティック方程式のオイラー法によるEOC

N	h	$E_2(h)$	$\text{EOC}_2(h)$	$E_\infty(h)$	$\text{EOC}_\infty(h)$
10	0.20000	0.01981		0.03992	
20	0.10000	0.00959	1.04669	0.01866	1.09760
40	0.05000	0.00474	1.01611	0.00909	1.03694
80	0.02500	0.00236	1.00667	0.00448	1.02219
160	0.01250	0.00118	1.00302	0.00222	1.01031
320	0.00625	0.00059	1.00143	0.00111	1.00484
640	0.00313	0.00029	1.00070	0.00055	1.00250
1280	0.00156	0.00015	1.00035	0.00028	1.00124
2560	0.00078	0.00007	1.00017	0.00014	1.00062
5120	0.00039	0.00004	1.00008	0.00007	1.00031

確かに，$p=2$ でも $p=\infty$ でも，h を半分にするごとに $E_p(h)$ も約半分になり，十分小さい h に対して $\text{EOC}_p(h) \approx 1$ であるから，オイラー法がオイラー法らしく機能していることがわかる．

1.6 カオス登場

パラメータを変えてみよう．$x_0 = 0.4$, $T = 2$ は表 1.1 に用いたものと同じ値で，α を大きくし，$\alpha = 240$ として数値実験する．

結果は図 1.2 のようになる．目視による判断で，図 1.2 (a) は $N = 160$ のときの $[0, 0.6]$ 上のグラフで，数値的不安定現象を起こしていて，図 1.2 (b) は $N = 320$ のときの $[0, 0.1]$ 上のグラフで，振動しながら 1 に収束しているように観察される．両図において太線は同じ厳密解だが，縦方向の縮尺はそれぞれ異なり，灰色の四角部分が同じ範囲を示している．

分割数 N を変えただけで，近似解がずいぶんと異なる振る舞いをしているが，この現象は次のように解釈できる．差分方程式 (1.11) は変数変換

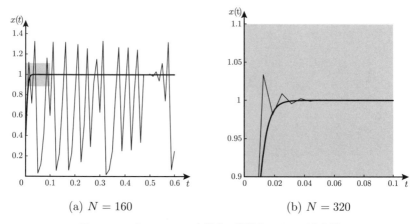

(a) $N = 160$ (b) $N = 320$

図 **1.2** ロジスティック方程式の離散化による不安定性

$$y_n = \frac{\alpha h}{1+\alpha h}x_n = (1-\beta^{-1})x_n, \quad \beta = 1+\alpha h$$

により，差分方程式

$$y_{n+1} = f(y_n), \quad f(y) = \beta y(1-y), \quad y_0 = (1-\beta^{-1})x_0$$

に変換される．関数 f をロジスティック写像と呼ぶ．この写像は，いわゆるパイこね変換の類型であり，β の値によってはカオス現象を引き起こすことが知られている．

初期値を $y_0 \in [0,1]$ とし，$\beta \in [1,4]$ とする．（$x_0 \in [0,1]$ ならば $y_0 \in [0,1]$ である．）このとき，すべての n に対して $y_n \in [0,1]$ となる．実際，関数 $f(y)$ の最大値は $\beta/4 \leq 1$ である．また，$y = 1 - \beta^{-1}$ は f の不動点，すなわち $y = f(y)$ を満たす点である．

近似解の挙動は以下のように分類されている [130, 70].

(1) $1 \leq \beta < 2$ のとき，単調に不動点 $1 - \beta^{-1}$ に収束する．
(2) $2 \leq \beta < 3$ のとき，振動しながら不動点 $1 - \beta^{-1}$ に収束する．
(3) $\beta = 3$ で不動点は不安定化し，$3 < \beta < 1 + \sqrt{6}$ のとき 2 周期解が現れる．
(4) $\beta = 1 + \sqrt{6}$ で 4 周期解が現れ，$1 + \sqrt{6} \leq \beta < 3.5700\cdots$ のとき β の値が増えるごとに $2^2, 2^3, 2^4, \ldots$ 周期解が現れる．

(5) $3.5700\cdots \leq \beta \leq 4$ はカオス的領域である．すなわち，初期値に関して鋭敏な挙動を示し，どんな周期解も現れ，周期をもたない解も現れる．特に，$\beta = 3.6786\cdots$ で初めて奇数周期解が現れ，$\beta = 3.8284\cdots$ で初めて3周期解が現れる．

図 1.3 に周期解が現れる様子を描いた．β を一つ決めるごとに，$y_0 = 0.1$ から始めて（十分に収束したと思われる）y_{1000} まで計算し，そこから100個の点 (β, y_n) ($n = 1001 \sim 1100$) をプロットした図である（β は区間 $[2.5, 4]$ を 1000 等分した 1001 個の各分点について計算した）．

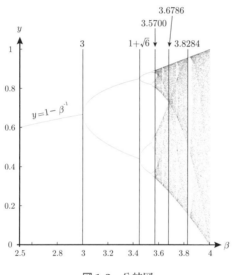

図 1.3　分岐図

図 1.2 (a) の数値的不安定現象は対応するデータが $\beta = 4$ なので (5) のカオス現象であり，図 1.2 (b) の収束現象は対応するデータが $\beta = 2.5$ なので (2) の振動収束現象である．よって，y_n は振動しながら $1 - \beta^{-1}$ に収束するから，x_n は振動しながら 1 に収束する．

✔ **注 1.2**　なぜカオス現象が起きるのか，考察してみよう．本節では α を $\alpha = 240$ として，前節の $\alpha = 4$ に比べて大きくした．$\beta = 1 + \alpha T/N$ だから，N を固定して α の代わりに T の値を大きくしても，現象としては同じである．しかし，意味が違っ

てくる．T を大きくすることは，N を固定しているのだから $h = T/N$ を大きくすることに相当する．h が大きくなると，差分方程式 $(1.11)_{\text{p.32}}$ はロジスティック方程式 $(1.9)_{\text{p.31}}$ を近似する方程式とみなせなくなる．ところが本来的には，(1.11) は生物の個体数増殖過程の法則を表したモデル方程式であったことを思い出すと（むしろ (1.9) が連続近似したモデルと捉えることもできる），h は必ずしも小さくなくてもよいといえるわけだ．その観点から「カオスのような現象が起きても何ら不思議はない [107]」のである．

ロジスティック方程式 $(1.9)_{\text{p.31}}$ は次のように変形できる．

$$\dot{z}(t) = -\alpha z(t), \quad z(t) = \frac{1-x(t)}{x(t)}.$$

これをオイラー法で離散化すると，

$$z_{n+1} = z_n - \alpha z_n h, \quad z_n = \frac{1-x_n}{x_n} \tag{1.12}$$

となる．これは解くことができて，

$$\frac{1-x_n}{x_n} = (1-\alpha h)^n \frac{1-x_0}{x_0}$$

を得る．整理すると，

$$x_n = \frac{x_0}{(1-x_0)(1-\alpha h)^n + x_0} \tag{1.13}$$

となるが，これは厳密解 $(1.10)_{\text{p.31}}$ を時刻 $t = t_n$ で $e^{-\alpha t} \approx (1 - \alpha t/n)^n$ と近似したときの形に他ならない（$t_n = nh$ より）．実は (1.12) を整理すると

$$x_{n+1} = x_n + \alpha x_{n+1}(1-x_n)h \tag{1.14}$$

となる．これは $(1.11)_{\text{p.32}}$ と右辺が少し異なるだけである．$(1.7)_{\text{p.29}}$ の導出と同じ発想をしていて，近似解が厳密解の直接の近似になっているという意味で改良されたといえる．このように，離散化の仕方によって差分方程式の解の構造が劇的に変化することがある．このことは気にとめておくとよい．オイラー法は，近似という観点からは実用的ではないが，よく練られた近似解法をじっくりと開発する前に大雑把に手早く解の挙動を知りたいときに試験的に使うこ

1.6 カオス登場

とができる．しかしその際に数値的不安定現象やカオス現象が起きてはたまらないので（研究対象としては面白いが），与えられた微分方程式を闇雲に離散化するだけよりも，「気の利いた変形」をしてから離散化するとよいことは上でみた通りである．そういった意味で，次節で紹介する方法は，オイラー法ではあるが，気が利いている．

[問 1.6] パラメータを $x_0 = 0.4$, $T = 2$, $\alpha = 4$ とする（表 1.1 に用いたものと同じ値）．このとき，以下の近似解と厳密解 $(1.10)_{\text{p.31}}$ を比較して EOC を算出せよ．

(1) 近似解 (1.13)
(2) $(1.9)_{\text{p.31}}$ の後退オイラー法による次の差分方程式の解

$$x_{n+1} = x_n + \alpha x_{n+1}(1 - x_{n+1})h \tag{1.15}$$

この問から，単純に x_{n+1} の項を増やしたからといって必ずしも精度があがるわけではないことがわかる．では，x_{n+1} の項は増やさないが，(1.14) の右辺第 2 項における x_n と x_{n+1} を逆にしたらどうなるだろう．

[問 1.7] 差分方程式

$$x_{n+1} = x_n + \alpha x_n(1 - x_{n+1})h$$

はある微分方程式の後退オイラー法による離散化となっている．その微分方程式を求めよ．また，この差分方程式は

$$x_{n+1} = \frac{(1 + \alpha h)x_n}{1 + \alpha h x_n}$$

と整理できる．近似解 x_n を求め，厳密解 $(1.10)_{\text{p.31}}$ と比較して EOC を算出せよ．また，極限値 $\lim_{n \to \infty} x_n$ を求めよ．

決定的に「気の利いた変形」は $(1.9)_{\text{p.31}}$ と同値な微分方程式

$$\frac{d}{dt} \log \left| \frac{1 - x(t)}{x(t)} \right| = -\alpha$$

となろうが，もはやこれは求積可能な微分方程式の特殊事例である．次節では，厳密解が求まらない微分方程式の例をあげ，1.8 節ではそのような微分方程式に対する「気の利いた変形」を検討してみよう．

1.7 単振り子の運動方程式

鉛直下向きに x 軸，水平方向に y 軸をとった xy 座標平面内の原点 O から質量 m の錘を紐で吊るした振り子の運動を考える（図 1.4）．錘の中心を点 P とし，質量はそこに集中しているものとして，紐の重さは考えない．紐は伸縮せず，その長さを OP $= l$ とする．ベクトル $\overrightarrow{\mathrm{OP}}$ と x 軸のなす角度を $\theta = \theta(t)$ とし，反時計回りをその正の方向とする．このとき，$\boldsymbol{x} = \overrightarrow{\mathrm{OP}}$ とすると

$$\boldsymbol{x} = l\boldsymbol{n}, \quad \boldsymbol{n} = \begin{pmatrix} \cos\theta \\ \sin\theta \end{pmatrix}$$

となる．

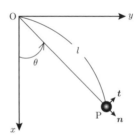

図 1.4　振り子の座標

点 P にかかる力を $\boldsymbol{F}$ とすると，ニュートンの運動方程式は

$$m\ddot{\boldsymbol{x}} = \boldsymbol{F}$$

である．$\boldsymbol{x} = l\boldsymbol{n}$ より，速度ベクトル $\dot{\boldsymbol{x}}$ と加速度ベクトル $\ddot{\boldsymbol{x}}$ を計算すると，それぞれ次のようになる．

$$\begin{cases} \dot{\boldsymbol{x}} = l\dot{\theta}\boldsymbol{t}, \\ \ddot{\boldsymbol{x}} = -l\dot{\theta}^2\boldsymbol{n} + l\ddot{\theta}\boldsymbol{t}. \end{cases}$$

ここで，$\bm{t} = \begin{pmatrix} -\sin\theta \\ \cos\theta \end{pmatrix}$ は $\bm{n}$ を反時計回りに 90 度回転させたベクトルとする（図 1.4）．

点 P にかかる力を紐の張力 $\bm{f}_S = -S\bm{n}$ と外力 $\bm{f}$ に分ける．すなわち $\bm{F} = \bm{f}_S + \bm{f}$ と分解する．運動方程式の両辺と $\bm{t}$ との内積をとると

$$m\ddot{\bm{x}} \cdot \bm{t} = \bm{f} \cdot \bm{t}$$

となる．これより，外力が重力 $\bm{f} = mg \begin{pmatrix} 1 \\ 0 \end{pmatrix}$ のみとすると，力の $\bm{t}$ 方向成分の釣り合いの式から単振り子の運動方程式

$$ml\ddot{\theta} = -mg\sin\theta \tag{1.16}$$

を得る．（運動方程式の両辺と $\bm{n}$ との内積をとれば張力 $S = \bm{f} \cdot \bm{n} + ml\dot{\theta}^2$ を得る．）

1.8　「気の利いた」オイラー法

単振り子の運動方程式 (1.16) の離散化を考える．両辺を m で割って，次のような 1 階正規形に変形する．

$$\begin{cases} \dot{\theta}(t) = \omega(t), \\ \dot{\omega}(t) = -\omega_*^2 \sin\theta(t). \end{cases} \tag{1.17}$$

ここで，$\omega_* = \sqrt{g/l}$ である．（$\sin\theta(t) \approx \theta(t)$ のとき，$\theta(t) \approx C_1 \sin(\omega_* t + C_2)$ である．[138] 参照．）

これをオイラー法で離散化すると，

$$\begin{cases} \theta_{n+1} = \theta_n + h\omega_n, \\ \omega_{n+1} = \omega_n - h\omega_*^2 \sin\theta_n \end{cases} \tag{1.18}$$

となる．

例えば，$g = 9.8$, $l = 2.5$, $h = 0.1$ とし，初期値を $\theta_0 = \pi/9$, $\omega_0 = 0$ として，(θ_n, ω_n) を (1.18) より逐次計算し，線分でつなぐと図 1.5 (a) の実線のようになる（○は初期値）．図 1.5 において，楕円のような点線は真の解の関係式

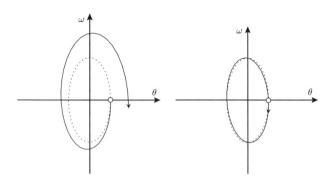

(a) 素朴なオイラー法　　(b) 気の利いたオイラー法

図 1.5　オイラー法による描画

$$\omega^2 = 2(H_0 + \omega_*^2 \cos\theta), \quad H_0 = \frac{\omega_0^2}{2} - \omega_*^2 \cos\theta_0$$

の閉曲線である．これは (1.17) の第 2 式の両辺に $\dot{\theta} = \omega$ を掛けて，$[0, t]$ で積分することにより導かれる．実際，

$$H(\theta, \omega) = \frac{\omega^2}{2} - \omega_*^2 \cos\theta$$

とおくと上の関係式は $H(\theta(t), \omega(t)) = H_0$ に等しい．いわゆる力学的エネルギー保存則のことである．

一方，図 1.5 (b) は，差分方程式

$$\begin{cases} \theta_{n+1} = \theta_n + h\omega_n, \\ \omega_{n+1} = \omega_n - h\omega_*^2 \sin\theta_{n+1} \end{cases} \tag{1.19}$$

による数値計算である．初期値 θ_0, ω_0 と刻み h は図 1.5 (a) で用いたものと同じである．図 1.5 (a) と比較するとかなりうまく計算されているようにみえる．次節で，このからくりを一般論から紹介する．

1.9　シンプレクティック・オイラー法

一般の $H(\theta, \omega)$ に対して，

1.9 シンプレクティック・オイラー法

$$\begin{cases} \dot{\theta}(t) = \dfrac{\partial H}{\partial \omega}, \\ \dot{\omega}(t) = -\dfrac{\partial H}{\partial \theta} \end{cases}$$

という微分方程式系はつねに

$$\frac{d}{dt} H(\theta(t), \omega(t)) = 0$$

という保存則を満たす．このような系をハミルトン (**Hamilton**) 系と呼び，H をハミルトニアン (**Hamiltonian**) という．特に，運動エネルギーとポテンシャル・エネルギーに相当する T と U があって，

$$H(\theta, \omega) = T(\omega) + U(\theta)$$

と書ける場合，

$$\begin{cases} \dot{\theta}(t) = T'(\omega), \\ \dot{\omega}(t) = -U'(\theta) \end{cases}$$

となり，これを可分なハミルトン系と呼ぶ．$(1.17)_{\text{p.39}}$ の場合，$T(\omega) = \omega^2/2$，$U(\theta) = -\omega_*^2 \cos\theta$ である．

可分なハミルトン系に対しては，

$$\begin{cases} \theta_{n+1} = \theta_n + hT'(\omega_n), \\ \omega_{n+1} = \omega_n - hU'(\theta_{n+1}) \end{cases} \tag{1.20}$$

のように少し気を利かせたオイラー法が有効であることが知られている．これをシンプレクティック・オイラー (**symplectic Euler**) 法と呼ぶ．第2式の第2項を $U'(\theta_n)$ としたものが素朴なオイラー法で，$(1.17)_{\text{p.39}}$ に対して $(1.18)_{\text{p.39}}$ が相当する．図 1.5 (b) は (1.19) の数値計算であったが，これはシンプレクティック・オイラー法 (1.20) によるものである．図 1.6 は $H(\theta_n, \omega_n)$ の推移で，横軸は離散時間 t_n である．右肩上がりの曲線は (1.18) に，波線は (1.19) に対応している．

(1.20) はどのような特徴付けができるのであろうか．

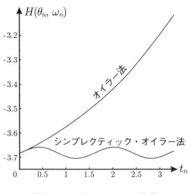

図 **1.6** $H(\theta_n, \omega_n)$ の推移

2 変数 $\boldsymbol{x} = \begin{pmatrix} x_1 \\ x_2 \end{pmatrix}$ のベクトル値関数 $\boldsymbol{f} = \begin{pmatrix} f_1 \\ f_2 \end{pmatrix}$ を

$$\begin{cases} f_1(\boldsymbol{x}) = x_1 + T'(x_2)h, \\ f_2(\boldsymbol{x}) = x_2 - U'(f_1)h \end{cases}$$

とおくと，(1.20) は $\boldsymbol{x}_n = \begin{pmatrix} \theta_n \\ \omega_n \end{pmatrix}$ として，$\boldsymbol{x}_{n+1} = \boldsymbol{f}(\boldsymbol{x}_n)$ と表される．この写像 $\boldsymbol{f}$ はヤコビアンが $\dfrac{\partial(f_1, f_2)}{\partial(x_1, x_2)} = 1$ であるので，面積を保存する写像である．

一般にこのような写像をシンプレクティック写像と呼ぶ．シンプレクティック・オイラー法のようなシンプレクティック写像を用いた離散変数法は，面積は保存するがハミルトニアンを保存するわけではない．しかし図 1.5 (b) にみられるように，このような離散変数法は長時間にわたり安定した数値計算を提供し，真の解に近い閉軌道らしきものも現れる．この論拠もかなりわかっていて，それは離散解を近似するよう微分方程式系を考えるという，普通とは反対の方向の解析——逆誤差解析——の理論である．話を進めるとかなり面白いのだが，詳細は [75] を参照されたい．

[問 **1.8**] 差分方程式系

$$\begin{cases} \theta_{n+1} = \theta_n + h\omega_{n+1}, \\ \omega_{n+1} = \omega_n - h\omega_*^2 \sin\theta_n \end{cases} \tag{1.21}$$

は気が利いているか．

1.10　エネルギーが保存するような離散化

シンプレクティック・オイラー法は気が利いていたが，エネルギーは保存しなかった．

エネルギーを保存する，すなわち
$$H(\theta_{n+1}, \omega_{n+1}) = H(\theta_n, \omega_n)$$
を満たす離散化を考えてみよう．このとき，
$$\omega_{n+1}^2 = \omega_n^2 + 2\omega_*^2(\cos\theta_{n+1} - \cos\theta_n)$$
であるから，差分方程式
$$\begin{cases} \theta_{n+1} = \theta_n + h\omega_{n+1/2}, \\ \omega_{n+1} = \omega_n + h\omega_*^2 \dfrac{\cos\theta_{n+1} - \cos\theta_n}{\theta_{n+1} - \theta_n} \end{cases} \tag{1.22}$$
を得る．ここで，$\omega_{n+1/2} = \dfrac{1}{2}(\omega_n + \omega_{n+1})$ かつ
$$\frac{\cos\theta_{n+1} - \cos\theta_n}{\theta_{n+1} - \theta_n} = -\sin\tilde{\theta} \quad (\theta_n \gtreqless \tilde{\theta} \gtreqless \theta_{n+1})$$
であるから，それなりの近似にはなっているようだ．理論上ではエネルギーは保存するが，実際には θ_{n+1} か ω_{n+1} に関する非線形方程式は解けないので，n から $n+1$ ステップに進むときにニュートン法（第3章）などを使わねばならない．したがって，演算回数は増えるうえに，結果として，厳密にエネルギーを保存させることは一般的には難しい．その意味で，このような離散化は気が利いているのか否かの判断は，数値誤差や計算時間なども含めた個別の目的に依存してくるだろう．

例えば，太陽系の惑星の運動方程式
$$\begin{cases} \dot{\boldsymbol{x}} = \boldsymbol{v}, \\ \dot{\boldsymbol{v}} = -\dfrac{\boldsymbol{x}}{|\boldsymbol{x}|^3} \end{cases}$$

を考えよう．ここで，$\bm{x}$ と $\bm{v}$ はそれぞれ惑星の位置ベクトルと速度ベクトルである．この運動はエネルギー

$$H(\bm{x}, \bm{v}) = \frac{1}{2}|\bm{v}|^2 - \frac{1}{|\bm{x}|}$$

を保存する．だから，$H(\bm{x}_{n+1}, \bm{v}_{n+1}) = H(\bm{x}_n, \bm{v}_n)$ を満たすように離散化すると，

$$\begin{cases} \bm{x}_{n+1} = \bm{x}_n + h\bm{v}_{n+1/2}, \\ \bm{v}_{n+1} = \bm{v}_n - h\dfrac{\bm{x}_{n+1/2}}{|\bm{x}|_n|\bm{x}|_{n+1}|\bm{x}|_{n+1/2}} \end{cases}$$

を得る（$|\bm{x}|_m$ は $|\bm{x}_m|$ の意味）．果たしてこの離散化が本当に気が利いているのかどうかは，すぐには判定できないだろう．この微分方程式系は可分なハミルトン系だから，例えばシンプレクティック・オイラー法と比較して数値実験してみるとよい．

これまでオイラー法についていろいろと言及してきたが，そもそもオイラー法はオイラーによるものなのだろうか．本章の最後に，元祖オイラー法についての小史を述べておく．

1.11 オイラーによるオイラー法

オイラー『積分法（第1巻）』[21] に図1.7の設問が提示されている（Section II, Chapter 7 の問題85, §650）．

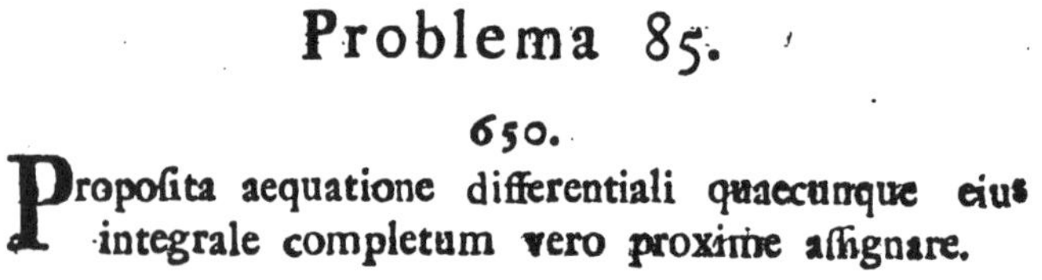

Problema 85.

650.

Propofita aequatione differentiali quaecunque eius integrale completum vero proxime affignare.

図1.7 オイラー『積分法（第1巻）』に提示された設問（Section II, Chapter 7, 問題85, §650）

1.11 オイラーによるオイラー法

✔ 注 1.3 『積分法（第1巻）』[21] は，オイラーアーカイブ [22] のエーネストレム番号 E342 の PDF ファイルで確認できるが，そのファイルはオイラー全集 Opera Omnia: Series 1, Volume 11 に再録されたものと思われる．図 1.7 の画像は 1768 年に出版された書籍 [21] から引用した．図 1.8 に画像元の書籍 [21] の表紙を引用する．

図 1.8 『積分法（第1巻）』[21] の表紙．デジタルファイルを Google ブックスから入手した．

I. Bruce による英訳サイト [9] において，図 1.7 の英訳も見られる (http://www.17centurymaths.com/contents/euler/intcalvol1/part2ch7.pdf)．このサイトではほかにも同様の文献が多数英訳されているので，アクセスしてみるとおもしろいだろう．あるいは，例えば E. Hairer & G. Wanner [41, p.154] にも英訳が載っている．これらの英訳を意訳すると，以下のようになる．

　任意に微分方程式が与えられたとき，その積分の近似値を見つけよ．

　オイラーはこの問題に対して，次のように解答した．以下は概要である．

　まず，微分方程式を

$$\frac{dy}{dx} = V$$

とする．ここで，$V = V(x, y)$ は 2 変数関数で，$x = a, y = b$ のとき $V = A$ とする．x を a から微小量 ω だけ変化させたとき，y も b からほんの少しだけしか変化しないから，V は一定であると考える．よって，$\frac{dy}{dx} = A$ として，両辺を積分すれば，$y = b + A(x - a)$ を得る．これより，初期値 $x = a, y = b$ から近似値 $x = a + \omega, y = b + A\omega$ が得られる．この操作を小さな区間内で続けていけば，初期値から離れた所望の値まで逐次近似計算することができる．これらの操作をまとめると，図 1.9 のようになる．

Ipfius	valores fucceffiui
x	$a\ ;\ a'\ ;\ a''\ ;\ a'''\ ;\ a^{IV}\ ;\ \ldots\ 'x\ ;\ x$
y	$b\ ;\ b'\ ;\ b''\ ;\ b'''\ ;\ b^{IV}\ ;\ \ldots\ 'y\ ;\ y$
V	$A\ ;\ A'\ ;\ A''\ ;\ A'''\ ;\ A^{IV}\ ;\ \ldots\ 'V\ ;\ V.$

図 1.9 オイラーによるオイラー法の表．縦罫線の左側は x, y, V の変数 (variable)，右側は逐次決まる値 (successive values)

図 1.9 における各変数は以下の通りに決められる．まず，初期値 $x = a, y = b$ から $A = V(a, b)$ を定める．次に，x の値の列 $a', a'', a''', a^{IV}, \ldots$ は昇順あるいは降順に並べていったもので，対応する y の値の列 $b', b'', b''', b^{IV}, \ldots$ は次のように逐次定めていく．

$$x = a' \Rightarrow b' = b + A(a' - a) \Rightarrow A' = V(a', b')$$
$$x = a'' \Rightarrow b'' = b' + A'(a'' - a') \Rightarrow A'' = V(a'', b'')$$
$$x = a''' \Rightarrow b''' = b'' + A''(a''' - a'') \Rightarrow A''' = V(a''', b''')$$
$$x = a^{IV} \Rightarrow b^{IV} = b''' + A'''(a^{IV} - a''') \Rightarrow \cdots\cdots$$

このようにして所望の値まで逐次近似計算することができる．

これらの計算から，オイラー法はオイラーによるものといっていいだろう．

オイラー（Leonhard Euler，1707.4.15 [スイス] – 1783.9.18 [ロシア]）の

仕事は数学と物理学の非常に広い範囲に及ぶ．生涯に 900 近くの論文・書物（平均して年に約 800 ページの論文）を著し，約 75 巻の全集が刊行されている．「人間が呼吸するごとく，また鷲が空を舞い遊ぶごとく」見た目には何の苦もなく計算をしたといわれており，サンクトペテルブルク (Sankt-Peterburg) アカデミーは，オイラーの死後も約 50 年間，彼の論文を発刊し続けた．また，記号発明の達人で，自然対数の底 e，円周率 π，虚数単位 i，関数記号 $f(x)$，和の記号 $\sum$，三角関数の記号 sin., cos., tang., cot., sec., cosec. を考案し三角形の 3 辺を a, b, c，それらの対角を A, B, C と表すこと，外接円，内接円の半径をそれぞれ R, r と表すことなども，すべてオイラーに負う．

　オイラーの学術的史実は，例えば [92] の第 4 章「解析学の創始者：オイラー」を参照せよ．

第2章

数値積分

原始関数が表示できないとき，定積分の値を素朴に計算することは難しい．例えば，定積分 $\int_0^1 e^{-x^2}\,dx$ や楕円 $\dfrac{x^2}{a^2}+\dfrac{y^2}{b^2}=1$ $(a>b>0)$ の周長

$$4\int_0^a \sqrt{1+y'^2}\,dx = 4a\int_0^{\pi/2}\sqrt{1-\varepsilon^2\sin^2\theta}\,d\theta \;\left(\varepsilon=\sqrt{a^2-b^2}\big/a\right)$$

のような定積分は，被積分関数の原始関数を初等関数で表現することができないので，「定積分の値は原始関数の端点での値の差」のように計算することができない．一般に連続関数は原始関数をもつが，これらの例のようにいつも原始関数が表現できるとは限らない．このような場合，厳密な定積分の値を求めるのは絶望的であるため，近似値を求めるのが現実的である．定積分の値をどのように近似するのか．その方法は区分求積法を礎石としているので，まず区分求積法を再検討することにする．

2.1 区分求積法と数値積分

関数 $f(x)$ は閉区間 $[a,b]$ で連続とする．閉区間 $[a,b]$ を n 分割して，分割点を

$$a=x_0<x_1<x_2<\cdots<x_n=b$$

とする．各小区間 $[x_{k-1},x_k]$ の幅を $\Delta x_k=x_k-x_{k-1}$ とし，各小区間の代表点を $\xi_k\in[x_{k-1},x_k]$ とする $(k=1,2,\ldots,n)$．このとき，$f(\xi_k)\Delta x_k$ は，底辺が

Δx_k で (符号付き) 高さが $f(\xi_k)$ の第 k 長方形の (符号付き) 面積であり，これを $k = 1, 2, \ldots, n$ について集めた和の極限が連続関数 $f(x)$ の $[a, b]$ 上の定積分となった. すなわち，

$$\lim_{n \to \infty} \sum_{k=1}^{n} f(\xi_k) \Delta x_k = \int_a^b f(x)\,dx$$

が成立し，これを区分求積法と呼んだ. これより，十分大きい n に対して，

$$\sum_{k=1}^{n} f(\xi_k) \Delta x_k \approx \int_a^b f(x)\,dx$$

という近似が成り立つ. (どのくらい n を大きくすればよいかは関数 $f(x)$ の性質に依存する.)

　一般に数値的に定積分の近似値を求める計算法を**数値積分**と呼ぶ. 定積分の値を (微積分法の基本公式を使うような) 解析的手法によって求めることができないときに有効な手法で，特に区分求積法は，原始的だが強力で示唆的な数値積分法である.

　素朴な区分求積法は，閉区間 $[a, b]$ を n 等分して，分割幅と分割点をそれぞれ

$$\Delta x = \frac{b-a}{n}, \quad x_k = a + k\Delta x \quad (k = 0, 1, 2, \ldots, n)$$

とするものである. このとき，

$$\lim_{n \to \infty} \sum_{k=1}^{n} f(\xi_k) \Delta x = \int_a^b f(x)\,dx, \quad \xi_k \in [x_{k-1}, x_k] \quad (k = 1, 2, \ldots, n) \quad (2.1)$$

が成り立つ.

　図 2.1 に，$\sum_{k=1}^{10} f(\xi_k) \Delta x$ の概念図を描いた.

2.2　左端点則と右端点則

　図 2.1 において，$\xi_k = x_{k-1}$ または $\xi_k = x_k$ という二つの代表点のとり方を示したが，それぞれに応じて，$\sum_{k=1}^{n} f(\xi_k) \Delta x$ を次のように左端点則，右端点則

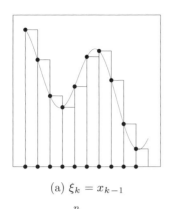
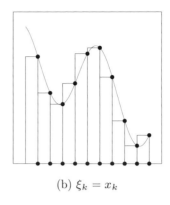

(a) $\xi_k = x_{k-1}$　　　　(b) $\xi_k = x_k$

図 2.1 黒点（•）は $\sum_{k=1}^{n} f(\xi_k)\Delta x$ における長方形の底辺の端点 $(\xi_k, 0)$ と対応する（符号付き）高さの端点 $(\xi_k, f(\xi_k))$ $(k = 1, 2, \ldots, n = 10)$

名づけておこう．

$$S^{(n)}_{\text{左端点則}} = \sum_{k=1}^{n} f(x_{k-1})\Delta x, \quad S^{(n)}_{\text{右端点則}} = \sum_{k=1}^{n} f(x_k)\Delta x.$$

左端点則 $S^{(n)}_{\text{左端点則}}$ と右端点則 $S^{(n)}_{\text{右端点則}}$ の概念図は，それぞれ図 2.1 (a), (b) に対応している．

◆ **例 2.1**　$[0,1]$ 上の関数 $f(x) = x$ について，

$$S^{(n)}_{\text{左端点則}} = \frac{1}{n}\sum_{k=1}^{n}\frac{k-1}{n} = \frac{n-1}{2n}, \quad S^{(n)}_{\text{右端点則}} = \frac{1}{n}\sum_{k=1}^{n}\frac{k}{n} = \frac{n+1}{2n}$$

であるから，$n \to \infty$ のとき，どちらも真の値 $\int_0^1 x\,dx = \frac{1}{2}$ に収束する．

[**問 2.1**]　$[-1, 1]$ 上の関数 $f(x) = x$ について，$S^{(n)}_{\text{左端点則}}$ と $S^{(n)}_{\text{右端点則}}$ をそれぞれ求め，$n \to \infty$ のとき，どちらも真の値 $\int_{-1}^{1} x\,dx = 0$ に収束することを確認せよ．

[**問 2.2**]　$[0, 1]$ 上の関数 $f(x) = x^2$ について，$S^{(n)}_{\text{左端点則}}$ と $S^{(n)}_{\text{右端点則}}$ をそれぞれ求め，$n \to \infty$ のとき，どちらも真の値 $\int_0^1 x^2\,dx = \frac{1}{3}$ に収束することを確認せ

よ．必要ならば，$\sum_{k=1}^{n} k^2 = \dfrac{1}{6}n(n+1)(2n+1)$ を使ってよい．

✔ 注 **2.2**（gnuplot^{ニュープロット}について）　パソコンがあって，インターネットに接続可能な環境であれば，gnuplot と呼ばれる無料で入手可能な関数のグラフの描画ソフトウェアを用いて，いろいろな曲線や曲面を描くことができる．gnuplot については拙著 [137] の注 1.2 を参照されたい．

◆ 例 **2.3**　$[0, 1]$ 上の関数 $f(x) = e^{-x^2}$ について，左端点則と右端点則はそれぞれ

$$S^{(n)}_{左端点則} = \frac{1}{n}\sum_{k=1}^{n} f(x_{k-1}), \ S^{(n)}_{右端点則} = \frac{1}{n}\sum_{k=1}^{n} f(x_k), \ x_k = \frac{k}{n} \quad (k = 0, 1, \ldots, n)$$

である．この和を手計算することは難しいから gnuplot を援用して計算してみよう．次のコードを，仮に sum.gnu と名付けたファイルに保存しておく．

```
f(x) = exp(-x**2) # on [0, 1]
Sleft(n) = ( 1.0 / n ) * sum[k = 1 : n] f( ( k - 1.0 ) / n )
Sright(n) = ( 1.0 / n ) * sum[k = 1 : n] f( 1.0 * k / n )
```

ここで，x**2 は x^2 のことで，# 以下はコメントとして無視される．また，1 / n と書かずに 1.0 / n と書くのは小数計算をさせるためである．例えば，gnuplot モードにおいて

```
gnuplot> print 1 / 2
```

とすると整数 0 を返してしまうので，

```
gnuplot> print 1.0 / 2
```

とする．このとき，0.5 を返す．（1 / 2.0 や 1.0 / 2.0 でも同じである．）

さて，上の 3 行のコードに続いて，ファイル sum.gnu に次のコードを書く．

```
print Sleft(10), Sright(10)
```

2.2 左端点則と右端点則

```
print Sleft(100), Sright(100)
print Sleft(1000), Sright(1000)
print Sleft(10000), Sright(10000)
```

これは，$n = 10, 100, 1000, 10000$ のときの左端点則と右端点則による値を返せという命令である．

こうして，コマンドモードにおいて

```
$ gnuplot sum.gnu
```

とするか，gnuplot モードにおいて

```
gnuplot> load "sum.gnu"
```

とすると，次のように値を返すであろう．

0.777816824073177　0.714604768190321
0.749978604262112　0.743657398673827
0.747140131778599　0.74650801121977
0.746855738227235　0.746792526171352

gnuplot は倍精度計算をしているので，小数点以下 15 桁くらいまでは概ね正しい値を返している．関数 e^{-x^2} は $[0,1]$ で単調減少だから，つねに

$$S^{(n)}_{\text{左端点則}} \geq \int_0^1 e^{-x^2}\,dx \geq S^{(n)}_{\text{右端点則}}$$

が成り立っている（問 2.3）．これより，$\int_0^1 e^{-x^2}\,dx = 0.746\cdots$ であろうことが推測される．

ここで，「概ね」や「推測」などとしかいえない理由は，コンピュータの演算過程でさまざまな数値的誤差が含まれ，その誤差の堆積が得られた値にどのように影響を及ぼしているかは俄にはわからないからである．そのため，得られた値がどの程度信頼できるかを定積分の値がわかる関数についてチェックしておく必要がある（問 2.4）．

[問 2.3] 関数 $f(x)$ が $[a,b]$ で単調増加なとき

$$S^{(n)}_{\text{左端点則}} \leq \int_a^b f(x)\,dx \leq S^{(n)}_{\text{右端点則}} \tag{2.2}$$

が成り立つことを，図を書いて納得し，そして証明せよ．また，$f(x)$ が単調減少ならば，不等号の向きが逆の不等式が成立することを示せ．

[問 2.4] 例 2.3 において，関数 $f(x)$ を

```
f(x) = x # on [0, 1]
f(x) = x # on [-1, 1]
f(x) = x**2 # on [0, 1]
```

のように代えて，それぞれについて，$n = 10000$ のときの値

```
print Sleft(10000); print Sright(10000)
```

を算出せよ．そして，真の値 $\int_0^1 x\,dx = \dfrac{1}{2}$, $\int_{-1}^1 x\,dx = 0$, $\int_0^1 x^2\,dx = \dfrac{1}{3}$ と比較して，小数点以下何桁まで正しいかをチェックせよ．

2.3 中点則と台形則

問 2.3 でみたように，関数が単調ならば，定積分の真の値は $S^{(n)}_{\text{左端点則}}$ と $S^{(n)}_{\text{右端点則}}$ の間にある．したがって，$S^{(n)}_{\text{左端点則}}$ と $S^{(n)}_{\text{右端点則}}$ の中間の値をとる数値積分を考えれば，少なくとも単調関数のときは（左右の端点則よりも）近似精度があがることが予想される．中間の値をとる数値積分の方法は素朴には2通り考えられる．一つは x_{k-1} と x_k の中点における f の値を和に用いる方法，もう一つは $f(x_{k-1})$ と $f(x_k)$ の平均値を和に用いる方法である．前者を中点則，後者を台形則という．

$$S^{(n)}_{\text{中点則}} = \sum_{k=1}^n f\left(\frac{x_{k-1}+x_k}{2}\right)\Delta x, \quad S^{(n)}_{\text{台形則}} = \sum_{k=1}^n \frac{f(x_{k-1})+f(x_k)}{2}\Delta x.$$

図 2.2 (a), (b) に中点則と台形則の概念図を描いた．これより「台形」の意味もわかるであろう．

2.3 中点則と台形則

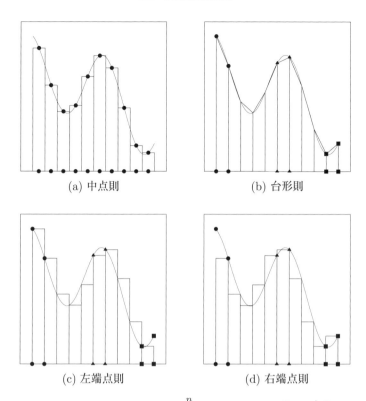

(a) 中点則 (b) 台形則

(c) 左端点則 (d) 右端点則

図 2.2 中点則 (a) における黒点 (●) は，$\sum_{k=1}^{n} f(\xi_k)\Delta x$, $\xi_k = \dfrac{x_{k-1} + x_k}{2}$ における長方形の底辺の中点 $(\xi_k, 0)$ と，対応する（符号付き）高さの点 $(\xi_k, f(\xi_k))$ である ($k = 1, 2, \ldots, n = 10$). また，(b)–(d) の図は台形則，左端点則，右端点則の比較で，(c) と (d) の各図において 4 つずつの ●，▲，■ をそれぞれ結ぶと (b) の台形となる．

台形則は，作り方からも明らかに

$$S^{(n)}_{台形則} = \frac{1}{2}\left(S^{(n)}_{左端点則} + S^{(n)}_{右端点則}\right)$$

であるが，中点則も台形則，したがって左端点則および右端点則と関係している．

$$S^{(2n)}_{台形則} = \frac{1}{2}\left(S^{(n)}_{台形則} + S^{(n)}_{中点則}\right). \tag{2.3}$$

［問 2.5］ (2.3) を示せ．

図 2.3 に中点則で分割を細かくしていったときの概念図，図 2.4 に台形則で分割を細かくしていったときの概念図を描いた．

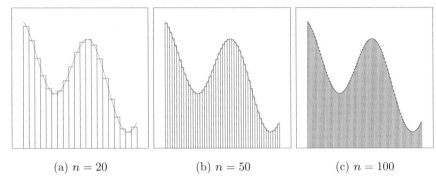

(a) $n = 20$ (b) $n = 50$ (c) $n = 100$

図 2.3　中点則で分割を細かくしていったときの概念図

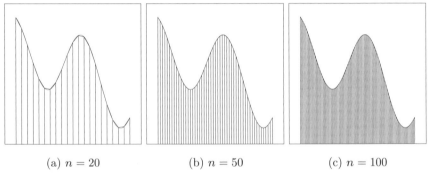

(a) $n = 20$ (b) $n = 50$ (c) $n = 100$

図 2.4　台形則で分割を細かくしていったときの概念図

本節冒頭で，単調関数に関しては，中点則や台形則は左端点則や右端点則よりもよい近似を与えるだろうと予想した．

◆ 例 2.4　例 2.1 (p.51) の $[0, 1]$ 上の関数 $f(x) = x$ について，中点則と台形則はそれぞれ

$$S^{(n)}_{\text{中点則}} = \frac{1}{n}\sum_{k=1}^{n} \frac{2k-1}{2n} = \frac{1}{2}, \quad S^{(n)}_{\text{台形則}} = \frac{1}{2}\left(S^{(n)}_{\text{左端点則}} + S^{(n)}_{\text{右端点則}}\right) = \frac{1}{2}$$

のようにともに真の値を与える．

[問 2.6] 問 2.2$_{(p.51)}$ の $[0,1]$ 上の関数 $f(x) = x^2$ について，$S^{(n)}_{\text{中点則}}$ と $S^{(n)}_{\text{台形則}}$ をそれぞれ求め，$n \to \infty$ のとき，どちらも真の値 $\int_0^1 x^2 \, dx = \dfrac{1}{3}$ に収束することを確認せよ．必要ならば，$\sum_{k=1}^{n} k^2 = \dfrac{1}{6} n(n+1)(2n+1)$ を使ってよい．また，$S^{(n)}_{\text{左端点則}}$ と $S^{(n)}_{\text{右端点則}}$ とを比較せよ．

[問 2.7] 例 2.3$_{(p.52)}$ の $[0,1]$ 上の関数 $f(x) = e^{-x^2}$ について，$S^{(n)}_{\text{中点則}}$ と $S^{(n)}_{\text{台形則}}$ をそれぞれ gnuplot を援用して計算し，例 2.3 の結果と比較せよ．

2.4 シンプソン則

中点則や台形則をさらに改良した次の数値積分をシンプソン則という．

$$S^{(n)}_{\text{シンプソン則}} = \sum_{k=1}^{n} \frac{1}{6} \left(f(x_{k-1}) + 4f\left(\frac{x_{k-1} + x_k}{2}\right) + f(x_k) \right) \Delta x.$$

この定義から，シンプソン則は中点則と台形則の重み付き平均

$$S^{(n)}_{\text{シンプソン則}} = \frac{1}{3} \left(S^{(n)}_{\text{台形則}} + 2 S^{(n)}_{\text{中点則}} \right)$$

であることがわかる．

◆ 例 2.5 例 2.1$_{(p.51)}$ や例 2.4 の $[0,1]$ 上の関数 $f(x) = x$ について，$S^{(n)}_{\text{台形則}}$ と $S^{(n)}_{\text{中点則}}$ は真の値を与えたから，$S^{(n)}_{\text{シンプソン則}}$ も真の値を与える．

シンプソン則の別の特徴付けをしてみよう．部分区間を $[x_{k-1}, x_k]$ とし，曲線上の 3 点

$$(x_{k-1}, f(x_{k-1})), \quad \left(\frac{x_{k-1} + x_k}{2}, f\left(\frac{x_{k-1} + x_k}{2}\right)\right), \quad (x_k, f(x_k))$$

をとる（左端点，中点，右端点）．台形則は左端点と右端点の 2 点を通る 1 次関数で曲線 $f(x)$ を近似した方法といえる．一方，シンプソン則は左端点，中点，右端点の 3 点を通る放物線で曲線 $f(x)$ を近似する方法となっている．

[問 2.8] 関数 $y = f(x)$ に対して 3 点 $(\alpha, f(\alpha))$, $(\beta, f(\beta))$, $(\gamma, f(\gamma))$ を通る放物線を $y = \lambda x^2 + \eta x + \mu$ とおく．ただし，$\alpha < \gamma$ で $\beta = \dfrac{\alpha + \gamma}{2}$ とする．このとき，区間 $[\alpha, \gamma]$ 上における積分の平均値は

$$\frac{1}{\gamma - \alpha} \int_{\alpha}^{\gamma} (\lambda x^2 + \eta x + \mu)\, dx = \frac{1}{6}(f(\alpha) + 4f(\beta) + f(\gamma))$$

となることを示せ．

問 2.8 において $\alpha = x_{k-1}$, $\gamma = x_k$ としたものがシンプソン則である．

◆ 例 2.6　例 $2.3_{(\text{p.52})}$ や問 2.7 の $[0, 1]$ 上の関数 $f(x) = e^{-x^2}$ について，$S^{(n)}_{\text{シンプソン則}}$ を gnuplot を援用して計算し，例 2.3 や問 2.7 の結果と比較してみよう．再度まとめてコードを書いておく．

```
f(x) = exp(-x**2) # on [0, 1]
Sleft(n) = ( 1.0 / n ) * sum[k = 1 : n] f( ( k - 1.0 ) / n )
Sright(n) = ( 1.0 / n ) * sum[k = 1 : n] f( 1.0 * k / n )
Smid(n) = ( 1.0 / n )
  * sum[k = 1 : n] f( ( 2.0 * k - 1.0 ) / n / 2.0 )
Sdaikei(n) = ( Sleft(n) + Sright(n) ) / 2.0
Ssympson(n) = ( Sdaikei(n) + 2.0 * Smid(n) ) / 3.0
n = 10000
print Sleft(n); print Sright(n)
print Smid(n); print Sdaikei(n); print Ssympson(n)
```

実行結果は，

0.746855738227235
0.746792526171352
0.746824133118991
0.746824132199294

```
0.746824132812425
```

となるだろう．これより，例 2.3 (p.52) よりはよい推測 $\int_0^1 e^{-x^2} dx = 0.74682413\cdots$ がなされる．

[問 2.9] $[0,1]$ 上の関数 $f(x) = x^8$ の定積分

$$\int_0^1 x^8 dx = \frac{1}{9} = 0.111\cdots$$

に対して，$n = 10000$ のとき，$S^{(n)}_{左端点則}$，$S^{(n)}_{右端点則}$，$S^{(n)}_{中点則}$，$S^{(n)}_{台形則}$，$S^{(n)}_{シンプソン則}$ をそれぞれ求めよ．

2.5 「気の利いた」変形

例えば，$4 \arctan 1$ の値，すなわち定積分

(a) $\quad \int_0^1 \frac{4}{1+x^2} dx = \pi$

と単位円の第1象限部分の面積を4倍した定積分

(b) $\quad \int_0^1 4\sqrt{1-x^2} dx = \pi$

をそれぞれ台形則とシンプソン則で求めてみよう．表 2.1 と表 2.2 はそれぞれ分割数 $n = 2^i$ ($i = 3, 4, 5, 6$) の場合の定積分 (a) と (b) の数値積分結果である．厳密解はともに π であるが，(a) と (b) では収束の速さが全く異なる．

[問 2.10] 定積分 (a) と (b) のそれぞれに対して，表 2.1 と表 2.2 の数値を算出する gnuplot のスクリプトを書いてみよ．

一般に，台形則の収束次数は 2，シンプソン則の収束次数は 4 であることが知られている（例えば [46, 76]）．すなわち，$n \to \infty$ のとき，誤差 (error) について

$$E^{(n)}_{台形則} = \left| S - S^{(n)}_{台形則} \right| = O(n^{-2}), \quad E^{(n)}_{シンプソン則} = \left| S - S^{(n)}_{シンプソン則} \right| = O(n^{-4})$$

表 2.1 定積分 (a) の数値計算．太字の数字は正しい値

n	$S^{(n)}_{台形則}$	$\text{EOC}^{(n)}_{台形則}$
8	**3.13**898849449109	
16	**3.14**094161204139	1.99999606944853
32	**3.141**42989317497	1.99999975431732
64	**3.1415**5196348565	1.99999998458124
	$S^{(n)}_{シンプソン則}$	$\text{EOC}^{(n)}_{シンプソン則}$
8	**3.14159265**122482	
16	**3.14159265**355284	5.9998442373378
32	**3.14159265358**922	6.00143961646274
64	**3.14159265358**978	5.75822321472672

表 2.2 定積分 (b) の数値計算．太字の数字は正しい値

n	$S^{(n)}_{台形則}$	$\text{EOC}^{(n)}_{台形則}$
8	**3.0**8981914435717	
16	**3.1**2325303782774	1.49725069507688
32	**3.13**510242287713	1.49862174426506
64	**3.13**929691277969	1.49930999313888
	$S^{(n)}_{シンプソン則}$	$\text{EOC}^{(n)}_{シンプソン則}$
8	**3.13**43976689846	
16	**3.13**905221789359	1.5019156531611
32	**3.140**69507608053	1.50096751526005
64	**3.141**27541893559	1.50048614923698

2.5 「気の利いた」変形

という評価が成り立つ.

何らかの近似則の収束次数が r であるとする．このとき，$n \to \infty$ とすると，$E^{(n)} = O(n^{-r})$ であることから，$\displaystyle\lim_{n \to \infty} E^{(n/2)}/E^{(n)} = 2^r$ がわかるので，

$$\mathrm{EOC}^{(n)} = \log_2 \frac{E^{(n/2)}}{E^{(n)}}$$

とおけば，$\displaystyle\lim_{n \to \infty} \mathrm{EOC}^{(n)} = r$ を得る．ここで，EOC は 1.5 節 (p.30) と同じく数値実験による収束次数である．

定積分 (a) と (b) の厳密な値は $S = \pi = 3.141592653589793238\cdots$ である．そして，

$$\mathrm{EOC}^{(n)}_{\text{台形則}} = \log_2 \frac{E^{(n/2)}_{\text{台形則}}}{E^{(n)}_{\text{台形則}}}, \quad \mathrm{EOC}^{(n)}_{\text{シンプソン則}} = \log_2 \frac{E^{(n/2)}_{\text{シンプソン則}}}{E^{(n)}_{\text{シンプソン則}}}$$

とおけば，それぞれ $\mathrm{EOC}^{(n)}_{\text{台形則}} \approx 2$，$\mathrm{EOC}^{(n)}_{\text{シンプソン則}} \approx 4$ となることが期待される．

この一般論に照らし合わせて考えると，表 2.1 のように，定積分 (a) に対する台形則は理論値と同じ収束次数 ($\mathrm{EOC}^{(n)}_{\text{台形則}} \approx 2$) であるが，シンプソン則は関数の「よさ」がよい影響を及ぼして収束が極端によい ($\mathrm{EOC}^{(n)}_{\text{シンプソン則}} \gg 4$)．

一方で，表 2.2 のように，定積分 (b) に対する台形則もシンプソン則も関数の「悪さ」が悪影響を及ぼして収束が理論値よりも悪い ($\mathrm{EOC}^{(n)}_{\text{台形則}} \ll 2$, $\mathrm{EOC}^{(n)}_{\text{シンプソン則}} \ll 4$)．

定積分 (b) の被積分関数の「悪さ」は $x = 1$ で $\sqrt{1-x^2}$ の微分係数が発散していることに起因している．そこで $t = \sqrt{1-x}$ と変数変換して (b) と等価な定積分

$$\text{(c)} \quad \int_0^1 8t^2 \sqrt{2-t^2}\, dt = \pi$$

について数値計算すると表 2.3 のようになって，台形則もシンプソン則も理論通りの収束の速さとなる ($\mathrm{EOC}^{(n)}_{\text{台形則}} \approx 2$, $\mathrm{EOC}^{(n)}_{\text{シンプソン則}} \approx 4$)．

定積分 (a) においてシンプソン則だけが極端に収束がよかったこと，定積分 (b) においては台形則もシンプソン則もともに収束が悪かった（「らしくない」収束であった）こと，そして変数変換した定積分 (c) が理論通りの収束傾向と

表 2.3　定積分 (c) の数値計算．太字の数字は正しい値

n	$S^{(n)}_{\text{台形則}}$	$\text{EOC}^{(n)}_{\text{台形則}}$
8	**3.15**207367337181	
16	**3.144**20087711876	2.00663967373808
32	**3.142**24394937804	2.0016827138713
64	**3.141**75542989803	2.0004221636303

	$S^{(n)}_{\text{シンプソン則}}$	$\text{EOC}^{(n)}_{\text{シンプソン則}}$
8	**3.1415**7661170108	
16	**3.14159**164013113	3.98448485505942
32	**3.141592**59007136	3.99596819414185
64	**3.1415926**4961709	3.99898173338398

なったことについての原因ははっきりとわかっているので，興味ある読者は数値解析の成書を参照されたい（例えば [46, 76]）．いずれにせよ，EOC の値が理論通りにならなかった場合は何らかの問題が考えられるので，与えられた定積分をそのまま数値積分するのではなく，例えば定積分 (c) のように，数値積分の前処理として気の利いた変形をしておくことは，常微分方程式の数値解法（第 1 章）でもみた通り大切なことである．定積分 (c) のような変数変換はなかなか思い付かないが，次のように積分区間を変更するという気の利かせ方も考えられる．果たしてうまくいくだろうか．

[問 **2.11**]　定積分 (b) の積分区間は，極座標の偏角の範囲で考えると $[0, \pi/2]$ である．そこで，定積分 (c) のように変数変換しないで，定積分 (b) の積分区間を，偏角の範囲 $[\pi/4, 3\pi/4]$ に対応する

$$(\text{b}') \quad 4\left(\int_{-1/\sqrt{2}}^{1/\sqrt{2}} \sqrt{1-x^2}\, dx - \frac{1}{2} \right) = \pi$$

に変えて，各 EOC を数値計算してみよ．（一辺 $1/\sqrt{2}$ の二つの直角二等辺三角形の面積 $1/2$ を引いて，扇形の面積を求めた．）

第3章

非線形方程式の数値解法

第1章で話題に挙げた，振り子の力学的エネルギーが保存するような差分方程式 $(1.22)_{\text{p.43}}$ について再考しよう．(1.22) の第2式の両辺に ω_n を足して，両辺を2で割ると，

$$\omega_{n+1/2} = \omega_n + \frac{h\omega_*^2}{2} \frac{\cos\theta_{n+1} - \cos\theta_n}{\theta_{n+1} - \theta_n}$$

となる．第1式は $(\theta_{n+1} - \theta_n)/h = \omega_{n+1/2}$ であり，θ_n, ω_n, h は既知の値だから，これより，未知の値 $x = \theta_{n+1}$ が満たす方程式

$$\begin{aligned}f(x) &= x^2 - (2\theta_n + h\omega_n)x - \frac{h^2}{2}\omega_*^2\cos x + \theta_n^2 + h\omega_n\theta_n \\ &\quad + \frac{h^2}{2}\omega_*^2\cos\theta_n \\ &= 0\end{aligned}$$

を得る．$f(x) = 0$ の解が求まれば，その一つを θ_{n+1} として (1.22) の第2式に代入して，ω_{n+1} を求めることができる．

そうはいっても実際この方程式 $f(x) = 0$ を手計算で解くこと，すなわち厳密解を求めることは難しいであろう．より一般に，非線形方程式 $f(x) = 0$ の解を解析的に求めることは難しく，無理なことも多い．そこで本章では，非線形方程式 $f(x) = 0$ に対して数値的に近似解を求める代表的な二つの方法「ニュートン法」と「2分法」を紹介する．

3.1 ニュートン法

方程式 $f(x) = 0$ の解を,適当な初期値 x_0 から出発して,次の漸化式の極限で求める方法をニュートン (Newton) 法という.

$$x_{n+1} = x_n - \frac{f(x_n)}{f'(x_n)} \quad (n = 0, 1, 2, \ldots). \tag{3.1}$$

後の3.4節で述べるように,ニュートンは3次方程式 $x^3 - 2x - 5 = 0$ に対してその零点を近似的に求める方法を提案したため,(3.1) はニュートンの名前を冠している.

(3.1) は,

$$\frac{0 - f(x_n)}{x_{n+1} - x_n} = f'(x_n) \quad (n = 0, 1, 2, \ldots) \tag{3.2}$$

のように書き換えられる.すなわち,x_n から x_{n+1} を得る操作は,$x = x_n$ における $f(x)$ の接線の x 切片 x_{n+1} を求めることに等しいといえる(図 3.1).そして,この操作を反復して $f(x) = 0$ の解 α に接近していくので,ニュートン法は反復法の一種である.

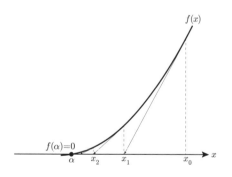

図 3.1 ニュートン法の概念図

具体的なアルゴリズムは以下のようになる.《終了条件》は後述する.

まず,初期値 x_0 を与える.$f(x_0) = 0$ ならばすでに解が求まっているから,$f(x_0) \neq 0$ とする.$n = 0$ として次の Step 1 から始める.

Step 1 (3.1) より x_n から x_{n+1} を求め,Step 2 に進む.

Step 2 x_{n+1} は《終了条件》を満たしているか？
　　YES $\Rightarrow$ END
　　NO $\Rightarrow$ $n := n+1$ として Step 1 に進む．

END となったら，その時点で反復を終了し，x_{n+1} を所望の近似解とする．

　本来は $f(x_n) = 0$ を満たす x_n が求まるまで反復を続けなければならないが，有限桁しか扱えないコンピュータ上ではそれは望めない．したがって，一般に "$= 0$" にはならないので，少し緩めて，通常は以下のような《終了条件》を課す．

$$① \ |f(x_{n+1})| < \varepsilon, \quad ② \ |x_{n+1} - x_n| < \delta, \quad ③ \ n+1 > N$$

として，

　　《終了条件》　① または ② または ③． 　　　　　　　　　(3.3)

　倍精度計算ならば，例えば $\varepsilon = 10^{-13}$, $\delta = 10^{-10}$, $N = 20$ とする．しかし，これらの値は関数 f の形状と初期値 x_0 に依存する．より厳しい条件 $\varepsilon = \delta = 10^{-15}$ を課しても，$N = 10$ 程度でうまくいくことも多い．

　①から③の意味を考える．まず，反復の途中で運よく $f(x_{n+1}) = 0$ となったら，もちろん x_{n+1} が求める α に他ならないからこれ以上の操作続行は不要である．①はそんな僥倖も含んだ条件となっている．後述するように，（うまく機能している場合）ニュートン法は正しい桁数が 1 回の反復で倍になる方法である．したがって，理想的には初期値に 10^{-1} のオーダーの誤差があったら，数回の反復で 10^{-16} のオーダーの誤差となるから，倍精度の場合はこれ以上望めない．しかし，関数 f の形や初期値の与え方によってはなかなか終了しないことがある．経験的には数十回の反復で終わらなかったら破綻している可能性を考える．（こういうときは反復がずっと終わらないことが多い．）②と③は，そんなときの場合に備えたセーフティーネットとしての条件である．$|x_n|$ の値が大きいときのために，$|x_{n+1} - x_n|$ が相対的に小さいという条件

$$②' \ |x_{n+1} - x_n| < \delta |x_n|$$

を②の代わりに用いることもある．

[**問 3.1**] $f(x) = x^2 - 2$ として，$f(x) = 0$ の正の解 α にニュートン法で接近してみよう．$x_0 = 2$ とする．

(1) $f(x) = x^2 - 2$ のときのニュートン法 (3.1) を求めよ．

(2) (1) の結果を用いて，以下の空欄を埋めよ．

n	x_n
0	2
1	
2	
3	

(3) $x_n > 0 \Rightarrow x_{n+1} > 0$ を示せ．

(4) $x_n^2 > 2 \Rightarrow x_{n+1}^2 > 2$ を示せ．

(5) $x_n > 0$, $x_n^2 > 2$ ならば，数列 $\{x_n\}_{n=0}^{\infty}$ は単調減少で下に有界であることを示せ．（これより，数列の極限が存在することがわかる．）

(6) $x_n > 0$, $x_n^2 > 2 \Rightarrow 0 < \dfrac{x_{n+1}^2 - 2}{x_n^2 - 2} \leq \dfrac{x_0^2 - 2}{4x_0^2}$ を示せ．

(7) $x_0 = 2$ のとき，以下を確認せよ．

$$0 < x_n^2 - 2 \leq \frac{1}{8}(x_{n-1}^2 - 2) \leq \frac{1}{8^2}(x_{n-2}^2 - 2) \leq \cdots \leq \frac{1}{8^n}(x_0^2 - 2) = \frac{2}{8^n}$$

（これより，アルゴリズムを途中で終了させずに，反復操作を無限に継続すれば，$n \to \infty$ のとき x_n は $\alpha^2 = 2$ を満たす α に収束し，(3) より $\alpha \geq 0$ だから $\alpha = \sqrt{2}$ がわかる．）

問 3.1 は次のように一般化できる．

[**問 3.2**] 図 3.2 のように，$x \geq 0$ で定義された関数 f が

$$f(0) < 0, \quad f'(x) > 0, \quad f''(x) > 0 \quad (x > 0)$$

を満たしているとする．このとき，$f(\alpha) = 0$ を満たす $\alpha > 0$ が唯一存在することを示せ．また，方程式 $f(x) = 0$ にニュートン法 (3.1)$_{\text{p.64}}$ を適用して得ら

れる数列 $x_0, x_1, \ldots$ について，どのような初期値 $x_0 > 0$ から始めても $n \to \infty$ のとき x_n は真の解 α に収束することを示せ．

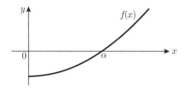

図 3.2 下に凸な関数

◆ 例 3.1 関数 $f(x) = x^3 - x$ の零点は $0, \pm 1$ であるから，適当な初期値 x_0 から始めれば，理想的にはいずれかの零点に収束するはずである．しかし，任意の初期値に対してそれがいえるわけではない．実際，$x_0 = \dfrac{1}{\sqrt{5}}$ を初期値にとると，$x_1 = -\dfrac{1}{\sqrt{5}}$, $x_2 = x_0$ となって，図 3.3 のように無限ループに陥る．（このように，$x_{n+1} = -x_n$ となる零でないものはこれしかないことはすぐにわかる．）

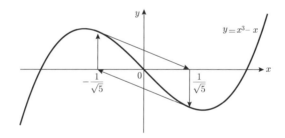

図 3.3 無限ループ

この無限ループは理想であって，実際はニュートン法の反復計算も $\dfrac{1}{\sqrt{5}}$ の値自体も丸め誤差の影響を受ける．よって無限ループは実現されずにどれかの零点に収束していくだろうと予想される．ところが，しばしば予想に反して丸め誤差を含めて綺麗に無限ループが実現されてしまうこともある（詳細は [138, 第 9 章]）．

この例は面白いが，ニュートン法としては失敗する初期値の選び方である．

他の初期値の例を考えてみよう．

- $x_0 = -\dfrac{1}{\sqrt{3}}$ の場合は $f'(x_0) = 0$ より x_1 が計算できずに破綻する．
- $x_0 = -\dfrac{1}{2}$ の場合は $x_1 = 1$ より第一歩で成功する．
- $x_1 = \dfrac{1}{\sqrt{3}}$ となる $x_0 \in \left(-\dfrac{1}{\sqrt{3}}, -\dfrac{1}{2}\right)$ の場合は第一歩で破綻する．

3.2 縮小写像の原理

ニュートン法の収束を示すために，縮小写像の原理を紹介しよう．まずは不動点と縮小写像を定義する．

定義 集合 $I \subset \mathbb{R}$ 上で定義された $\mathbb{R}$ に値をとる写像 F に対して，$x \in I$ が F の不動点であるとは，$F(x) = x$ が成り立つことをいう．また，$I \subset \mathbb{R}$ を閉区間としたとき，I から I への写像 F が縮小写像であるとは，定数 $0 \leq L < 1$ が存在して，

$$|F(x) - F(y)| \leq L|x - y| \qquad (x, y \in I)$$

が成り立つことをいう．

次の命題は縮小写像の原理と呼ばれている．

縮小写像の原理 $I \subset \mathbb{R}$ を閉区間，F を I から I への縮小写像とする．また，数列 $\{x_n\}_{n=0}^{\infty} \subset I$ を

$$x_{n+1} = F(x_n) \qquad (n = 0, 1, 2, \ldots)$$

のように構成する．このとき，F は I 内にただ一つの不動点をもち，それを α とおくと，数列 $\{x_n\}_{n=0}^{\infty}$ は α に収束する．

証明 $x_0 \in I$ を任意にとる．このとき，

$$|x_{n+1} - x_n| = |F(x_n) - F(x_{n-1})|$$
$$\leq L|x_n - x_{n-1}| \leq \cdots \leq L^n|x_1 - x_0|$$

を得る．これより，$m > n$ に対して，

$$|x_m - x_n| \leq (L^{m-1} + L^{m-2} + \cdots + L^n)|x_1 - x_0|$$
$$= \frac{L^n - L^m}{1 - L}|x_1 - x_0|$$
$$< \frac{L^n}{1 - L}|x_1 - x_0| \to 0 \quad (n \to \infty)$$

が成り立つ．

したがって，$\{x_n\}_{n=0}^{\infty}$ はコーシー列となるので，ある $\alpha \in I$ に収束する．ところで，$\lim_{y \to x} F(y) = F(x)$ が成り立つから写像 F は連続である．これより，

$$F(\alpha) = F\left(\lim_{n \to \infty} x_n\right) = \lim_{n \to \infty} F(x_n) = \lim_{n \to \infty} x_{n+1} = \alpha$$

となり，α は不動点である．また，もし他の不動点 $\beta \neq \alpha$ があったとすると，次の不等式より矛盾する．

$$|\alpha - \beta| = |F(\alpha) - F(\beta)| \leq L|\alpha - \beta| < |\alpha - \beta|.$$

ゆえに，不動点はただ一つしかない． □

3.3 ニュートン法の収束

縮小写像の原理を適用して，ニュートン法 $(3.1)_{\text{p.64}}$ による数列の極限が $f(x) = 0$ の解 α に収束することを示そう．解 α を含む適当な区間 J において，f は 2 階連続微分可能で，$f'(x) \neq 0$ とする．

$$F(x) = x - \frac{f(x)}{f'(x)}$$

とおくと，ニュートン法 (3.1) は $x_{n+1} = F(x_n)$ と表され，解 α は $\alpha = F(\alpha)$ を満たすから F の不動点である．また，

$$F'(x) = \frac{f(x)f''(x)}{f'(x)^2}$$

より，$F'(\alpha) = 0$ が成り立つ．よって，$\alpha \in I \subset J$ なる十分小さな閉区間 I をとれば，任意の $x \in I$ に対して $|F'(x)| \leq L\ (0 \leq L < 1)$ が成り立つ．したがって，F は I 上の縮小写像となり，縮小写像の原理から，ニュートン法による数列は解 α に収束する．

一般に，数列 $\{x_n\}$ が，ある番号以上のすべての n について，

$$|x_{n+1} - \alpha| \leq C|x_n - \alpha|^p \quad (C > 0,\ p > 1) \tag{3.4}$$

を満たすとき，数列 $\{x_n\}$ は p 次収束するという．（収束性の一般論については 3.6 節 (p.83) を参照．）

ニュートン法による数列は 2 次収束であることを示そう．まず，$f(\alpha) = 0$ とテイラーの定理から，ある ξ が α と x_n の間にあって，

$$0 = f(\alpha) = f(x_n + \alpha - x_n) = f(x_n) + f'(x_n)(\alpha - x_n) + \frac{f''(\xi)}{2}(\alpha - x_n)^2$$

が成り立つ．仮定から閉区間 I において $\left|\dfrac{f''(y)}{2f'(x)}\right| \leq C$ を満たす $C > 0$ が存在する $(x, y \in I)$ ので，

$$|x_{n+1} - \alpha| = \left|x_n - \alpha - \frac{f(x_n)}{f'(x_n)}\right| = \left|\frac{f(x_n) + f'(x_n)(\alpha - x_n)}{f'(x_n)}\right| \leq C|x_n - \alpha|^2$$

が成り立つ．よって，ニュートン法による数列は 2 次収束である．

したがって，ニュートン法がうまく機能している場合は，正しい桁数が 1 回の反復でおおよそ倍になる．だから，よい初期値 x_0 であれば数回で《終了条件》の①(p.65) によって終了する．一方，x_0 の選び方が悪く，《終了条件》の②や③の条件に引っかかって終了したときは，$|f(x_{n+1})|$ が 0 からほど遠いこともある．解 α がわからない以上，α を含む区間をあらかじめ定めることはできないから仕方がないが，よい初期値 x_0 を決める工夫は考えられる．例えば，関数 f の情報を使って解 α に近い初期値を推測したり，後述する 2 分法（3.5 節）を用いたりすることができる．また，「減速」という手法 [46, p.62] や，次のダビデンコの方法などが知られている．

ダビデンコの方法

関数 $f(x) = \tanh x + 0.9$ の零点をニュートン法 (3.1)$_{\text{p.64}}$ で求めてみる．初

3.3 ニュートン法の収束

期値を $x_0 = 2$ とすると，図 3.4 のように，

$$x_1 = -24.3836\cdots, \quad x_2 = 3.7785\cdots \times 10^{19}, \quad x_3 = \texttt{-inf}, \quad x_4 = \texttt{nan}$$

となって，すぐに破綻する．ここで，`nan` は非数 (NaN, not-a-number)，`-inf` は負の無限大 (infinity) である（0.4節 (p.8)）．

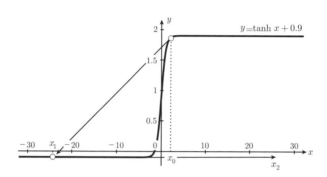

図 3.4 ニュートン法がすぐに破綻する例（縦横の縮尺は異なる）

次のように初期値 x_0 を探してみよう．与えられた関数 $f(x)$ に対して，方程式

$$f(y(t)) = (1-t)f(y_0), \quad 0 \leq t \leq 1, \quad y(0) = y_0 \tag{3.5}$$

を満たす解 $y(t)$ を考える．$t = 1$ のとき $f(y(1)) = 0$ であるから，$y(1)$ が所望の $f(x) = 0$ の解である．$y(1)$ を求めるために，方程式 (3.5) の両辺を t で微分して得られる微分方程式

$$y'(t) = -\frac{f(y_0)}{f'(y(t))}, \quad 0 \leq t \leq 1, \quad y(0) = y_0 \tag{3.6}$$

を $t = 1$ まで解く．微分方程式 (3.6) は通常，解析的に解けないので数値的に解く．例えば，$[0,1]$ を M 等分して $h = 1/M$ とし，時刻 $t_m = mh$ における $y(t_m)$ の近似解を y_m とする $(m = 0, 1, \ldots, M)$．数値解法としてオイラー法を用いれば，

$$y_{m+1} = y_m - \frac{f(y_0)}{f'(y_m)}h \quad (m = 0, 1, \ldots, M-1) \tag{3.7}$$

より，近似解 $y_M \approx y(1)$ を得る．そして，ニュートン法の初期値を $x_0 = y_M$ とする．これをダビデンコの方法という [132, p.96]．

普通のニュートン法ではすぐに破綻した冒頭の関数 $f(x) = \tanh x + 0.9$ に対してダビデンコの方法を適用してみよう．$M = 100$, $y_0 = 2$ としてオイラー法 (3.7) を用いると，

$$y_M = -1.530976799530267, \quad f(y_M) = -0.010591602157153$$

となる．これより，$x_0 = y_M$ としてニュートン法を適用すると表 3.1 を得る．

表 3.1 ダビデンコの方法を利用（小数点以下 15 桁を表示）

n	x_n	$f(x_n)$
1	-1.468973402772434	0.000618561435145
2	-1.472210028981184	0.000001797529692
3	-1.472219489502668	0.000000000015305
4	-1.472219489583220	0.000000000000000

簡易ニュートン法と割線法

$(3.2)_{\text{p.64}}$ と図 $3.1_{\text{(p.64)}}$ を眺めると，x_n から x_{n+1} を得る操作において，傾き $f'(x_n)$ の接線の x 切片 x_{n+1} を求めるところを，ある傾き λ の直線の x 切片 x_{n+1} を求めるように変更してもよさそうである．すなわち，$f'(x_n)$ の代わりに λ とした反復法

$$x_{n+1} = x_n - \frac{f(x_n)}{\lambda} \quad \Leftrightarrow \quad \frac{f(x_{n+1}) - f(x_n)}{x_{n+1} - x_n} = \lambda, \quad f(x_{n+1}) = 0$$

を考える $(n = 0, 1, 2, \ldots)$．しかし，λ の決め方の情報がないと全く意味のない反復になる恐れがある．そこで，直観的に図 3.1 のような状況であれば（すなわち，x_0 が $f(x) = 0$ の解 α に近ければ），最初の接線に平行な直線を使い続けてもよさそうであるとみなして，素朴に $\lambda = f'(x_0)$ とおく．すなわち，

$$x_{n+1} = x_n - \frac{f(x_n)}{f'(x_0)} \quad (n = 0, 1, 2, \ldots) \tag{3.8}$$

とする．これはニュートン法 (3.1)$_{\text{p.64}}$ を簡単にしたものとみなせるので，しばしば簡易ニュートン法と呼ばれる [55, 101]．

ニュートン法 (3.1)$_{\text{p.64}}$ や簡易ニュートン法 (3.8) において，導関数 f' を求めること自体が困難，あるいは事実上不可能な場合がある．このときは，λ として平均変化率（差分商）$\dfrac{f(x_n) - f(x_{n-1})}{x_n - x_{n-1}}$ を用いればよい．この方法を割線法（セカント法）という．

$$x_{n+1} = x_n - \frac{x_n - x_{n-1}}{f(x_n) - f(x_{n-1})} f(x_n) \quad (n = 1, 2, 3, \ldots). \tag{3.9}$$

ただし，二つの初期値 x_0, x_1 が必要となる．

[問 **3.3**] 割線法 (3.9) による x_{n+1} を特徴付けよ．

ニュートン法は 2 次収束であったが，割線法は $\dfrac{1 + \sqrt{5}}{2}$ 次収束することが知られている（例えば [73, pp.85–86]．黄金比が収束次数となるところが不思議で面白い）．したがって，理論上では収束は遅いが，ニュートン法は導関数の計算の手間があるので，実際に必ず収束が遅くなるとは言い切れない．

さて，オイラー法がオイラーによる方法に起源をもつように，ニュートン法もニュートンによる方法に起源をもつ．それはある 3 次方程式の近似解を求める方法である．次節で少し解説しよう．

3.4　ニュートンによるニュートン法

ニュートン法は，1669 年 (?) のニュートンの論文 [85] に所収の変数 y についての 3 次方程式 $y^3 - 2y - 5 = 0$ に適用された方法に起源をもつ．論文 [85] は，W. Jones によるニュートンの数学論文選集 [51, pp.1–21] に，また，英訳は，D. T. Whiteside 編纂の大著 [128, pp.206–247] におさめられている．図 3.5 に画像元の表紙を引用する．

論文の発行年 1669 は「？」付きであるが，その理由については [128, p.206, 脚注 (1)] を参照されたい．また，論文が選集 [51] におさめられている事情についても [128, pp.206–207, 脚注 (2)] を参照されたい．

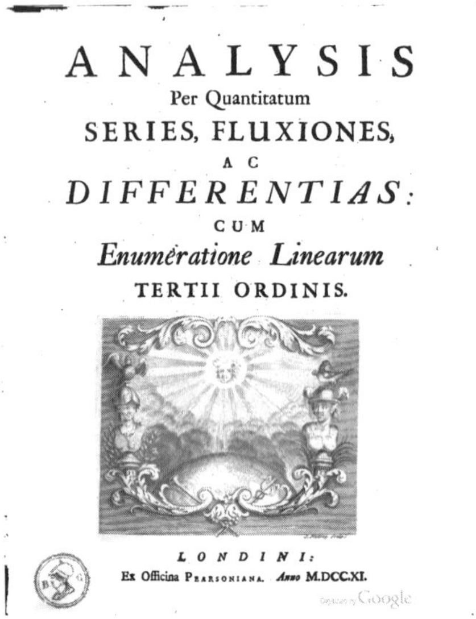

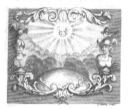

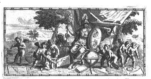

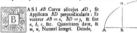

ANALYSIS
Per Quantitatum
SERIES, FLUXIONES,
AC
DIFFERENTIAS:
CUM
Enumeratione Linearum
TERTII ORDINIS.

LONDINI:
Ex Officina PEARSONIANA. Anno M.DCC.XI.

(a) 選集 [51] の表紙

DE ANALYSI
Per Æquationes Numero Terminorum
INFINITAS.

Methodum generalem, quam de Curvarum quantitate per Infinitam terminorum Seriem mensuranda, olim excogitaveram, in sequentibus breviter explicatam potius quam accuratè demonstratam habes.

BASI AB Curvæ alicujus AD, sit Applicata BD perpendicularis: Et vocetur AB = x, BD = y, & sint a, b, c, &c. Quantitates datæ, & m, n, Numeri Integri. Deinde,

Curvarum Simplicium Quadratura.
REGULA I.
Si $ax^{\frac{m}{n}} = y$; Erit $\frac{an}{m+n}x^{\frac{m+n}{n}}$ = Areæ ABD.
Res Exemplo patebit.
1. Si $x^2 (= 1x^{\frac{2}{1}}) = y$, hoc est, $a = 1 = n$, & $m = 2$; Erit $\frac{1}{3}x^3$ = ABD.

(b) 論文 [85] の扉

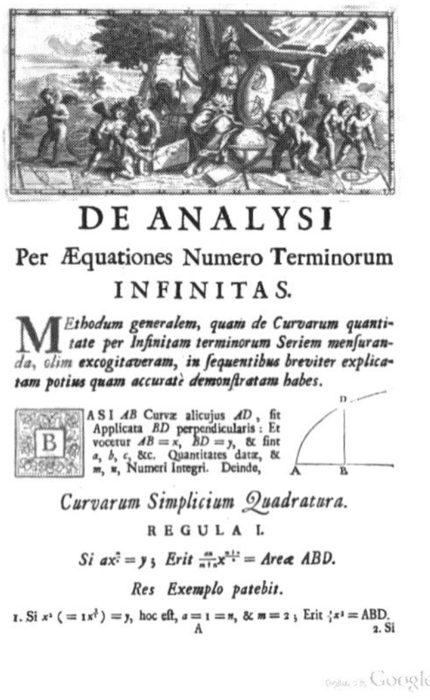

図 3.5　ニュートンによるニュートン法の起源がみられる論文．デジタルファイルを Google ブックスから入手した．

$y^3 - 2y - 5 = 0$		$+2,10000000$ $-0,00544853$ $+2,09455147 = y$
$2 + p = y$	$+y^3$	$+8 + 12p + 6p^2 + p^3$
	$+2y$	$-4 - 2p$
	-5	-5
	Summa	$-1 + 10p + 6p^2 + p^3$
$0,1 + q = p$	$+p^3$	$+0,001 + 0,03q + 0,3q^2 + q^3$
	$+6p^2$	$+0,06 \quad +1,2 \quad +6,0$
	$+10p$	$+1, \quad +10,$
	-1	$-1,$
	Summa	$+0,061 + 11,23q + 6,3q^2 + q^3$
$-0,0054 + r = q$	$+6,3q^2$	$+0,000183708 - 0,06804r + 6,3r^2$
	$+11,23q$	$-0,060642 \quad +11,23$
	$+0,061$	$+0,061$
	Summa	$+0,000541708 + 11,16196r + 6,3r^2$
$-0,00004854 + s = r$		

図 3.6　論文 [85, p.9] より引用

3.4 ニュートンによるニュートン法

ニュートンは上述した3次方程式の近似解を求める方法を提示したセクション名を "Numeralis aequationum affectarum resolutio（複雑な方程式の数値解法）" としている．その方法は，図 3.6 のような計算法であった．

まず，初期値として $y = 2$ をとる．これはおそらく，$f(y) = y^3 - 2y - 5$ としたとき，$f(1) = -6$, $f(2) = -1$, $f(3) = 16$ ということから大雑把な整数値として $y = 2$ を採用したのだと想像される．

次に，$y = 2 + p$ とおき方程式 $f(y) = 0$ に代入すると

$$p^3 + 6p^2 + 10p - 1 = 0 \tag{3.10}$$

となる．$p^3 + 6p^2$ を小さいとして無視すると $10p - 1 = 0$ より $p = 0.1$ を得る．次に $p = 0.1 + q$ を (3.10) に代入して

$$q^3 + 6.3q^2 + 11.23q + 0.061 = 0 \tag{3.11}$$

となる．$q^3 + 6.3q^2$ を無視して近似値 $q \approx -0.0054$ を得る．そして $q = -0.0054 + r$ を，(3.11) から q^3 を無視した

$$6.3q^2 + 11.23q + 0.061 = 0$$

に代入し，$6.3r^2$ を無視して $r = -0.00004853$ を得る．

以上より

$$y = 2 + 0.1 - 0.0054 - 0.00004853 = 2.09455147$$

という近似値を得る．この値を $f(y)$ に代入すると，

$$y^3 - 2y - 5 = -1.288\cdots \times 10^{-7}$$

となるので，かなりの高精度といえる．

ニュートンによる元祖ニュートン法は，現代のニュートン法 (3.1) とは見かけ上異なるが，本質は同じである．実際，$y_0 = 2$ とおいて，$y_1 = y_0 + p$ とし，テイラー展開

$$f(y_1) = f(y_0) + f'(y_0)p + o(p) = 0$$

から，微小量 $o(p)$ を無視して $p \approx -\dfrac{f(y_0)}{f'(y_0)} = 0.1$ を得ている．これは，ニュートン法 $(3.1)_{\text{p.64}}$ の Step 1 と全く同じである．Step 2 も同様の考えで，$y_2 = y_1 + q$ とおいて，そこから $q \approx -\dfrac{f(y_1)}{f'(y_1)} \approx -0.0054$ を得ている．ここまで完成しているのだから，やはりニュートン法はニュートンの名前を冠するに値するであろう．一方，ニュートンの方法だと p, q, r の方程式を毎回計算し直す必要がある．同じ作業を反復してはいるが逐次代入になっていないという意味で，現在のニュートン法とは異なるという意見もある．後年（1690 年），ラフソンが一般の 3 次方程式に拡張したため，ニュートン法は，しばしばニュートン - ラフソン (Newton-Raphson) 法とも呼ばれる ([131, p.13, 注 1]) が，多項式の域を超えなかったので事情は変わらなかった．実は，第 2 章の数値積分において登場したシンプソンによって現代的なニュートン法 $(3.1)_{\text{p.64}}$ に到達したとみるのが通説のようである．図 3.7 にシンプソンの 1740 年の論文 [111] の表紙とニュートン法について言及した章の扉を紹介しよう．ところで，参考文献 [111] のタイトルに Mathematicks とあるが，これはスペルミスではない．図 3.7 (a) をみよ．

　なぜニュートン - ラフソン - シンプソン法と呼ばれないのか．一説によると，ニュートン 1669 年，ラフソン 1690 年，シンプソン 1740 年という年の順において，ラフソンからシンプソンまでの間が長すぎるが，この間にニュートンはウォリスに手紙を書いていて，そこで導関数について言及していたらしい．しかし，その手紙は紛失．最終的に，フーリエが著書 [25] の中で，$f(x) = 0$ の解を見つける方法として何度も "la méthode newtonienne" などと呼んでいることが，呼び名の定着に一役買ったらしい（確かに，デジタルファイル [25] を Google ブックスから入手して newtonienne と検索すると，多くのページで見つかる．）シンプソンは数値積分において「シンプソンの公式」に名が残っている．1743 年の著書 [112] 以降に公式に名前が使われ始めたが，シンプソン自身は，ニュートンに何かを教わったと自身で謝辞を述べている [88]．また，シンプソン以前から公式は知られていて，遅くとも 1639 年にはカヴァリエリが発

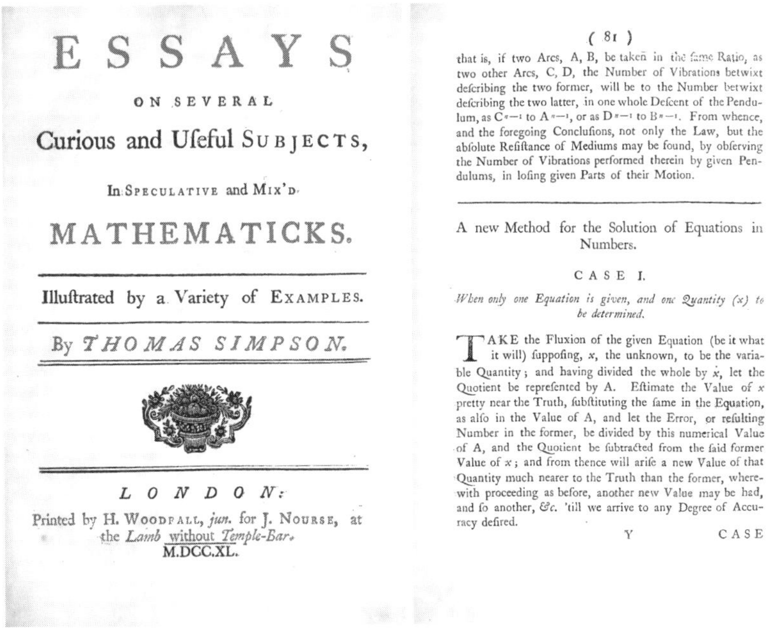

ESSAYS

ON SEVERAL

Curious and Uſeful SUBJECTS,

In SPECULATIVE and MIX'D

MATHEMATICKS.

Illuſtrated by a Variety of EXAMPLES.

By *THOMAS SIMPSON.*

LONDON:

Printed by H. WOODFALL, *jun.* for J. NOURSE, at the *Lamb* without *Temple-Bar.*

M.DCC.XL.

(81)

that is, if two Arcs, A, B, be taken in the ſame Ratio, as two other Arcs, C, D, the Number of Vibrations betwixt deſcribing the two former, will be to the Number betwixt deſcribing the two latter, in one whole Deſcent of the Pendulum, as C^{n-1} to A^{n-1}, or as D^{n-1} to B^{n-1}. From whence, and the foregoing Concluſions, not only the Law, but the abſolute Reſiſtance of Mediums may be found, by obſerving the Number of Vibrations performed therein by given Pendulums, in loſing given Parts of their Motion.

A new Method for the Solution of Equations in Numbers.

CASE I.

When only one Equation is given, and one Quantity (x) to be determined.

TAKE the Fluxion of the given Equation (be it what it will) ſuppoſing, x, the unknown, to be the variable Quantity; and having divided the whole by $\dot{x}$, let the Quotient be repreſented by A. Eſtimate the Value of x pretty near the Truth, ſubſtituting the ſame in the Equation, as alſo in the Value of A, and let the Error, or reſulting Number in the former, be divided by this numerical Value of A, and the Quotient be ſubtracted from the ſaid former Value of x; and from thence will ariſe a new Value of that Quantity much nearer to the Truth than the former, wherewith proceeding as before, another new Value may be had, and ſo another, &c. 'till we arrive to any Degree of Accuracy deſired.

Y CASE

(a) Simpson [111] の表紙 (b) Case I (p.81)

図 3.7 シンプソンによるニュートン法の起源がみられる本．デジタルファイルは Google ブックスから入手した．

見しており，グレゴリーも1668年の著書に明記したようだ[127]．ニュートン法にシンプソンの名がないのは不公平に思えるが，シンプソンの公式に名を残していることを考えると，結果的にはおあいこといえる．ともあれ，ニュートンは現代のニュートン法に到達していたのか．到達していてもしていなくても実に面白い話である．詳しくは，[43, 2.6.1 項]，[16, 1.1 節 (Historical Note)] や [17, 139, 63, 93, 90]，あるいは [92, 5.4 節] などを参照されたい．不動点，縮小写像，ニュートン法についての技術的な詳細や拡張については，例えば [131]，[132, 第 5 章]，[68, 第 1 章] などを参照するとよいだろう．

最後に，実際にシンプソンによるニュートン法を図 3.8 から解読することを問として本節を締めくくろう．図 3.8 はシンプソンがニュートン法の適用例として挙げた五つの例のうち，最初の例，Example I である．

EXAMPLE I.

LET 300*x* — *x*³ — 1000 be given = 0 ; to find a Value of *x*. From 300 *ẋ* — 3 *x*² *ẋ*, the Fluxion of the given Equation, having expunged *ẋ*, (*Cafe* I.) there will be 300 — 3 *xx* = A : And, becaufe it appears by Infpection, that the Quantity 300*x* — *x*³, when *x* is = 3, will be lefs, and when *x* = 4, greater than 1000, I eftimate *x* at 3.5, and fubftitute inftead thereof, both in the Equation and in the Value of A, finding the Error in the former = 7.125, and the Value of the latter = 263.25 : Wherefore, by taking $\frac{7.125}{263.25}$ = .027 from 3.5 there will remain 3.473 for a new Value of *x* ; with which proceeding as before, the next Error, and the next Value of A, will come out .00962518, and 263.815 refpectively ; and from thence the third Value of *x* = 3.47296351 ; which is true, at leaft, to 7 or 8 Places.

図 3.8 論文 [111, p.83] から引用. 後半の数値で .00962518 と $x = 3.47296351$ は, .00961518 と $x = 3.47296355$ の間違いであろう (ˇ の数字に注目).

[問 3.4] 図 3.8 の Example I において, シンプソンは関数 $f(x) = 300x - x^3 - 1000$ が "= 0" となる x を見つける方法を紹介している ($f(x)$ とは書いていない). Fluxion (流率) はニュートンが導入した時間についての導関数 $\dot{x}$ である. $f(x)$ を時間微分すると $f'(x)\dot{x} = 300\dot{x} - 3x^2\dot{x}$ となるが ($f'(x)\dot{x}$ とは書いていない), ここから $\dot{x}$ を消去し, $A = 300 - 3x^2$ とおいている. これは $f'(x)$ に他ならない. (A は approximation (近似) の頭文字か.) そして, $x = 3$ のとき $300x - x^3$ は 1000 より小さく (つまり $f(x) < 0$), $x = 4$ のとき $300x - x^3$ は 1000 より大きい (つまり $f(x) > 0$) から, $x = 3.5$ と評価するとしている.

その後, どのように計算を進めて最終的な数 $x = 3.47296351$ に到達したのだろうか. ニュートン法 $(3.1)_{\text{p.64}}$ を念頭に $x = 3.5$ の評価以降の続きを書け.

表 3.2 シンプソンの Example I の倍精度計算（小数点以下 15 桁を表示）

n	x_n	$f(x_n)$
0	3.5	7.125
1	3.47293447293447	-0.007671872275296
2	**3.47296355330**521	-0.000000008810844

gnuplot（倍精度）でシンプソンの Example I と同様に計算してみると表 3.2 を得る．$f(x_2) = -8.81 \cdots \times 10^{-9}$ であるので，シンプソンの値よりももちろんよい．$n = 3$ 以降は微小振動して $f(x_n) = (-1)^n 1.13686837721616 \times 10^{-13}$ を繰り返すが，値はずっと $x_n = 3.47296355333861$ であるので，x_2 において太字の部分までは正しい値と思われる．

ニュートン法は $f(x) = 0$ の解を求める強力な方法であったが，理想的に収束させるには初期値の工夫が必要であった．例えば，$f(3) < 0$, $f(4) > 0$ だから，シンプソンの Example I における最初の x の値を，3 と 4 の真ん中の値にして 3.5 とした．次節では，この考えをそのまま反復させた方法を紹介する．原始的だがこちらも捨てがたい．

3.5 2分法

関数 f は連続であるとし，$f(x) = 0$ の解を α とする．（簡単のため単根とする．）$a < b$ で $f(a)f(b) < 0$ とすると，中間値の定理から $\alpha \in (a, b)$ がわかる．$x = \dfrac{a+b}{2}$ とすると，

 (1) $f(a)f(x) < 0$, (2) $f(a)f(x) > 0$, (3) $f(a)f(x) = 0$

のいずれかが成り立つ．このとき，（単根という仮定から，）

(1) $\alpha \in (a, x)$ であることが中間値の定理からわかる．
(2) $\alpha \in (x, b)$ であることが中間値の定理からわかる．
(3) $f(a) \neq 0$ から $f(x) = 0$ となり，$x = \alpha$ である．

(1) か (2) の場合は $|a - x| = |x - b| = \dfrac{b-a}{2}$ であるから，α の存在範囲が半分の長さの区間内に絞られる．この操作を反復して真の解 α に接近していく方法を 2 分法と呼ぶ（図 3.9）．

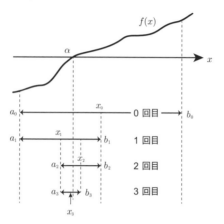

図 3.9　2 分法の概念図

具体的なアルゴリズムは以下のようになる．

まず，初期値 x_0, a_0, b_0 を

$$a_0 < b_0, \quad f(a_0)f(b_0) < 0, \quad x_0 = \dfrac{a_0 + b_0}{2}$$

を満たすように与える．$f(x_0) = 0$ ならばすでに解が求まっているから，$f(x_0) \neq 0$ とする．$n = 0$ として次の Step 1 から始める．

Step 1　次のように x_n から $a_{n+1}, b_{n+1}, x_{n+1}$ を求め，Step 2 に進む．

$$\left.\begin{array}{l} f(a_n)f(x_n) < 0 \Rightarrow a_{n+1} = a_n, \ b_{n+1} = x_n \\ f(a_n)f(x_n) > 0 \Rightarrow a_{n+1} = x_n, \ b_{n+1} = b_n \end{array}\right\} \Rightarrow x_{n+1} = \dfrac{a_{n+1} + b_{n+1}}{2}$$

Step 2　x_{n+1} は《終了条件》を満たしているか？

　　YES $\Rightarrow$ END

　　NO $\Rightarrow$ $n := n + 1$ として Step 1 に進む．

END となったらその時点で反復を終了し，x_{n+1} を所望の近似解とする．

《終了条件》はニュートン法における《終了条件》$_{\text{(p.65)}}$ と同じでよい．ただし，以下のように評価されるので，①から③の ε, δ, N の値は変更した方がよい．2分法によって生成される数列 $\{x_n\}$ は，

$$|x_{n+1} - x_n| = \frac{b_0 - a_0}{2^{n+2}}, \quad |x_n - \alpha| \leq \frac{b_0 - a_0}{2^{n+1}} \tag{3.12}$$

のように評価される（問 3.5）．また，$\log_{10} 2 \approx 0.3$ より $2^{-m} \approx 10^{-0.3m}$ だから，例えば $2^{-50} \approx 10^{-15}$ である．したがって，倍精度計算においては，正確な桁数が倍々で増えていくニュートン法なら数回の反復で十分だが，2分法では数十回の反復を要する．以上のように，理論的評価は関数 f の形状によらず，対象区間 $[a_n, b_n]$ の中に必ず解 α があるので，数十回以上反復すれば所望の近似解に到達できる見込みはあるが，関数 f によっては出力に大きな数値誤差を含み，ある回数以上は一向に $|f(x_{n+1})|$ の値が改善されない（0に近づかない）場合もある．そのような場合は，倍精度の範囲で $x_{n+1} = x_n$ となってしまい，無意味な反復を繰り返していることが多い．よって，初期値にもよるが，ε と δ の値を調整しつつ $N = 100$ 程度で一度様子をみることも大切である．

[問 3.5] (3.12) を示せ．

[問 3.6] $f(x) = x^2 - 2$ として，$f(x) = 0$ の正の根 $\alpha = \sqrt{2}$ に2分法で接近してみよう．$a_0 = 1, b_0 = 2$ とし，以下の空欄を埋めよ．（$f(a_n)f(x_n)$ の列には符号を入れる．）

n	a_n	x_n	b_n	$f(a_n)f(x_n)$
0	1		2	
1				
2				
3				
4				
5				
6				

ニュートン法も2分法も $f(x) = 0$ の解 α が存在するとしたら，それに限り

なく接近する方法を提供している．ニュートン法は関数や初期値が（ニュートン法にとって）よければ非常に少ない操作回数で高精度の近似値が得られるが，そのための初期値のとり方には工夫が必要である．またニュートン法による数列が周期的になる場合や $f'(x_n)$ が零に近い場合などには収束しないが，それをアプリオリに回避することは難しい．一方，2分法は関数の条件が連続だけなのでニュートン法に比べると汎用性がはるかに高いし，解が存在する区間が明快にわかるので確実な方法である．しかし，ニュートン法は2次収束であるが，後述するように2分法は1次収束であることから，どちらかが一方的に優位にあるわけではない．例えば，2分法によってニュートン法の初期値の候補を絞ってからニュートン法を始めるという両者のいいとこどりをする方法もあるだろう．

　冒頭で中間値の定理による $f(x) = 0$ の解の存在を保証していたが，2分法のアルゴリズム自体で中間値の定理を用いているわけではない．実は，2分法のアルゴリズムで，区間縮小法と関数の連続性から中間値の定理を証明することができる（例えば [82, pp.214–216]）．手許の『解析概論』では，上限の存在を用いて中間値の定理を証明している [120, p.26]．コーシーは2分法を用いて中間値の定理を証明したが，2分法自体はラグランジュが開発した ([92] の 5.4 節「コーシーの貢献」や [39, p.70 前後]）．

　中間値の定理はボルツァーノにより 1817 年の論文で示された．論文の原題は「反対の符号の結果を与える任意の2つの変数の間には方程式の実根が少なくとも1つ存在するという定理の純粋に解析的な証明」であった（原論文（ドイツ語）の英訳 [99] のタイトルを和訳したもの）．中間値の定理は「図を見れば明らかな」定理であるが，ボルツァーノの論文の特徴は，関数の連続性を定義して「図に頼らないで」証明された点にある（証明の概略は [81, 第 14 章]）．タイトルにボルツァーノの強い主張と矜持が表れている．中間値の定理については [92] の 5.3 節「ボルツァーノの貢献」も参考にするとよい．

3.6 2分法の収束,および収束性の一般論

3.3節の $(3.4)_{\text{p.70}}$ において,α に収束する数列 $\{x_n\}$ の p 次収束 $(p>1)$ を定義した.他に知られている定義と伴せて列記すると,以下のようになる.(C や N は必ずしも同じ値ではない.そのような数があるということである.)

① $\displaystyle\lim_{n\to\infty}\frac{|x_{n+1}-\alpha|}{|x_n-\alpha|^p}=C$ $(x_n\neq\alpha,\ C>0)$

② $|x_{n+1}-\alpha|\leq C|x_n-\alpha|^p$ $(n\geq N,\ C>0)$

③ $|x_{n+1}-\alpha|\leq Cr^{p^n}$ $(n\geq N,\ C>0,\ r\in(0,1))$

ここで,①を

①' $|x_{n+1}-\alpha|\approx C|x_n-\alpha|^p$ $(n\geq N,\ C>0)$

と書くことも多い.

例えば,①や①' は [90] や [76, 116, 46]$(p=2)$,②は [132, 73, 46] や [55]$(p=2)$,③は [100] のそれぞれにおいて,p 次収束の定義や意味として使われている.

[問 3.7] 命題の関係は,① $\Rightarrow$ ② $\Rightarrow$ ③ である.これを示せ.

一方,2分法は $|x_n-\alpha|\leq Cr^n$ $(C=(b_0-a_0)/2,\ r=1/2)$ であった(問 $3.5_{\text{(p.81)}}$).このような収束や以下のような収束を,線形収束,あるいは1次収束という.(r や N は必ずしも同じ値ではない.そのような数があるということである.)

⓪ $x_{n+1}-\alpha=(\lambda+\varepsilon_n)(x_n-\alpha)$ $(n\geq N,\ 0<|\lambda|<1,\ \displaystyle\lim_{n\to\infty}\varepsilon_n=0)$

① $\displaystyle\lim_{n\to\infty}\frac{|x_{n+1}-\alpha|}{|x_n-\alpha|}=r$ $(x_n\neq\alpha,\ r\in(0,1))$

② $|x_{n+1}-\alpha|\leq r|x_n-\alpha|$ $(n\geq N,\ r\in(0,1))$

③ $|x_{n+1}-\alpha|\leq Cr^n$ $(n\geq N,\ C>0,\ r\in(0,1))$

ここで,①を

①' $|x_{n+1}-\alpha|\approx r|x_n-\alpha|$ $(n\geq N,\ r\in(0,1))$

と書くことも多い．

例えば，⓪は [132, 73]，①や①′は [90, 116, 46]，②は [55]，③は [100] のそれぞれにおいて，線形収束（1次収束）の定義や意味として使われている．

[問 3.8] 命題の関係は，⓪ ⇒ ① ⇒ ② ⇒ ③ である．これを示せ．

✔ 注 3.2 $n \geq N$ で，p 次収束のとき，

$$|x_{n+2} - \alpha| \approx C|x_{n+1} - \alpha|^p \approx C^{1+p}|x_n - \alpha|^{p^2}$$

であるから，例えば，数列 $\{x_{N+k}\}_{k\geq 0}$ の部分列 $\{x_{N+2k}\}_{k\geq 0}$ は見かけ上 p^2 次収束となる．（収束が加速されるわけではない！）一方，線形収束は

$$|x_{n+2} - \alpha| \approx r|x_{n+1} - \alpha| \approx r^2|x_n - \alpha|$$

となる．これより示唆されるように，「線形収束は，どのように解釈しても，線形収束しかない」[100, p.89] から，p 次収束で $p = 1$ としたときが線形収束であるわけではない．（実際，p 次収束の定義のいずれに $p = 1$ を代入してもどの線形収束の定義にもならない！）

[問 3.9] $m > 1$ とし，$f(x) = (x - \alpha)^m g(x)$ とする．関数 g が $g(\alpha) \neq 0$ を満たす 2 階連続微分可能な関数のとき，関数 f は m 重解をもつ．このとき，ニュートン法 $(3.1)_{\text{p.64}}$ による数列 $\{x_n\}$ が $x_n \neq \alpha$ を満たしながら α に収束するならば，

$$\lim_{n \to \infty} \frac{|x_{n+1} - \alpha|}{|x_n - \alpha|} = 1 - \frac{1}{m} \in (0, 1)$$

となり，線形収束であることを示せ．

第 II 部

偏微分方程式の差分解法

第 4 章

1 階線形偏微分方程式の差分解法

移流方程式と呼ばれる 1 階線形偏微分方程式 $\dfrac{\partial u}{\partial t} + c\dfrac{\partial u}{\partial x} = 0$ の差分解法について，その基本となる考え方と実践的方法を紹介する．差分解法は微分商（導関数）を差分商（平均変化率）で置き換えた差分方程式を解く方法である．第 1 章でみたように，常微分方程式 (ODE) に対しては，差分解法が有効であった．偏微分方程式 (PDE) に対しても，類似の発想で差分解法は有効であるが，ODE と異なり PDE においては求めるべき未知関数が複数の変数の関数となっていて，そのために「差分商」の差分の作り方に工夫が必要となり，差分の方法によって差分解法が「うまく」機能するか否かが決定される．

4.1 移流方程式

次の移流方程式の初期値問題を考える．簡単のため c は正定数とする．

$$u_t + cu_x = 0 \quad (x \in \mathbb{R},\ t \geq 0), \tag{4.1}$$

$$u(x, 0) = f(x) \quad (x \in \mathbb{R}). \tag{4.2}$$

ここで，移流方程式 (4.1) の求めるべき未知関数は空間 x と時間 t を独立変数とする 2 変数関数 $u = u(x, t)$ であり，その 1 階偏導関数をそれぞれ

$$u_x = \frac{\partial u}{\partial x}, \quad u_t = \frac{\partial u}{\partial t}$$

と表すことにする.また,u は何らかの量,例えば物質の量や温度などを表しているものとする.

ξ を定数とし,直線族

$$x - ct = \xi$$

に属する一つの直線上では,方程式 (4.1) の解 $u(x,t)$ は

$$\frac{d}{dt}u(ct+\xi, t) = cu_x + u_t = 0$$

を満たす.すなわち,直線 $x - ct = \xi$ は xt 平面上の特性直線である.よって,この直線上で $u(ct+\xi, t)$ は t に依存しない定数であるから,特に $t = 0$ のときの値に等しい.

$$u(x,t) = u(ct+\xi, t) = u(\xi, 0) = f(\xi) = f(x - ct).$$

逆に,f が $\mathbb{R}$ で連続微分可能,すなわち $C^1(\mathbb{R})$ 級であるとき,$u(x,t) = f(x - ct)$ は初期値問題 (4.1)–(4.2) の解である.すなわち,$u(x,t)$ のグラフは初期グラフ $f(x)$ を x 方向に ct だけ平行移動したグラフとなる(図 4.1).

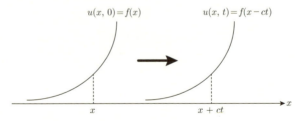

図 4.1 初期グラフ $f(x)$ と解 $u(x,t)$ のグラフ

また,解 $u(x,t)$ は初期時刻において一点 $x = \xi$ のみに依存する.すなわち,$t = 0$ における依存領域は $\{x = \xi\}$ である(図 4.2).

移流方程式 (4.1) の差分解法を述べる前に,移流方程式のように何らかの量の時間変化を記述した偏微分方程式の差分解法について概観する.

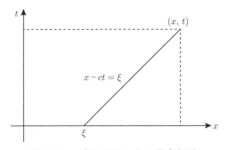

図 **4.2** 一点のみからなる依存領域

4.2 偏微分方程式の差分解法

時間発展を記述した偏微分方程式の離散化について，何を離散化するかの組み合わせによって，下表のように異なる呼び方をすることは多い．

	時間（偏微分）	空間（偏微分）
連続問題	連続	連続
半離散化	連続	離散（差分）
全離散化	離散（差分）	離散（差分）

半離散化といったとき，時間は離散的で空間が連続的である場合も考えられ，そのような方法も知られているが，本書では扱わない．

関数 $u(x,t)$ の空間や時間を離散化するために，以下の記号を用いる．

$$\begin{aligned}&\text{空間刻み幅}：h > 0, \quad \text{時間刻み幅}：\tau > 0, \\ &\text{空間格子点}：x_i, \quad\quad\;\; \text{時間格子点}：t_m.\end{aligned} \quad (4.3)$$

ここで，x の定義域が $\mathbb{R}$ である場合は，添え字 i を $i = 0, \pm 1, \pm 2, \ldots$ のように動かして，与えられた空間刻み $h > 0$ に対して空間格子点を $x_i = ih$ とすればよい．定義域が有限区間 $[a,b]$ の場合は，例えば区間を N 等分して $h = (b-a)/N$ とおいて，$x_i = a + ih\;(i = 0, 1, \ldots, N)$ などとするのが自然であろう．また，t の定義域が $t \geq 0$ の場合は，添え字 m を $m = 0, 1, 2, \ldots$ のように動かして，与えられた時間刻み $\tau > 0$ に対して時間格子点を $t_m = m\tau$ とし，定義域が有限区間 $[0,T]$ の場合は，例えば区間を M 等分して $\tau = T/M$ とおいて，$t_m = m\tau\;(m = 0, 1, \ldots, M-1)$ などとするのが自然であろう．第1章で

は時間刻みに h を用いたが，ここでは τ を用いる．例えば，時間と空間の両方の離散化が必要な場合，時間刻みに τ や Δt を用い，空間刻みに h, k, Δx, Δy などを用いることは少なくないが，時間刻みに k を使い，空間刻みに h を使って，空間格子点を $x_i = ih$ とし時間格子点を $t_j = jk$ としても全く問題ない．変数や関数の文字は問題や現象や慣習に応じて使い分けるだけであって，大きな混乱を招かなければ（例えば，時間刻みを Δx とし，空間刻みを Δt とするのはよくないに決まっている）使い方は自由である．

空間 x の定義域が $\mathbb{R}$ であっても有限区間であっても，空間第 i 格子点 x_i の前後は $x_{i\pm 1} = x_i \pm h$ であり，時間第 m 格子点 t_m の前後は $t_{m\pm 1} = t_m \pm \tau$ である．これより，$u(x,t)$ が x について C^2 級，t について C^1 級であれば，

$$u(x_{i\pm 1}, t) = u(x_i \pm h, t) = u(x_i, t) \pm u_x(x_i, t)h + \frac{1}{2}u_{xx}(x_i, t)h^2 + o(h^2)$$

$$u(x, t_{m+1}) = u(x, t_m + \tau) = u(x, t_m) + u_t(x, t_m)\tau + o(\tau)$$

のようにテイラー展開可能である．ここで，$u_{xx} = (u_x)_x$ は x についての 2 階偏導関数である．よって，1 階差分商は以下のように展開される．左辺の差分商はそれぞれ太字の呼称をもつ．

1 階前進差分

$$\frac{u(x_{i+1}, t) - u(x_i, t)}{h} = u_x(x_i, t) + \frac{1}{2}u_{xx}(x_i, t)h + o(h)$$

1 階後退差分

$$\frac{u(x_i, t) - u(x_{i-1}, t)}{h} = u_x(x_i, t) - \frac{1}{2}u_{xx}(x_i, t)h + o(h)$$

1 階中心差分

$$\frac{u(x_{i+1}, t) - u(x_{i-1}, t)}{2h} = u_x(x_i, t) + o(h)$$

時間についての前進差分（時間差分）

$$\frac{u(x, t_{m+1}) - u(x, t_m)}{\tau} = u_t(x_i, t_m) + o(1)$$

移流方程式 $(4.1)_{\text{p.87}}$ を例に，偏微分方程式の半離散化や離散化の代表例を紹介しよう．

連続問題 次を満たす $u(x,t)$ を求める.
$$u_t(x,t) + cu_x(x,t) = 0.$$

半離散化 時刻 t において，空間の格子点 x_i における連続問題の解 $u(x_i,t)$ に対応する値を $u_i(t)$ とする．次の連立常微分方程式系をオイラー法やルンゲ・クッタ法などを用いて解く．
$$\dot{u}_i(t) + c\frac{u_{i+1}(t) - u_i(t)}{h} = 0.$$
第 2 項は前進差分であるが，後退差分や中心差分に変えて，
$$\dot{u}_i(t) + c\frac{u_i(t) - u_{i-1}(t)}{h} = 0, \quad \dot{u}_i(t) + c\frac{u_{i+1}(t) - u_{i-1}(t)}{2h} = 0$$
などの問題設定にしてもよい．形式的にはどの差分を使ってもかまわないが，採用した差分が安定に機能するかどうかは別に考えねばならない．このように，偏微分方程式の空間変数についてのみ（一般にはある変数についてのみ）の離散化を**半離散化**といい，時間変数については連続のまま常微分方程式を解く解法を**線の方法**と呼ぶ．

全離散化：陽的スキーム，陽解法 時空の格子点 (x_i, t_m) における連続問題の解 $u(x_i, t_m)$ に対応する値を u_i^m とする．次の差分方程式を用いて，第 m ステップの既知の値 $\{u_i^m\}$ から第 $m+1$ ステップの値 $\{u_i^{m+1}\}$ を求める．
$$\frac{u_i^{m+1} - u_i^m}{\tau} + c\frac{u_{i+1}^m - u_i^m}{h} = 0. \tag{4.4}$$
半離散化問題と同じく，前進差分を，後退差分にした
$$\frac{u_i^{m+1} - u_i^m}{\tau} + c\frac{u_i^m - u_{i-1}^m}{h} = 0 \tag{4.5}$$
や，中心差分にした
$$\frac{u_i^{m+1} - u_i^m}{\tau} + c\frac{u_{i+1}^m - u_{i-1}^m}{2h} = 0 \tag{4.6}$$
などにしてもかまわない．いずれの差分を採用しても，象徴的に書けば，$u^{m+1} = f(u^m)$ のように，第 $m+1$ ステップの値 $\{u_i^{m+1}\}$ が第 m ステップ

の既知の値 $\{u_i^m\}$ を変数とする陽な関係式で書けているので,これらの差分方程式を用いたスキームは**陽的**である.この差分解法は**陽解法**である,あるいは時間方向にオイラー陽解法であるなどと表現される.三つの差分方法についての「善し悪し」は,本章のテーマの一つであり,後に詳しく解析する.

全離散化:陰的スキーム,陰解法 (4.4) において,時間についての前進差分を除いた,空間についての差分商を第 $m+1$ ステップの未知の値 $\{u_i^{m+1}\}$ に変えると,

$$\frac{u_i^{m+1} - u_i^m}{\tau} + c\frac{u_{i+1}^{m+1} - u_i^{m+1}}{h} = 0 \tag{4.7}$$

となる.象徴的に書けば,$f(u^m, u^{m+1}) = 0$ のように,第 m ステップの既知の値 $\{u_i^m\}$ と第 $m+1$ ステップの未知の値 $\{u_i^{m+1}\}$ が陰な関係式で書けているので,これらの差分方程式を用いたスキームは**陰的**である,あるいはこの差分解法は**陰解法**であるなどと表現される.

陽的と陰的の中間的なスキームも考えられる.$\theta \in [0,1]$ に対して,

$$u_i^{m+\theta} = (1-\theta)u_i^m + \theta u_i^{m+1}$$

とおいて,

$$\frac{u_i^{m+1} - u_i^m}{\tau} + c\frac{u_{i+1}^{m+\theta} - u_i^{m+\theta}}{h} = 0 \tag{4.8}$$

とするのである.この解法はしばしば θ 法と呼ばれる.$\theta = 0$ のとき陽解法,$\theta = 1$ のとき陰解法に他ならない.$\theta = 1/2$ のときちょうど半分の値で直観的によさそうに感じるが,実際,このとき**クランク-ニコルソン法**と呼ばれ,陽解法,陰解法とともによく使われる.$\theta \in (0,1]$ のとき陰的であるが,特に $\theta \in (0,1)$ のとき**半陰的**,$\theta = 1$ のとき**全陰的**といって区別することも多い.また θ 法に限らず,象徴的に $u^{m+1} = f(u^m, u^{m+1})$ のような形で,特に f が非線形であっても u^{m+1} については線形にしておくような形の差分方程式を作って,そのスキームを半陰的ということも少なくない.

標準的な偏微分方程式の差分解法を概観したが，すべての偏微分方程式に対して共通にすぐれている方法はないであろう．一般的には，個別問題に応じて次の三点の各々の手法を選択決定しながらスキームを構成する．

離散化法の選択　半離散化（線の方法）か，全離散化か
空間差分の選択　前進差分か，後退差分か，中心差分か，これらの複合か
全離散化の選択　陽的か，陰的か，（陽的と陰的の中間も含め）半陰的か

全離散化の場合，時間差分について1階前進差分のみを前提として紹介した．1階後退差分を用いてもよいが，結果的に陰的スキームと同じ形になる．また，1階中心差分を用いる方法（蛙跳び(Leap-Frog)スキーム）も知られているが，本書の目標である動く曲線の数値計算に使われた例を筆者は知らない．動く曲線の差分解法による数値計算では，空間差分については複合的で，半離散化で線の方法を用いる場合と，全離散化で陽的，あるいは半陰的解法を用いる場合が多い．

4.3　移流方程式の全離散化

刻みや格子点の記号 $(4.3)_{\text{p.89}}$ のもと，初期値問題 (4.1)–$(4.2)_{\text{p.87}}$ の解 $u(x,t)$ の時空間の格子点 (x_i, t_m) における値 $u(x_i, t_m)$ に対応する値を u_i^m とする．初期時刻においては $u_i^0 = f(x_i)$ $(i = 0, \pm 1, \pm 2, \ldots)$ のように値を定めるとする．このとき，各 i について $|u(x_i, 0) - u_i^0| = 0$ である．一般に $m = 1, 2, \ldots$ のとき，各 i について，$|u(x_i, t_m) - u_i^m| = 0$ となるかはわからない．しかし，刻み h, τ を限りなく小さくすれば，近似解 u_i^m が真の解 $u(x_i, t_m)$ に限りなく近づくことを期待したい．

したがって，目標は，各 i と $m > 0$ に対して，$h, \tau \to 0$ のとき $|u(x_i, t_m) - u_i^m| \to 0$ が成り立つような u_i^m を定める差分化の方法を提案することである．

移流方程式 $(4.1)_{\text{p.87}}$ を陽解法について考えよう．空間差分の種類によって，代表的には以下の三種類の差分方程式が得られる．以下，$\lambda = c\dfrac{\tau}{h}$ とおく．

$$\text{前進差分 } (4.4)_{\text{p.91}} \Leftrightarrow u_i^{m+1} = -\lambda u_{i+1}^m + (1+\lambda)u_i^m, \tag{4.9}$$

後退差分 $(4.5)_{\mathrm{p.91}}$ ⇔ $u_i^{m+1} = (1-\lambda)u_i^m + \lambda u_{i-1}^m,$ (4.10)

中心差分 $(4.6)_{\mathrm{p.91}}$ ⇔ $u_i^{m+1} = u_i^m - \dfrac{\lambda}{2}(u_{i+1}^m - u_{i-1}^m).$ (4.11)

前節のテイラー展開でみたように，いずれの差分スキームも u_x の素朴な差分商を用いただけであるから，何を選択しても大差ないようにみえるが，実は「雲泥の差」であることをみてみよう．

4.4 前進差分スキーム (4.9) の不安定性

(4.9) において，$\dfrac{u_{i+1}^m - u_i^m}{h}$ は u_x の前進差分なので，簡単に (4.9) を前進差分スキームと呼ぼう．空間格子点を一つ前方にずらす移動作用素（シフト作用素）S とその逆 S^{-1} を

$$Su_i^m = u_{i+1}^m, \quad S^{-1}u_i^m = u_{i-1}^m$$

と定める．これより $k = 0, \pm 1, \pm 2, \ldots$ に対して $S^k u_i^m = u_{i+k}^m$ がわかる．時間ステップ m を一つずらすと，二項定理から (4.9) は，

$$\begin{aligned}
u_i^m &= (1 + \lambda - \lambda S)u_i^{m-1} \\
&= (1 + \lambda - \lambda S)^m u_i^0 \\
&= \sum_{j=0}^{m} \binom{m}{j}(1+\lambda)^j(-\lambda S)^{m-j} f(x_i) \\
&= \sum_{j=0}^{m} \binom{m}{j}(1+\lambda)^j(-\lambda)^{m-j} f(x_{i+m-j})
\end{aligned}$$

となるので，初期時刻 $t = 0$ において，x 軸上の $m+1$ 個の点

$$x_i, x_{i+1}, \ldots, x_{i+m} \in [x_i, x_{i+m}] \tag{4.12}$$

における f の値から，(x_i, t_m) における前進差分スキームの解 u_i^m が定まる．ここで，$h, \tau \to 0$ としたとき，$u_i^m \to u(x_i, t_m)$ となれば，u_i^m は $u(x_i, t_m)$ を近似しているといえる．しかし，依存領域を考えるとそうはならないことがわ

4.4 前進差分スキーム (4.9) の不安定性

かる．実際，真の解 $u(x_i, t_m)$ の初期時刻における依存領域は一点からなる集合 $\{x = x_i - ct_m = x_i - \lambda x_m\}$ であるが，$\lambda x_m > 0$ である限り，これは u_i^m の初期時刻における依存領域（(4.12) の $m+1$ 個の点）を含む区間 $[x_i, x_{i+m}]$ に包含されることはない（図 4.2 (p.89) と図 4.3）．

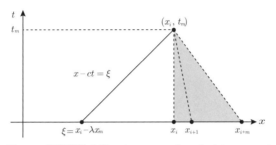

図 4.3 依存領域の違い $\{x = x_i - \lambda x_m\} \not\subset [x_i, x_{i+m}]$

よって，h, τ をいくら小さくしても，前進差分スキームの解 u_i^m が $u(x_i, t_m)$ を近似することはないことがわかる．初期値が正確な値 $u_i^0 = f(x_i)$ であってもこのような事態が起こるが，初期値に誤差が含まれていた場合はより深刻である．一般に，初期値 f を正確な値で与えることは困難であることが多い．例えば，計算機を用いると丸め誤差の影響は避けられない．この観点から，初期値 f に何らかの誤差が入り込んだ初期値 $\tilde{f}$ の影響を考えてみる．初期値 $\tilde{u}_i^0 = \tilde{f}(x_i)$ として第 m ステップの前進差分スキームの $x = x_i$ における解を $\tilde{u}_i^m$ とする．例えば，i, m を固定し，

$$\epsilon_j = f(x_{i+m-j}) - \tilde{f}(x_{i+m-j}), \quad (-1)^{m-j}\epsilon_j = \epsilon > 0 \quad (j = 0, 1, \ldots, m)$$

のように交互に符号変化する，大きさ $\epsilon > 0$ の誤差 ϵ_j があったとする．このとき，

$$|u_i^m - \tilde{u}_i^m| = \left|\sum_{j=0}^{m} \binom{m}{j}(1+\lambda)^j(-\lambda)^{m-j}(f(x_{i+m-j}) - \tilde{f}(x_{i+m-j}))\right|$$

$$= \left|\sum_{j=0}^{m} \binom{m}{j}(1+\lambda)^j \lambda^{m-j}(-1)^{m-j}\epsilon_j\right|$$

$$= \epsilon \sum_{j=0}^{m} \binom{m}{j} (1+\lambda)^j \lambda^{m-j}$$
$$= (1+2\lambda)^m \epsilon$$

となるので，いかなる $\lambda > 0$ に対しても，初期誤差は時間ステップ m が増加するごとに指数的に増大する．したがって，この意味で前進差分スキームは不適切である．

4.5 風上差分スキーム (4.10) の安定性，適合性，収束性

図 4.1 $_{\text{(p.88)}}$ のように，$c > 0$ の場合，$u(x,t)$ のグラフは，x の負から正の方向に風が吹いて初期グラフ $f(x)$ が x 方向に ct だけ平行移動したように思えるグラフである．(4.10)$_{\text{p.94}}$((4.5)$_{\text{p.91}}$) において，$\dfrac{u_i^m - u_{i-1}^m}{h}$ は u_x の後退差分であり，u_i^{m+1} の値を決めるのに u_{i-1}^m と u_i^m を内分した値を使う．この値は $x = x_i$ よりも風上側に位置した値であるので，(4.10) は風上差分 (upwind difference) スキーム，あるいは上流差分 (upstream difference) スキームと呼ばれる．（$c < 0$ の場合は，前節の前進差分スキームが風上差分スキームとなる．）

CFL 条件

前進差分スキームと同様に，時間ステップ m を一つずらすと，(4.10) は，

$$u_i^m = (1 - \lambda + \lambda S^{-1}) u_i^{m-1}$$
$$= (1 - \lambda + \lambda S^{-1})^m u_i^0$$
$$= \sum_{j=0}^{m} \binom{m}{j} (1-\lambda)^j (\lambda S^{-1})^{m-j} f(x_i)$$
$$= \sum_{j=0}^{m} \binom{m}{j} (1-\lambda)^j \lambda^{m-j} f(x_{i-m+j})$$

となるので，初期時刻 $t = 0$ において，x 軸上の $m+1$ 個の点

4.5 風上差分スキーム (4.10) の安定性，適合性，収束性

$$x_{i-m},\ x_{i-m+1},\ \dots,\ x_i \in [x_{i-m}, x_i] \tag{4.13}$$

における f の値から，(x_i, t_m) における風上差分スキームの解 u_i^m が定まる．前進差分スキームと異なり，$u(x_i, t_m)$ の初期時刻における依存領域である一点 $x = x_i - \lambda x_m$ が，u_i^m の初期時刻における依存領域 ((4.13) の $m+1$ 個の点) を含む区間 $[x_{i-m}, x_i]$ に包含されるための条件を求めることができる (図 4.4)．

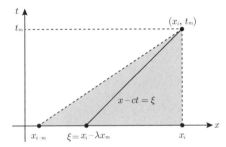

図 **4.4** 依存領域の包含 $\{x = x_i - \lambda x_m\} \subset [x_{i-m}, x_i]$

実際，

$$x_{i-m} = x_i - x_m \leq x_i - \lambda x_m \leq x_i$$

を解いて，条件は

$$\lambda = c\frac{\tau}{h} \leq 1 \tag{4.14}$$

であることがわかる．これを **CFL 条件** (Courant-Friedrichs-Lewy condition) と呼ぶ．c を伝播速度 (物理的流速)，$\dfrac{h}{\tau}$ を数値伝播速度と考えると，ともに速度の次元であるから，λ は無次元量である．これを**クーラン数** (Courant number) と呼ぶ．したがって，CFL 条件は，数値伝播速度 $\dfrac{h}{\tau}$ が物理的流速である伝播速度 c 以上であることを要請した条件である．

安定性

前進差分スキームの場合と同様に，初期値 f に何らかの誤差が入り込んだ初期値 $\tilde{f}$ の影響を考えてみる．初期値 $\tilde{u}_i^0 = \tilde{f}(x_i)$ として第 m ステップの風上差

分スキームの $x = x_i$ における解を $\tilde{u}_i^m$ とする．このとき，i, m を固定し，

$$\epsilon_j = f(x_{i+m-j}) - \tilde{f}(x_{i+m-j}), \quad |\epsilon_j| \leq \epsilon \quad (j = 0, 1, \ldots, m)$$

のように大きさが $\epsilon > 0$ 以下の誤差 ϵ_j があったとする．$\lambda \leq 1$ のとき，

$$\begin{aligned}
|u_i^m - \tilde{u}_i^m| &= \left| \sum_{j=0}^{m} \binom{m}{j} (1-\lambda)^j \lambda^{m-j} (f(x_{i-m+j}) - \tilde{f}(x_{i-m+j})) \right| \\
&\leq \sum_{j=0}^{m} \binom{m}{j} (1-\lambda)^j \lambda^{m-j} \left| f(x_{i-m+j}) - \tilde{f}(x_{i-m+j}) \right| \\
&\leq \sum_{j=0}^{m} \binom{m}{j} (1-\lambda)^j \lambda^{m-j} \epsilon = \epsilon
\end{aligned}$$

となって，初期誤差は増大しないことがわかる．この意味から，風上差分スキームは CFL 条件 (4.14) のもとで安定である．

適合性

$f \in C^2(\mathbb{R})$ とし，風上差分スキーム $(4.10)_{\text{p.94}}$ に滑らかな解を代入すると，テイラー展開より，

$$\begin{aligned}
&\left| \frac{u(x_i, t_{m+1}) - u(x_i, t_m)}{\tau} + c \frac{u(x_i, t_m) - u(x_{i-1}, t_m)}{h} \right| \\
&= \left| \frac{f(x_i - ct_{m+1}) - f(x_i - ct_m)}{\tau} + c \frac{f(x_i - ct_m) - f(x_{i-1} - ct_m)}{h} \right| \\
&= \left| \frac{f(\xi - c\tau) - f(\xi)}{\tau} + c \frac{f(\xi) - f(\xi - h)}{h} \right| \quad (\xi = x_i - ct_m) \\
&\leq \frac{1}{2} \left(c^2 \tau + ch \right) \sup_{\xi \in \mathbb{R}} |f''(\xi)|
\end{aligned}$$

がわかる．したがって，$h, \tau \to 0$ のとき，

$$\begin{aligned}
&\frac{u(x_i, t_{m+1}) - u(x_i, t_m)}{\tau} + c \frac{u(x_i, t_m) - u(x_{i-1}, t_m)}{h} \\
&\to u_t(x_i, t_m) + c u_x(x_i, t_m)
\end{aligned}$$

となるから，風上差分スキーム (4.10) は移流方程式 $(4.1)_{\text{p.87}}$ に適合している．

4.5 風上差分スキーム (4.10) の安定性, 適合性, 収束性

上の評価は, λ を固定して,

$$
\begin{aligned}
&|u(x_i, t_{m+1}) - (1-\lambda)u(x_i, t_m) - \lambda u(x_{i-1}, t_m)| \\
&= |f(x_i - ct_{m+1}) - (1-\lambda)f(x_i - ct_m) - \lambda f(x_{i-1} - ct_m)| \\
&= |f(\xi - \lambda h) - (1-\lambda)f(\xi) - \lambda f(\xi - h)| \quad (\xi = x_i - ct_m) \\
&\leq Kh^2 \quad \left(K = \frac{1}{2}(\lambda^2 + \lambda)\sup_{\xi \in \mathbb{R}}|f''(\xi)|\right)
\end{aligned}
\quad (4.15)
$$

としても同じことである.

[**問4.1**] 前進差分スキーム $(4.9)_{\text{p.93}}$ も移流方程式 $(4.1)_{\text{p.87}}$ に適合していることを示せ.

この問より適合性と安定性は独立した概念であることがわかる. 実際, 前節でみたように前進差分スキームの誤差は増大した (安定でなかった).

収束性

厳密解と風上差分スキームの解の誤差を $\epsilon_i^m = u(x_i, t_m) - u_i^m$ とおく ($i = 0, \pm 1, \pm 2, \ldots;\ m = 0, 1, 2, \ldots$). $\lambda < 1$ のとき, 適合性 (4.15) から,

$$|\epsilon_i^{m+1} - (1-\lambda)\epsilon_i^m - \lambda \epsilon_{i-1}^m| \leq Kh^2$$

がわかる. よって,

$$|\epsilon_i^{m+1}| \leq (1-\lambda)|\epsilon_i^m| + \lambda|\epsilon_{i-1}^m| + Kh^2 \leq \sup_{i \in \mathbb{Z}}|\epsilon_i^m| + Kh^2$$

となる. これより, 各時間ステップ m における最大誤差を $E_m = \sup_{i \in \mathbb{Z}}|\epsilon_i^m|$ とおくと, $E_0 = 0$ から

$$E_m \leq E_{m-1} + Kh^2 \leq E_0 + mKh^2 = mK\frac{c\tau}{\lambda}h = \frac{cKt_m}{\lambda}h$$

がわかる. したがって, $T > 0$ とし, 初期値問題 (4.1)–$(4.2)_{\text{p.87}}$ の解 $u(x,t)$ を時間区間 $[0, T]$ で考えたとき, 風上差分スキーム $(4.10)_{\text{p.94}}$ の解 u_i^m は, $\lambda < 1$ のとき,

$$\max_{0 \leq m \leq M} \sup_{i \in \mathbb{Z}} |u(x_i, t_m) - u_i^m| \leq Ch \quad \left(M = \left[\frac{T}{\tau}\right],\ C = \frac{cKT}{\lambda}\right)$$

の意味で1次精度で収束する．

✔ 注 4.1　$\lambda = 1$ のとき，すなわち $c\tau = h$ のときに限り，適合性の判定における最後の不等式 (4.15) は不要で，$|u(x_i, t_{m+1}) - u(x_{i-1}, t_m)| = 0$ である．よって，$|\epsilon_i^{m+1} - \epsilon_{i-1}^m| = 0$ となるので，$\epsilon_{i-1}^m = 0$ ならば $\epsilon_i^{m+1} = 0$ がわかる．すなわち，風上スキームは $u_i^0 = f(x_i)$ ならば，$m = 1, 2, \ldots$ に対して厳密解 $u_i^m = u(x_i, t_m)$ を与える．

4.6　中心差分スキーム (4.11) とフォン・ノイマンの安定性

u_x を中心差分により近似したスキーム (4.11)$_{\mathrm{p}.94}$ を，簡単に中心差分スキームと呼ぼう．これは，時間については前進差分，空間については中心差分による離散化をしているので，FTCS 法 (forward time and centered space method) と呼ばれる解法の一種である．本節では中心差分スキームの安定性について考えるが，まず，中心差分スキームの適合性について確認しておこう．

［問 4.2］　中心差分スキーム (4.11) は移流方程式 (4.1)$_{\mathrm{p}.87}$ に適合していることを示せ．

前進差分スキームは適合していたが安定ではなかった．中心差分スキームはどうだろうか．

フォン・ノイマンの安定性

k を空間波数，G を複素増幅係数とし，$u_i^m = G^m e^{\sqrt{-1}kx_i}$ という形の (4.11) の解を考える（G^m は G の m 乗）．そして，$|G|$ の時間ステップごとの増大度を調べる．$|G| \leq 1$ であれば安定，$|G| > 1$ であれば $|G|^m$ は $m \to \infty$ のとき発散するので不安定と考えられる．この意味での安定性をフォン・ノイマンの安定性という．

$u_i^m = G^m e^{\sqrt{-1}kx_i}$ を (4.11) に代入すると，

$$G^{m+1} e^{\sqrt{-1}kx_i} = G^m e^{\sqrt{-1}kx_i} - \frac{\lambda}{2} \left(G^m e^{\sqrt{-1}kx_{i+1}} - G^m e^{\sqrt{-1}kx_{i-1}} \right)$$
$$= G^m e^{\sqrt{-1}kx_i} \left(1 - \frac{\lambda}{2} \left(e^{\sqrt{-1}kh} - e^{-\sqrt{-1}kh} \right) \right)$$

4.6 中心差分スキーム (4.11) とフォン・ノイマンの安定性

$$= G^m e^{\sqrt{-1}kx_i} \left(1 - \sqrt{-1}\lambda \sin(kh)\right)$$

より，$G = 1 - \sqrt{-1}\lambda \sin(kh)$ がわかる．よって，

$$|G|^2 = 1 + \lambda^2 \sin^2(kh) \geq 1$$

より，$\sin(kh) = 0$ となる k を除くと $|G| > 1$ となるから，中心差分スキームは不安定である．

[問 4.3] 前進差分スキーム $(4.9)_{\mathrm{p.93}}$ と風上差分スキーム $(4.10)_{\mathrm{p.94}}$ についてフォン・ノイマンの安定性を調べよ．

✔ 注 4.2 本章は [50, §1.3] と [27, §2.2] と [115, §6.3] を大いに参考にした．本章の内容以降の偏微分方程式論，数値流体力学，あるいは一般の応用数学への発展的展開については，それぞれの書籍を読むことをおすすめする．

第5章

2階線形偏微分方程式の差分解法

熱方程式に代表される2階線形偏微分方程式の差分解法について，その基本となる考え方と実践的方法を紹介する．熱や物質の散逸に関わるエネルギー不等式を考慮して勾配流方程式を離散化するという観点についても言及する．また，物質の拡散を表す差分方程式の極限として，移流方程式や熱方程式，あるいはそれらを複合した方程式が逆に導出されることにも触れる．

5.1 熱方程式の導出

仮想的に限りなく細く無限に長いまっすぐで一様な針金（熱伝導体）を考える．針金は x 軸に沿っているとし，針金の温度分布の時間変化を記述する偏微分方程式「熱方程式」を導出する．

点 x，および時刻 t における針金の温度を $u(x,t)$ とする（図 5.1）．

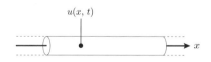

図 5.1 点 x，および時刻 t における針金の温度 $u(x,t)$

点 $x_0 \in \mathbb{R}$ を任意に固定し，x_0 を含む区間 $V = [\alpha, \beta]$（$\alpha < x_0 < \beta$）を定める．任意のある時刻 $t_0 > 0$ で V に蓄えられている熱量 $J(t_0)$ は，

$$J(t_0) = \int_\alpha^\beta cu(x, t_0)\, dx$$

である．ここで，c は針金単位あたりの熱容量（物体を1度上昇させるのに必要な熱量）で，針金を一様としているので正定数である．このとき，短時間 $\tau > 0$ の間の熱量 J の増分 $\Delta J = J(t_0 + \tau) - J(t_0)$ は，

$$\Delta J = \int_\alpha^\beta c(u(x, t_0 + \tau) - u(x, t_0))\, dx = \int_\alpha^\beta \left(\int_{t_0}^{t_0+\tau} cu_t(x, t)\, dt \right) dx$$

である．

フーリエの熱伝導の法則によれば，熱の流れ $j(x,t)$ は温度の負の勾配 $-u_x$ に比例する．（温度の高い方から低い方に流れる．）したがって，比例定数を $k > 0$ とおくと，

$$j(x, t) = -ku_x(x, t) \tag{5.1}$$

である．ここで，k は熱伝導率と呼ばれ，針金を一様としているので正定数である．

これより，区間 V の左端点における量

$$\int_{t_0}^{t_0+\tau} j(\alpha, t)\, dt = -\int_{t_0}^{t_0+\tau} ku_x(\alpha, t)\, dt$$

は時間 τ の間に $x = \alpha$ より V に流入した熱量である（図 5.2）．

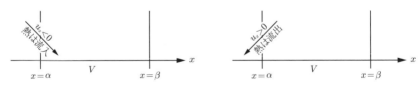

図**5.2** 区間 V の左端点における熱の流出入

同様に区間 V の右端点における量

$$\int_{t_0}^{t_0+\tau} -j(\beta, t)\, dt = \int_{t_0}^{t_0+\tau} ku_x(\beta, t)\, dt$$

は時間 τ の間に $x = \beta$ より V に流入した熱量である（図 5.3）．

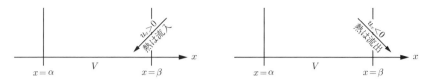

図 **5.3** 区間 V の右端点における熱の流出入

熱量の増分 ΔJ は τ の間に V に流入した熱量に等しいという**熱量保存則**を適用すると，微積分学の基本定理から，

$$\Delta J = \int_{t_0}^{t_0+\tau} \Big(ku_x(\beta,t) - ku_x(\alpha,t)\Big) dt$$
$$= \int_{t_0}^{t_0+\tau} \left(\int_{\alpha}^{\beta} ku_{xx}(x,t)\,dx\right) dt$$
$$= \int_{\alpha}^{\beta} \left(\int_{t_0}^{t_0+\tau} ku_{xx}(x,t)\,dt\right) dx$$

が成り立つ．ここで，$u_{xx} = (u_x)_x$ である．よって，次の等式を得る．

$$\int_{\alpha}^{\beta}\left(\int_{t_0}^{t_0+\tau} cu_t(x,t)\,dt\right)dx = \int_{\alpha}^{\beta}\left(\int_{t_0}^{t_0+\tau} ku_{xx}(x,t)\,dt\right)dx.$$

ここで，積分の平均値定理を用いて，極限 $\alpha \to x_0 - 0$, $\beta \to x_0 + 0$, $\tau \to +0$ を考え（問 5.1），

$$cu_t(x_0,t_0) = ku_{xx}(x_0,t_0)$$

を得る．x_0 は $\mathbb{R}$ の任意の点，$t_0 > 0$ は任意の時刻なので，$d = \dfrac{k}{c}$ とおいて，

$$u_t(x,t) = du_{xx}(x,t) \quad (x \in \mathbb{R},\ t > 0) \tag{5.2}$$

が成り立つ．この式を，**熱方程式**，あるいは**熱伝導方程式**と呼ぶ．（d は拡散係数と呼ばれる．）導出からわかるように，針金は有限の長さでもかまわない．その場合は境界条件の設定が必要となる．例えば，針金が区間 $[a,b]$ に横たわっているとした場合，以下の二つの境界条件が基本的である．

ディリクレ境界条件

$$u(a,t) = u(b,t) = 0 \quad (t > 0)$$

ノイマン境界条件（断熱条件）

$$u_x(a,t) = u_x(b,t) = 0 \quad (t > 0)$$

　また，時間についても，有限時間内で問題設定するのが現実的であろう．したがって，有限時刻 $T > 0$ を与えて，時間 $[0, T]$ のように時間を区切ることが多い．最後に初期値を与えれば，熱方程式の初期値境界値問題の設定が完了する．

熱方程式の初期値境界値問題

　ノイマン境界条件の場合，

$$\begin{cases} u_t(x,t) = d u_{xx}(x,t) & (a < x < b,\ 0 < t < T) \\ u_x(a,t) = u_x(b,t) = 0 & (0 < t < T) \\ u(x,0) = f(x) & (a \leq x \leq b) \end{cases} \tag{5.3}$$

となる．ノイマン境界条件は断熱条件とも呼ばれるが，これは熱の出入りを遮断する，あるいは結果として同じことであるが，外部との熱のやりとりの収支が同じであることを意味している．実際，時刻 t での区間 $[a,b]$ に蓄えられている熱量は，

$$J(t) = \int_a^b c u(x,t)\, dx$$

であった．よって，

$$\dot{J}(t) = \int_a^b c u_t(x,t)\, dx = \int_a^b k u_{xx}(x,t)\, dx = [k u_x(x,t)]_a^b = 0$$

である．これは断熱しているならば熱量は保存するという熱量保存則に他ならない．

[問 **5.1**]　$f(x)$ を $[\alpha, \beta]$ で連続な関数，$g(t)$ を $[t_0, t_0 + \tau]$ で連続な関数とする．

(1) $\alpha < x_0 < \beta$ とするとき，極限 $\displaystyle \lim_{\substack{\alpha \to x_0 - 0 \\ \beta \to x_0 + 0}} \frac{1}{\beta - \alpha} \int_\alpha^\beta f(x)\, dx$ を求めよ．

(2) 極限 $\displaystyle \lim_{\tau \to +0} \frac{1}{\tau} \int_{t_0}^{t_0 + \tau} g(t)\, dt$ を求めよ．

[問 5.2]（非一様な針金）　針金が一様でなかった場合，針金単位あたりの熱容量 c やフーリエの熱伝導の法則における比例定数 k は位置 x に依存する．すなわち，$c = c(x)$, $k = k(x)$ となる．このとき，熱方程式に代わり次の偏微分方程式が導かれることを示せ．

$$c(x)u_t(x,t) = (k(x)u_x(x,t))_x. \tag{5.4}$$

熱方程式の初期値境界値問題 (5.3) の離散化を考える前に，いくつかの差分の記号を用意しておこう．

5.2　差分の記号

関数 $u(x,t)$ が x について C^3 級であれば，空間格子点 x_i の周りで，

$$u(x_{i\pm 1}, t) = u(x_i, t) \pm u_x(x_i, t)h + \frac{1}{2}u_{xx}(x_i, t)h^2 \pm \frac{1}{6}u_{xxx}(x_i, t)h^3 + o(h^3)$$

のようにテイラー展開可能である．ここで，$u_{xxx} = (u_{xx})_x$ は x についての 3 階偏導関数である．よって，

$$\frac{u(x_{i+1}, t) - 2u(x_i, t) + u(x_{i-1}, t)}{h^2} = u_{xx}(x_i, t) + o(h)$$

となる．左辺の差分商を **2 階中心差分** と呼ぶ．

いままでの差分も合わせて，差分について次の記号を用いる．

$$\begin{aligned}
&\text{1 階前進差分} &&\mathrm{D}_h^+ u_i = \frac{u_{i+1} - u_i}{h}\\
&\text{1 階後退差分} &&\mathrm{D}_h^- u_i = \frac{u_i - u_{i-1}}{h}\\
&\text{1 階中心差分} &&\mathrm{D}_h u_i = \frac{u_{i+1} - u_{i-1}}{2h}\\
&\text{2 階中心差分} &&\mathrm{D}_{hh} u_i = \frac{u_{i+1} - 2u_i + u_{i-1}}{h^2}\\
&\text{時間差分} &&\mathrm{D}_\tau u^m = \frac{u^{m+1} - u^m}{\tau}
\end{aligned}$$

1 階前進差分と 1 階後退差分は合わせて $\mathrm{D}_h^\pm u_i = \pm \dfrac{u_{i\pm 1} - u_i}{h}$ と書ける．また，

$$\begin{aligned}
\mathrm{D}_{\mathrm{hh}} u_i &= \frac{(u_{i+1} - u_i)/h - (u_i - u_{i-1})/h}{h} \\
&= \frac{\mathrm{D}_{\mathrm{h}}^{-} u_{i+1} - \mathrm{D}_{\mathrm{h}}^{-} u_i}{h} = \mathrm{D}_{\mathrm{h}}^{+} \mathrm{D}_{\mathrm{h}}^{-} u_i \quad &(5.5) \\
&= \frac{\mathrm{D}_{\mathrm{h}}^{+} u_i - \mathrm{D}_{\mathrm{h}}^{+} u_{i-1}}{h} = \mathrm{D}_{\mathrm{h}}^{-} \mathrm{D}_{\mathrm{h}}^{+} u_i \quad &(5.6) \\
&= \frac{\mathrm{D}_{\mathrm{h}}^{+} u_i - \mathrm{D}_{\mathrm{h}}^{-} u_i}{h} \quad &(5.7)
\end{aligned}$$

という関係にある.

[問 5.3] $u_{i \pm \frac{1}{2}} = \dfrac{u_{i \pm 1} + u_i}{2}$ と表すと,$\mathrm{D}_{\mathrm{h}} u_i = \dfrac{u_{i+\frac{1}{2}} - u_{i-\frac{1}{2}}}{h}$ となることを示せ.また,$\mathrm{D}_{\mathrm{h}} u_{i \pm \frac{1}{2}} = \mathrm{D}_{\mathrm{h}}^{\pm} u_i$ と定義すると $\mathrm{D}_{\mathrm{h}}^2 u_i = \mathrm{D}_{\mathrm{hh}} u_i$ が成り立つことを示せ.

この問より,$\mathrm{D}_{\mathrm{h}} \approx \dfrac{\partial}{\partial x}$,$\mathrm{D}_{\mathrm{hh}} \approx \dfrac{\partial^2}{\partial x^2}$ の対応関係になっていることがわかる.

5.3 熱方程式の初期値境界値問題 (5.3) の離散化

熱方程式の初期値境界値問題 $(5.3)_{\mathrm{p}.106}$ を半離散化,また陽的に全離散化しよう.まずは,半離散化から.

半離散化

空間刻みと空間格子点を

$$h = \frac{b-a}{N}, \quad x_i = a + ih \quad (i = 0, 1, 2, \ldots, N) \tag{5.8}$$

として,対応 $u_i(t) \approx u(x_i, t)$ のもとで (5.3) を半離散化すると,

$$\begin{cases} \dot{u}_i(t) = d \mathrm{D}_{\mathrm{hh}} u_i(t) & (0 < i < N,\ 0 < t < T) \\ \mathrm{D}_{\mathrm{h}}^{+} u_0(t) = \mathrm{D}_{\mathrm{h}}^{-} u_N(t) = 0 & (0 < t < T) \\ u_i(0) = f(x_i) & (0 \leq i \leq N) \end{cases} \tag{5.9}$$

となる.

5.3 熱方程式の初期値境界値問題 (5.3) の離散化

このとき，半離散版総熱量 $J_h(t) = \sum_{i=1}^{N-1} cu_i(t)h$ は保存量となる．実際，

$$\dot{J}_h(t) = \sum_{i=1}^{N-1} k(\mathrm{D_{hh}}\, u_i(t))h = k[\mathrm{D_h^-}\, u_i(t)]_1^N = k(\mathrm{D_h^-}\, u_N(t) - \mathrm{D_h^+}\, u_0(t)) = 0$$

である．ここで，$\mathrm{D_h^-}\, u_1 = \mathrm{D_h^+}\, u_0$ と次の部分和分を用いた．$\sum = \sum_{i=1}^{N-1}$ とする．

$$\begin{aligned}
\sum \mathsf{F}_i(\mathrm{D_h^+}\, \mathsf{G}_i)h &= \sum \mathsf{F}_i(\mathsf{G}_{i+1} - \mathsf{G}_i) \\
&= -\sum (\mathrm{D_h^-}\, \mathsf{F}_i)\mathsf{G}_i h + [\mathsf{F}_{i-1}\mathsf{G}_i]_1^N, \quad (5.10) \\
\sum \mathsf{F}_i(\mathrm{D_{hh}}\, \mathsf{G}_i)h &= \sum \mathsf{F}_i(\mathrm{D_h^+}\, \mathrm{D_h^-}\, \mathsf{G}_i)h \qquad ((5.5)\text{より}) \\
&= -\sum (\mathrm{D_h^-}\, \mathsf{F}_i)(\mathrm{D_h^-}\, \mathsf{G}_i)h + [\mathsf{F}_{i-1}(\mathrm{D_h^-}\, \mathsf{G}_i)]_1^N \quad ((5.10)\text{より}). \quad (5.11)
\end{aligned}$$

[問 5.4] $\sum \mathsf{F}_i(\mathrm{D_h^-}\, \mathsf{G}_i)h$ と $\sum \mathsf{F}_i(\mathrm{D_{hh}}\, \mathsf{G}_i)h$ に対して，(5.6) や (5.10) を使って，上と類似の部分和分を導け．

陽的な全離散化

半離散化と同じく空間刻みと空間格子点を (5.8) とし，時間刻みと時間格子点を

$$\tau = \frac{T}{M}, \quad t_m = m\tau \quad (m = 0, 1, 2, \ldots, M) \qquad (5.12)$$

として，対応 $u_i^m \approx u(x_i, t_m)$ のもとで $(5.3)_{\mathrm{p.106}}$ を陽的に全離散化すると，

$$\begin{cases}
\mathrm{D_\tau}\, u_i^m = d\mathrm{D_{hh}}\, u_i^m & (0 < i < N,\ 0 \leq m < M) \\
\mathrm{D_h^+}\, u_0^m = \mathrm{D_h^-}\, u_N^m = 0 & (0 < m < M) \\
u_i^0 = f(x_i) & (0 \leq i \leq N)
\end{cases} \qquad (5.13)$$

となる．

このとき，全離散版総熱量 $J_h^m = \sum_{i=1}^{N-1} cu_i^m h$ は保存量である．実際，部分和分とノイマン境界条件から，

$$\mathrm{D}_\tau J_h^m = \sum_{i=1}^{N-1} k(\mathrm{D}_{hh} u_i^m) h = k[\mathrm{D}_h^- u_i^m]_1^N = 0$$

がわかる．

[問 5.5]（安定性） 空間刻み，時間刻み，および拡散係数の関係が

$$d\frac{\tau}{h^2} \leq \frac{1}{2} \tag{5.14}$$

を満たすならば，

$$\|u^m\| \leq \|u^0\| \quad (0 \leq m < M)$$

の意味で (5.13) は安定な差分スキームであることを示せ．ここで，

$$\|u^m\| = \max_{0 \leq i \leq N} |u_i^m|$$

である．

5.4　エネルギー不等式と「気の利いた」半陰的離散化

本節では，異なる観点から問題 $(5.3)_{\text{p.106}}$ の離散化を考えよう．総熱量 $J(t)$ はその導出からも熱方程式を特徴付ける量であった．ここでもう一つ

$$E(t) = \frac{1}{2} \int_a^b d u_x^2 \, dx \quad (d > 0 \text{ は定数}) \tag{5.15}$$

という量を考える．これを「エネルギー」と呼ぶ．$E(t)$ の時間変化を考えると，ノイマン境界条件のもとで，

$$\dot{E}(t) = \int_a^b d u_x u_{xt} \, dx = [d u_x u_t]_a^b - \int_a^b d u_{xx} u_t \, dx = -\int_a^b d u_{xx} u_t \, dx \tag{5.16}$$

となるから，熱方程式 $u_t = d u_{xx}$ より，

$$\dot{E}(t) = -\int_a^b u_t^2 \, dx \leq 0$$

5.4 エネルギー不等式と「気の利いた」半陰的離散化

となって，$E(t)$ は時間とともに減少することがわかる．これをエネルギー不等式と呼ぶ．

逆に，(5.16) から，$\dot{E}(t) \leq 0$ を満たす偏微分方程式として熱方程式が導出されることをみてみよう．そのために，$[a, b]$ 上の連続関数 $\mathsf{F}(x), \mathsf{G}(x)$ に対して，内積とノルムを

$$(\mathsf{F}, \mathsf{G}) = \int_a^b \mathsf{F}(x) \mathsf{G}(x) \, dx, \quad \|\mathsf{F}\| = \sqrt{(\mathsf{F}, \mathsf{F})} \tag{5.17}$$

のように定める．(5.16) の最右辺の絶対値に CBS 不等式と相加平均相乗平均の不等式を適用すると，

$$\left| \int_a^b du_{xx} u_t \, dx \right| = |(du_{xx}, u_t)| \leq \|du_{xx}\| \|u_t\| \leq \frac{1}{2} \left(\|du_{xx}\|^2 + \|u_t\|^2 \right)$$

となる．それぞれの不等式の等号成立条件は，

(1) $u_t = \mu du_{xx}$ （μ は定数） (2) $\|u_t\| = \|du_{xx}\|$

である．よって，$|\mu| = 1$ がわかり，特に $\mu = 1$ のとき，すなわち $u_t = du_{xx}$ のとき，$|(du_{xx}, u_t)| = \|u_t\|^2$ は最大となるから，$\dot{E}(t) = -(du_{xx}, u_t) = -\|u_t\|^2$ は最小となる．すなわち，$u_t = du_{xx}$ はノルム $\|\cdot\|$ を用いると $E(t)$ を最も大きく減少させる．このように特徴付けられた $u_t = du_{xx}$ は，E に対する（内積 (5.17) を用いた計量による）勾配流方程式となっている．(5.5節 (p.114) で一般論を展開する．また，「勾配」の由来については，[137, 2.11節] 参照．)

こうして，エネルギー $E(t)$ は熱方程式を特徴付ける第二の量であることがわかり，エネルギー不等式の価値がわかったが，果たしてエネルギー不等式の半離散版や全離散版はいえるだろうか．すなわち，$E(t)$ の半離散版 $E_h(t)$ を構成して $\dot{E}_h(t) \leq 0$ を示し，$E(t)$ の全離散版 E_h^m を構成して $\mathrm{D}_\tau E_h^m \leq 0$ を示すことはできるだろうか．

半離散版エネルギー不等式

(5.15) の台形則による数値積分 (2.3節 (p.54)) は，

$$E_{台形則} = \frac{1}{2} \sum_{i=1}^N d \frac{u_x(x_{i-1}, t)^2 + u_x(x_i, t)^2}{2} h$$

である．これより，$(5.9)_{\text{p.108}}$ の解に対する半離散版エネルギー $E_h(t)$ を素朴に考えると，$\mathrm{D}_{\mathrm{h}}^+ u_{i-1}(t) = \mathrm{D}_{\mathrm{h}}^- u_i(t)$ より，

$$E_h(t) = \frac{1}{2}\sum_{i=1}^{N-1} d\frac{(\mathrm{D}_{\mathrm{h}}^- u_i(t))^2 + (\mathrm{D}_{\mathrm{h}}^+ u_i(t))^2}{2}h$$

となるだろう．よって，

$$\dot{E}_h(t) = \frac{1}{2}\sum_{i=1}^{N-1} d\Big((\mathrm{D}_{\mathrm{h}}^- u_i(t))(\mathrm{D}_{\mathrm{h}}^- \dot{u}_i(t)) + (\mathrm{D}_{\mathrm{h}}^+ u_i(t))(\mathrm{D}_{\mathrm{h}}^+ \dot{u}_i(t))\Big)h$$

に，部分和分 $(5.11)_{\text{p.109}}$ と $(\mathrm{A}.6)_{\text{p.295}}$ を用いて，ノイマン境界条件を適用すると，

$$\dot{E}_h(t) = -\sum_{i=1}^{N-1} \dot{u}_i(t)^2 h \leq 0$$

を得る．

半陰的全離散版エネルギー不等式

半離散版エネルギーから，全離散版エネルギーは，

$$E_h^m = \frac{1}{2}\sum_{i=1}^{N-1} d\frac{(\mathrm{D}_{\mathrm{h}}^- u_i^m)^2 + (\mathrm{D}_{\mathrm{h}}^+ u_i^m)^2}{2}h$$

とおくとよいだろう．このとき，$u_i^{m+\frac{1}{2}} = \dfrac{u_i^{m+1} + u_i^m}{2}$ とおくと，

$$\mathrm{D}_\tau E_h^m = \frac{1}{2}\sum_{i=1}^{N-1} d\left((\mathrm{D}_{\mathrm{h}}^- u_i^{m+\frac{1}{2}})(\mathrm{D}_{\mathrm{h}}^- \mathrm{D}_\tau u_i^m) + (\mathrm{D}_{\mathrm{h}}^+ u_i^{m+\frac{1}{2}})(\mathrm{D}_{\mathrm{h}}^+ \mathrm{D}_\tau u_i^m)\right)h$$

となる．部分和分 (5.11) と (A.6) を用いて，ノイマン境界条件を適用すると，

$$\begin{aligned}\mathrm{D}_\tau E_h^m &= \frac{1}{2}\Bigg(\left[d(\mathrm{D}_\tau u_{i-1}^m)(\mathrm{D}_{\mathrm{h}}^- u_i^{m+\frac{1}{2}})\right]_1^N - \sum_{i=1}^{N-1}(\mathrm{D}_\tau u_i^m)(d\mathrm{D}_{\mathrm{hh}} u_i^{m+\frac{1}{2}}) \\ &\quad + \left[d(\mathrm{D}_\tau u_i^m)(\mathrm{D}_{\mathrm{h}}^+ u_{i-1}^{m+\frac{1}{2}})\right]_1^N - \sum_{i=1}^{N-1}(\mathrm{D}_\tau u_i^m)(d\mathrm{D}_{\mathrm{hh}} u_i^{m+\frac{1}{2}})\Bigg)h \\ &= -\sum_{i=1}^{N-1}(\mathrm{D}_\tau u_i^m)(d\mathrm{D}_{\mathrm{hh}} u_i^{m+\frac{1}{2}})\end{aligned}$$

を得る. $(5.13)_{\mathrm{p.109}}$ の差分方程式を代入すると,

$$\mathrm{D}_\tau E_h^m = -\sum_{i=1}^{N-1}(\mathrm{D}_\tau u_i^m)(\mathrm{D}_\tau u_i^{m+\frac{1}{2}})$$

となって, 全離散版エネルギー不等式 $\mathrm{D}_\tau E_h^m \le 0$ が一般には成り立たない. したがって $\mathrm{D}_\tau E_h^m \le 0$ がいえるためには, 陽的な全離散化 $(5.13)_{\mathrm{p.109}}$ の代わりに, 次の「気の利いた」半陰的な全離散化を構成するとよいことがわかる.

$$\begin{cases} \mathrm{D}_\tau u_i^m = d\mathrm{D}_{\mathrm{hh}} u_i^{m+\frac{1}{2}} & (0 < i < N,\ 0 \le m < M), \\ \mathrm{D}_\mathrm{h}^+ u_0^m = \mathrm{D}_\mathrm{h}^- u_N^m = 0 & (0 < m < M), \\ u_i^0 = f(x_i) & (0 \le i \le N). \end{cases} \quad (5.18)$$

これにより, 全離散版エネルギー不等式 $\mathrm{D}_\tau E_h^m \le 0$ が成り立つことは保証されたが, 全離散版総熱量 $J_h^m = \sum_{i=1}^{N-1} cu_i^m h$ も変わらず保存する. 実際, 部分和分とノイマン境界条件から,

$$\mathrm{D}_\tau J_h^m = \sum_{i=1}^{N-1} k(\mathrm{D}_{\mathrm{hh}} u_i^{m+\frac{1}{2}})h = k[\mathrm{D}_\mathrm{h}^- u_i^{m+\frac{1}{2}}]_1^N = 0$$

がわかる.

問 $5.5_{\mathrm{(p.110)}}$ と同じように, 安定性は成り立つのだろうか.

[**問 5.6**] (安定性) 空間刻み, 時間刻み, および拡散係数の関係が

$$d\frac{\tau}{h^2} \le 1 \quad (5.19)$$

を満たすならば,

$$\|u^m\| \le \|u^0\| \quad (0 \le m < M)$$

の意味で (5.18) は安定な差分スキームであることを示せ. ここで, $\|\cdot\|$ は問 5.5 と同じノルムである.

安定条件が陽的な場合は $(5.14)_{\mathrm{p.110}}$ であったが, 半陰的な場合は (5.19) に緩められた. では全陰的にすれば……, と思うのは自然である. 各自チャレンジ

されたい．なお，熱方程式の差分解法の基本性質（適合性，安定性，収束性）については，[55, 第10章] に豊富な数値例の検証とともにまとめられているので一読をお勧めする．

本節をまとめよう．連続問題 $(5.3)_{\text{p.106}}$ の陽的な全離散化 $(5.13)_{\text{p.109}}$ の解は，全離散版熱量保存則は満たすが，全離散版エネルギー不等式は満たさなかった．そこで，ある種逆転の発想で，全離散版エネルギー不等式が成り立つような差分方程式を考え，その結果，離散時間の第 $m + \dfrac{1}{2}$ ステップを使うという自然な流れで，「気の利いた」半陰的な全離散化 (5.18) を構成するに至った．1.10節 $_{\text{(p.43)}}$ では単振子の運動方程式 $(1.17)_{\text{p.39}}$ を離散化した差分方程式 $(1.22)_{\text{p.43}}$ を導出したが，この発想はそれと同じである．こうした考え方は「構造保存数値解法」と呼ばれる方法として包括的に整備され，さまざまな方程式に対して適用されている [28, 69]．

次節でこの考え方の一端に触れよう．

5.5　保存量をもつ勾配流方程式

$G(p,q)$ を与えられた2変数関数とする．$(x,t) \in [a,b] \times [0,T]$ を変数とする関数 $u(x,t)$ について，

$$E(t) = \int_a^b G(u(x,t), u_x(x,t)) \, dx$$

を考え，これをエネルギーと呼ぶことにする．$E(t)$ を時間について（ノルム $(5.17)_{\text{p.111}}$ を用いて）最も大きく減少させるような u が満たすべき偏微分方程式を導く．

$E(t)$ の時間微分は，

$$\begin{aligned}
\dot{E}(t) &= \int_a^b \left(G_p(u, u_x) u_t + G_q(u, u_x) u_{xt} \right) dx \\
&= (\delta E, u_t) + \underbrace{\left[G_q(u, u_x) u_t \right]_a^b}_{\text{(境界項)}}
\end{aligned}$$

となる．ここで，

5.5 保存量をもつ勾配流方程式

$$\delta E = G_p(u, u_x) - (G_q(u, u_x))_x$$

を E の**第 1 変分 (first variation)** という．また，$(\cdot, \cdot)$ は内積 (5.17)$_{\mathrm{p.111}}$ である．

したがって，

$$u_t = -\delta E \tag{5.20}$$

とするならば

$$\dot{E}(t) = -\|\delta E\|^2 + \underbrace{\Big[G_q(u, u_x) u_t \Big]_a^b}_{\text{（境界項）}}$$

を得る．（$\|\cdot\|$ はノルム (5.17)$_{\mathrm{p.111}}$ である．）よって，（境界項）$= 0$ となるように境界条件を定めればエネルギー不等式

$$\dot{E}(t) = -\|\delta E\|^2 \leq 0$$

を得る．このようにして構成した方程式 (5.20) を E に対する（内積 (5.17)$_{\mathrm{p.111}}$ を用いた計量による）**勾配流方程式 (gradient flow equations)** という．

保存量

エネルギー不等式に加えて何らかの量が保存する勾配流方程式を構成しよう．$J(t)$ が保存量であるとは，適当な境界条件のもとで，

$$\dot{J}(t) = (\delta J, u_t) = 0$$

となることである．ここで，δJ は J の第 1 変分．

λ をラグランジュの乗数とし，新たな複合的な量 $E + \lambda J$ に対して，

$$u_t = -(\delta E + \lambda \delta J)$$

とする．このとき，

$$\dot{J}(t) = (\delta J, u_t) = -(\delta J, \delta E) - \lambda \|\delta J\|^2 = 0$$

を満たす必要から，

$$\lambda = -\frac{(\delta E, \delta J)}{\|\delta J\|^2}$$

として，$u_t = -(\delta E + \lambda \delta J)$ を代入すれば，

$$\dot{E}(t) = (\delta E, u_t) = -\|\delta E\|^2 - \lambda(\delta E, \delta J)$$
$$= -\frac{\|\delta E\|^2 \|\delta J\|^2 - (\delta E, \delta J)^2}{\|\delta J\|^2}$$

となる．CBS不等式から $|(\delta E, \delta J)| \leq \|\delta E\| \|\delta J\|$ が成り立つから，$\dot{E}(t) \leq 0$ を得る．以上より，

$$u_t = \frac{(\delta E, \delta J)}{\|\delta J\|^2} \delta J - \delta E \tag{5.21}$$

は，J を保存する E に対する勾配流方程式となることがわかった．

このような発想で，半離散版の J_h を保存する E_h の勾配流方程式や，全離散版の J_h^m を保存する E_h^m の勾配流方程式を導けば，もとの連続問題のもつ性質を「自然な形」で離散化することができる．

次節で具体例を挙げよう．

5.6　半離散版の面積保存曲線短縮方程式

区間 $[a,b]$ 上で定義された曲線 $y = u(x,t)$ について，ディリクレ境界条件 $u(a,t) = u(b,t) = 0$ と，曲線と x 軸で囲まれる面積

$$A(t) = \int_a^b u(x,t)\,dx \tag{5.22}$$

が一定という条件のもとで，曲線の長さ

$$L(t) = \int_a^b \sqrt{1 + u_x(x,t)^2}\,dx \tag{5.23}$$

の勾配流方程式とその半離散化について考える．

5.6 半離散版の面積保存曲線短縮方程式

長さ $L(t)$ の時間微分と第1変分は,

$$\dot{L}(t) = (\delta L, u_t) + [F u_t]_a^b, \quad F = \frac{u_x}{\sqrt{1+u_x^2}}$$

$$\delta L = -F_x = -\frac{u_{xx}}{(1+u_x^2)^{\frac{3}{2}}}$$

となる．ディリクレ境界条件のもとでは，$x = a, b$ で $u_t = 0$ であるから，$[Fu_t]_a^b = 0$ である．（ノイマン境界条件を課しても $x = a, b$ で $F = 0$ であるから，いずれにしても境界項はない．）したがって，L の勾配流方程式は $u_t = -\delta L$ である．幾何学的には $-\delta L$ は曲線 $u(x,t)$ の（上に凸な部分の曲率の符号を負とする）曲率である（図 9.9(p.227)）．よって，勾配流方程式 $u_t = -\delta L$ は，後述する曲線短縮方程式，あるいは古典的曲率流方程式(6.3.2項(p.140))のグラフ版である．

また，面積 $A(t)$ の時間微分と第1変分は,

$$\dot{A}(t) = (\delta A, u_t), \quad \delta A = 1$$

となる．よって，$u_t = -(\delta L + \lambda \delta A) = -(\delta L + \lambda)$ を $\dot{A}(t)$ に代入すると,

$$\lambda = -\frac{1}{b-a}\int_a^b \delta L\, dx = -\langle \delta L \rangle$$

を得る．ここで，

$$\langle \mathsf{F} \rangle = \frac{1}{b-a}\int_a^b \mathsf{F}\, dx$$

は F の $[a,b]$ 上の平均である．これより，面積 $A(t)$ を保存する長さ $L(t)$ の勾配流方程式として

$$\begin{aligned}u_t &= \langle \delta L \rangle - \delta L \\ &= \frac{u_{xx}}{(1+u_x^2)^{\frac{3}{2}}} - \frac{1}{b-a}\left[\frac{u_x}{\sqrt{1+u_x^2}}\right]_a^b \end{aligned} \quad (5.24)$$

を得る．幾何学的には $-\delta L$ は曲率であったから，この方程式は後述する面積保存曲線短縮方程式，あるいは古典的面積保存曲率流方程式(6.3.3項(p.141))のグラフ版である．

方程式 (5.24) の半離散化を考える．ただし，前節で述べた発想のように，u_x や u_{xx} を差分商に置き換えてから，面積保存や全長減少を考えるのではなく，曲線を折れ線に置き換えて，折れ線に対して面積保存や全長減少を考えることにより，u_x や u_{xx} の差分商を導き，最終的に (5.24) の半離散化を得るという方針をとる．すなわち，空間刻みと空間格子点を $(5.8)_{\text{p.108}}$ と同様に定め，端点を $(x_0, u_0(t)) = (a, 0)$，$(x_N, u_N(t)) = (b, 0)$ のように固定して，点 $(x_i, u_i(t))$ を $i = 0, 1, 2, \ldots, N$ の順に結んだ時間変化する折れ線を考え，折れ線と x 軸で囲まれる面積が一定という条件のもとで，折れ線の長さの勾配流方程式を導出する．

折れ線の長さは

$$L_h(t) = \sum_{i=1}^{N} \sqrt{(x_i - x_{i-1})^2 + (u_i(t) - u_{i-1}(t))^2}$$

$$= \sum_{i=1}^{N} \sqrt{1 + (\mathrm{D}_{\mathrm{h}}^{-} u_i(t))^2}\, h$$

である．（この時点で，曲線の長さ $(5.23)_{\text{p.116}}$ の離散化，u_x の差分化が自然になされた．）時間微分すると，

$$\dot{L}_h(t) = \sum_{i=1}^{N} \frac{\mathrm{D}_{\mathrm{h}}^{-} u_i(t)}{\sqrt{1 + (\mathrm{D}_{\mathrm{h}}^{-} u_i(t))^2}} (\mathrm{D}_{\mathrm{h}}^{-} \dot{u}_i(t)) h$$

となる．部分和分

$$\sum_{i=1}^{N} \mathsf{F}_i (\mathrm{D}_{\mathrm{h}}^{-} \mathsf{G}_i) h = -\sum_{i=1}^{N-1} (\mathrm{D}_{\mathrm{h}}^{+} \mathsf{F}_i) \mathsf{G}_i h + \mathsf{F}_N \mathsf{G}_N - \mathsf{F}_1 \mathsf{G}_0$$

と，$\dot{u}_0(t) = \dot{u}_N(t) = 0$ から，

$$\dot{L}_h(t) = \sum_{i=1}^{N-1} (\delta L_{h,i}) \dot{u}_i(t) h,$$

$$\delta L_{h,i} = -\mathrm{D}_{\mathrm{h}}^{+} \left(\frac{\mathrm{D}_{\mathrm{h}}^{-} u_i}{\sqrt{1 + (\mathrm{D}_{\mathrm{h}}^{-} u_i)^2}} \right)$$

を得る．これより，L_h の半離散版勾配流方程式 $\dot{u}_i = -\delta L_{h,i}$ を得る．

5.6 半離散版の面積保存曲線短縮方程式

また，面積

$$A_h(t) = \sum_{i=1}^{N} \frac{u_i(t) + u_{i-1}(t)}{2} h = \sum_{i=1}^{N-1} u_i(t) h$$

を微分して，

$$\dot{A}_h(t) = \sum_{i=1}^{N-1} (\delta A_{h,i}) \dot{u}_i(t) h, \quad \delta A_{h,i} = 1$$

がわかる．

よって，$\dot{u}_i = -(\delta L_{h,i} + \lambda \delta A_{h,i}) = -(\delta L_{h,i} + \lambda)$ を $\dot{A}_h$ に代入して，

$$\lambda = -\frac{1}{N-1} \sum_{i=1}^{N-1} \delta L_{h,i} = -\langle \delta L_h \rangle,$$

$$\delta L_{h,i} = -\mathrm{D}_\mathrm{h}^+ \left(\frac{\mathrm{D}_\mathrm{h}^- u_i}{\sqrt{1 + (\mathrm{D}_\mathrm{h}^- u_i)^2}} \right)$$

から面積保存する全長の勾配流方程式，すなわち面積保存曲線短縮方程式

$$\dot{u}_i = \langle \delta L_h \rangle - \delta L_{h,i}$$
$$= \mathrm{D}_\mathrm{h}^+ \left(\frac{\mathrm{D}_\mathrm{h}^- u_i}{\sqrt{1 + (\mathrm{D}_\mathrm{h}^- u_i)^2}} \right) - \frac{1}{(N-1)h} \left[\frac{\mathrm{D}_\mathrm{h}^- u_i}{\sqrt{1 + (\mathrm{D}_\mathrm{h}^- u_i)^2}} \right]_1^N \quad (5.25)$$

を得る．この式は $(5.24)_{\mathrm{p.117}}$ の半離散化になっている．(5.25) の第 1 項は (5.24) の第 1 項 $\left(\frac{u_x}{\sqrt{1+u_x^2}} \right)_x$ の離散化に対応しているが，この離散化は自明ではないだろう．

図 5.4 は，境界条件 $u_0 = u_N = 0$ のもとで，(5.25) をルンゲ - クッタ法を用いて数値計算したものである．

図 5.5 はまとめて描いたものである．初期値に角があっても，急速に滑らかに変化していく様子が観察される．これは，熱方程式のもつ平滑化効果と類似である．

120　　第 5 章　2 階線形偏微分方程式の差分解法

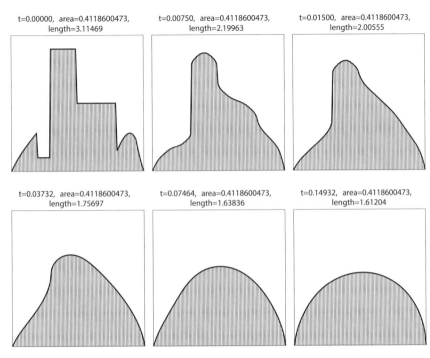

図 5.4　半離散版面積保存曲線短縮方程式 (5.25) の解のグラフ．各図の上に表示されている桁数において，時間 (t) が経過しても面積 (area) の値は一定である．一方，曲線の長さ (length) の値は減少している．

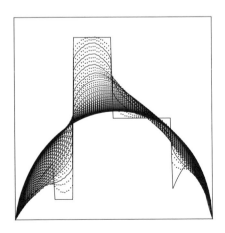

図 5.5　半離散版面積保存曲線短縮方程式 (5.25) の解をまとめたグラフ

5.7　拡散の遷移確率と CFL 条件 (4.14)，安定条件 (5.14)

これまでは，熱方程式や勾配流方程式などの偏微分方程式を半離散化，あるいは全離散化する方法を鳥瞰してきた．本章最後の本節では，物質の拡散という視点から，そもそも離散的なモデル方程式を導出し，移流方程式の風上差分スキーム (4.5節$_{\mathrm{(p.96)}}$)，CFL 条件 (4.14)$_{\mathrm{p.97}}$ および熱方程式の陽的に全離散化された差分スキームの安定条件 (5.14)$_{\mathrm{p.110}}$ と，拡散の遷移確率の関係について考察する．

遷移確率

区間 $I = [a, b]$ を N 等分し，空間刻み h と空間格子点 x_i は (5.8)$_{\mathrm{p.108}}$ と同様，第 i 区間を $I_i = [x_{i-1}, x_i]$ とする．第 i 区間の中点を，

$$\bar{x}_i = \frac{x_{i-1} + x_i}{2} \quad (i = 1, 2, \ldots, N) \tag{5.26}$$

とおく．また，区間 I の外に仮想点

$$\bar{x}_0 = 2x_0 - \bar{x}_1, \quad \bar{x}_{N+1} = 2x_N - \bar{x}_N$$

を配置する．このとき，

$$\bar{x}_i = a + \left(i - \frac{1}{2}\right) h \quad (i = 0, 1, \ldots, N+1)$$

となる．

区間 I_i 上で定義された量を u_i とする $(i = 1, 2, \ldots, N)$．$m = 0, 1, 2, \ldots$ に対して，第 m ステップで定義された区間 I 上のすべての量の組 $\{u_i^m\}_{i=1}^N$ から，次の法則に従って第 $m+1$ ステップにおける量の組 $\{u_i^{m+1}\}_{i=1}^N$ を得ることを考える．

$$u_i^{m+1} = p_i^0 u_i^m + p_{i+1}^- u_{i+1}^m + p_{i-1}^+ u_{i-1}^m \quad (i = 1, 2, \ldots, N). \tag{5.27}$$

ここで，遷移確率を次のように導入する (図 5.6)．

p_i^0 は区間 I_i 上の量 u_i^m が次のステップでも区間 I_i 上に残る遷移確率，

p_i^+ は区間 I_i 上の量 u_i^m が次のステップで右の区間 I_{i+1} 上に移る遷移確率, p_i^- は区間 I_i 上の量 u_i^m が次のステップで左の区間 I_{i-1} 上に移る遷移確率.

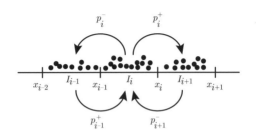

図 5.6　遷移確率

このとき

$$p_i^0 + p_i^+ + p_i^- = 1, \quad p_i^0, p_i^+, p_i^- \in [0,1] \quad (i=1,2,\ldots,N)$$

である. これより (5.27) は,

$$u_i^{m+1} = (1 - p_i^+ - p_i^-) u_i^m + p_{i+1}^- u_{i+1}^m + p_{i-1}^+ u_{i-1}^m \quad (i=1,2,\ldots,N) \quad (5.28)$$

となる. ここで,

$$u_0^m,\ u_{N+1}^m,\ p_0^+,\ p_{N+1}^-$$

は未定義であるが, ノイマン境界条件として与える.

ノイマン境界条件

区間 I の左端から区間の外に流出する量と仮想的に左端から区間の中に流入してくる量を等しくするには,

$$p_0^+ = p_1^-, \quad u_0^m = u_1^m \quad (m=0,1,2,\ldots) \tag{5.29}$$

とすればよい. このとき, $p_0^+ u_0^m = p_1^- u_1^m$ を得る. 右端においても,

$$p_{N+1}^- = p_N^+, \quad u_{N+1}^m = u_N^m \quad (m=0,1,2,\ldots) \tag{5.30}$$

5.7 拡散の遷移確率とCFL条件 (4.14), 安定条件 (5.14)   123

という条件を課せば，$p_{N+1}^- u_{N+1}^m = p_N^+ u_N^m$ を得る．これらの条件を (5.28) に代入すると，

$$u_1^{m+1} = (1 - p_1^+ - p_1^-)u_1^m + p_2^- u_2^m + p_0^+ u_0^m$$
$$= (1 - p_1^+)u_1^m + p_2^- u_2^m,$$
$$u_N^{m+1} = (1 - p_N^+ - p_N^-)u_N^m + p_{N+1}^- u_{N+1}^m + p_{N-1}^+ u_{N-1}^m$$
$$= (1 - p_N^-)u_N^m + p_{N-1}^+ u_{N-1}^m$$

となる．これは，第1区間 I_1 の第 $m+1$ ステップにおける量 u_1^{m+1} は，第 m ステップにおける量 u_1^m から右に移動する量 $p_1^+ u_1^m$ を引き，左から移動してくる量 $p_2^- u_2^m$ を加えるという条件となっている．第 N 区間 I_N についても同様である．

物質の総量保存則

両端点でノイマン境界条件 (5.29)–(5.30) を課した場合，以下のように区間 I 上での総量は保存する．すなわち，

$$\sum_{i=1}^N u_i^{m+1} = \sum_{i=2}^{N-1} u_i^{m+1} + u_1^{m+1} + u_N^{m+1}$$
$$= \sum_{i=2}^{N-1} ((1 - p_i^+ - p_i^-)u_i^m + p_{i+1}^- u_{i+1}^m + p_{i-1}^+ u_{i-1}^m)$$
$$\quad + (1 - p_1^+)u_1^m + p_2^- u_2^m + (1 - p_N^-)u_N^m + p_{N-1}^+ u_{N-1}^m$$
$$= \sum_{i=2}^{N-1} ((1 - p_i^+ - p_i^-)u_i^m + p_i^- u_i^m + p_i^+ u_i^m)$$
$$\quad - p_2^- u_2^m + p_N^- u_N^m + p_1^+ u_1^m - p_{N-1}^+ u_{N-1}^m$$
$$\quad + (1 - p_1^+)u_1^m + p_2^- u_2^m + (1 - p_N^-)u_N^m + p_{N-1}^+ u_{N-1}^m$$
$$= \sum_{i=1}^N u_i^m$$

より，物質の総量保存則

$$\sum_{i=1}^{N} u_i^{m+1} = \sum_{i=1}^{N} u_i^m \tag{5.31}$$

が成り立つ.

また，格子点 x_i は区間 I_i と区間 I_{i+1} の境界点であるから，第 m ステップにおいて，各格子点上での量は中間値

$$\hat{u}_i^m = \frac{u_i^m + u_{i+1}^m}{2} \quad (i = 0, 1, 2, \ldots, N)$$

と定義する．このとき，これらの量の総量を，折れ線 $\bigcup_{i=1}^{N}[(x_{i-1}, \hat{u}_{i-1}^m), (x_i, \hat{u}_i^m)]$ と x 軸，直線 $x = a, x = b$ で囲まれた図形の面積とすると，ノイマン境界条件 (5.29)–$(5.30)_\text{p.122}$ のもとでは，

$$\frac{1}{2}\hat{u}_0^{m+1} + \sum_{i=1}^{N-1} \hat{u}_i^{m+1} + \frac{1}{2}\hat{u}_N^{m+1}$$
$$= \frac{1}{4}(u_0^{m+1} - u_1^{m+1}) + \sum_{i=1}^{N} u_i^{m+1} + \frac{1}{4}(u_{N+1}^{m+1} - u_N^{m+1})$$
$$= \sum_{i=1}^{N} u_i^{m+1}$$

となって，(5.31) より，

$$\frac{1}{2}\hat{u}_0^{m+1}h + \sum_{i=1}^{N-1} \hat{u}_i^{m+1}h + \frac{1}{2}\hat{u}_N^{m+1}h = \frac{1}{2}\hat{u}_0^m h + \sum_{i=1}^{N-1} \hat{u}_i^m h + \frac{1}{2}\hat{u}_N^m h \tag{5.32}$$

の意味で保存する．

非負性

$(5.28)_\text{p.122}$ とノイマン境界条件 (5.29)–$(5.30)_\text{p.122}$ から，非負性

$$u_i^m \geq 0 \ \Rightarrow\ u_i^{m+1} \geq 0 \quad (i = 1, 2, \ldots, N)$$

がわかる $(m = 0, 1, 2, \ldots)$.

安定性

非負性のもとで $u_{\max}^m = \max_{i=1,2,\ldots,N}\{u_i^m\}$ とおくと,ノイマン境界条件 (5.29)–(5.30) から $u_0^m = u_1^m \leq u_{\max}^m$ と $u_{N+1}^m = u_N^m \leq u_{\max}^m$ が成り立つから,

$$u_i^{m+1} = (1 - p_i^+ - p_i^-)u_i^m + p_{i+1}^- u_{i+1}^m + p_{i-1}^+ u_{i-1}^m$$
$$\leq (1 - p_i^+ - p_i^- + p_{i+1}^- + p_{i-1}^+)u_{\max}^m \quad (i = 1, 2, \ldots, N)$$

を得る.したがって,区間 I_i から $I_{i\pm 1}$ に流出する割合が $I_{i\pm 1}$ から I_i に流入する割合よりも多いという条件

$$p_i^+ + p_i^- \geq p_{i+1}^- + p_{i-1}^+ \quad (i = 1, 2, \ldots, N) \tag{5.33}$$

のもとで,安定性

$$u_{\max}^{m+1} \leq u_{\max}^m \quad (m = 0, 1, 2, \ldots)$$

を得る.これより,

$$u_{\max}^m \leq u_{\max}^0 \quad (m = 0, 1, 2, \ldots)$$

がわかる.これは問 5.5 (p.110) と同様の安定性といえる.

ノイマン境界条件 (5.29)–(5.30)$_{\text{p.122}}$ から,端の区間 I_1 と区間 I_N における上の条件は次の二つである.すなわち,I_1 から I_2 に流出する割合が I_2 から I_1 に流入する割合よりも多いという条件と,I_N から I_{N-1} に流出する割合が I_{N-1} から I_N に流入する割合よりも多いという条件で,それぞれ

$$p_1^+ \geq p_2^-, \quad p_N^- \geq p_{N-1}^+$$

となる.

ディリクレ境界条件を課したときの解の性質

区間 I の左端点 a 上と右端点 b 上でそれぞれ 0 であるための条件は,

$$p_0^+ = 0, \quad u_0^m = -u_1^m \Leftrightarrow \hat{u}_0^m = 0 \quad (m = 0, 1, 2, \ldots), \tag{5.34}$$

$$p_{N+1}^- = 0, \quad u_{N+1}^m = -u_N^m \Leftrightarrow \hat{u}_N^m = 0 \quad (m = 0, 1, 2, \ldots) \tag{5.35}$$

である.これらの条件を $(5.28)_{\text{p.122}}$ に代入すると,

$$u_1^{m+1} = (1 - p_1^+ - p_1^-)u_1^m + p_2^- u_2^m + p_0^+ u_0^m$$
$$= (1 - p_1^+ - p_1^-)u_1^m + p_2^- u_2^m,$$
$$u_N^{m+1} = (1 - p_N^+ - p_N^-)u_N^m + p_{N+1}^- u_{N+1}^m + p_{N-1}^+ u_{N-1}^m$$
$$= (1 - p_N^+ - p_N^-)u_N^m + p_{N-1}^+ u_{N-1}^m$$

となる.

[問 5.7] 両端点で上のディリクレ境界条件を課した場合,以下のように区間 I 上での総量 $\sum_{i=1}^{N} u_i^m$ は変動する.特に,$p_1^- u_1^m + p_N^+ u_N^m > 0$ ならば総量は減少することを示せ.(最左区間 I_1 から左に流出する量か最右区間 I_N から右に流出する量のどちらかは正であるといっているのだから,直観的には納得できる.)

位置 i によらない遷移確率

遷移確率が位置 i に依存しない仮定 $p_i^\pm \equiv p^\pm$ を課そう.このとき,端点を除いた差分方程式は,$(5.28)_{\text{p.122}}$ より,

$$u_i^{m+1} = (1 - p^+ - p^-)u_i^m + p^- u_{i+1}^m + p^+ u_{i-1}^m \tag{5.36}$$

となる.$u(x, t)$ を滑らかな関数とし,$x = \bar{x}_i$ を第 i 区間 I_i の中点 $(5.26)_{\text{p.121}}$,$t = m\tau$ を第 m ステップの時刻とおいて,

$$u(x, t) = u_i^m$$

とする.適切な条件のもとで (5.36) の極限 $h, \tau \to +0$ において,どのような偏微分方程式が極限として得られるかを考える.

移流方程式

移流方程式 $(4.1)_{\text{p.87}}$ の陽的な全離散化は,$(4.9)_{\text{p.93}}$, $(4.10)_{\text{p.94}}$, $(4.11)_{\text{p.94}}$ の三つであった.$\lambda = c\dfrac{\tau}{h}$ として,例えば,$p^+ = \lambda$, $p^- = 0$ とすると,風上差分

5.7 拡散の遷移確率と CFL 条件 (4.14), 安定条件 (5.14)

スキーム (4.10) と (5.36) が一致し,

$$\frac{u(x,t+\tau)-u(x,t)}{\tau}+c\frac{u(x,t)-u(x-h,t)}{h}=0$$

が成り立つ. これより, $c=p^+\dfrac{h}{\tau}$ を満たしながら極限 $h,\tau \to +0$ をとると, 移流方程式 $u_t+cu_x=0$ を極限として得る. また, 遷移確率の要請から, $\lambda \leq 1$ であるが, これは CFL 条件 $(4.14)_{\text{p.97}}$ に他ならない.

[問 5.8] $\lambda = c\dfrac{\tau}{h}$ とする. (5.36) が前進差分スキーム (4.9), あるいは中心差分スキーム (4.11) と一致するには p^+ と p^- をそれぞれどのようにおけばよいか.

拡散方程式

熱方程式の陽的な全離散化は $(5.13)_{\text{p.109}}$ で与えられた. $\lambda = d\dfrac{\tau}{h^2}$ として, $p^{\pm}=\lambda$ とおくと, (5.13) の差分方程式(あるいは同値な書き換え $(A.7)_{\text{p.295}}$)と (5.36) が一致し,

$$\frac{u(x,t+\tau)-u(x,t)}{\tau}=d\frac{u(x+h,t)-2u(x,t)+u(x-h,t)}{h^2}$$

が成り立つ. これより, $d=p^{\pm}\dfrac{h^2}{\tau}$ を満たしながら極限 $h,\tau \to +0$ をとると, $u_t = du_{xx}$ を極限として得る. これを拡散方程式という. フーリエの熱伝導の法則 $(5.1)_{\text{p.104}}$ に対応して物質の量の流れについても同様の法則が成り立ち, それをフィックの法則と呼ぶ. 熱の拡散を表す熱方程式と物質の拡散を表す拡散方程式は形式的には同じ表現となる. また, 遷移確率の要請から $p^+ + p^- = 2\lambda \leq 1$ であるが, これは安定条件 $(5.14)_{\text{p.110}}$ に他ならない.

移流拡散方程式

$d>0$, $c>0$ に対して, $p^+ = d\dfrac{\tau}{h^2}+c\dfrac{\tau}{h}$, $p^- = d\dfrac{\tau}{h^2}$ とおくと, (5.36) より,

$$\frac{u(x,t+\tau)-u(x,t)}{\tau}+c\frac{u(x,t)-u(x-h,t)}{h}\\=d\frac{u(x+h,t)-2u(x,t)+u(x-h,t)}{h^2}$$

を得る．これより，$c = (p^+ - p^-)\dfrac{h}{\tau}$ と $d = p^- \dfrac{h^2}{\tau}$ を満たしながら極限 $h, \tau \to +0$ をとると，移流項付きの拡散方程式 $u_t + c u_x = d u_{xx}$ を極限として得る．また，$p^- \leq \dfrac{1}{4}$，$c\dfrac{\tau}{h} \leq \dfrac{1}{2}$ とすると，$p^+ \leq \dfrac{3}{4}$，$p^+ + p^- \leq 1$ となって，遷移確率 $p^\pm$ の条件は満たされ，さらに，CFL 条件 $(4.14)_{\text{p.97}}$ と安定条件 $(5.14)_{\text{p.110}}$ も（少し余裕をもって）満たされる．

[問 **5.9**] 遷移確率に一様な仮定 $p_i^\pm \equiv p^\pm$ を課さずに，そのまま位置 i に依存するものを考えた場合，$(5.28)_{\text{p.122}}$ から，

$$u(x, t+\tau) - u(x, t)$$
$$= p_{i+1}^- u(x+h, t) - (p_i^+ + p_i^-) u(x, t) + p_{i-1}^+ u(x-h, t) \qquad (5.37)$$

を得る．極限 $h, \tau \to +0$ において，針金が非一様であった場合の熱方程式 $(5.4)_{\text{p.107}}$ と同じ偏微分方程式を導くためには，p_{i+1}^-, p_i^+, p_i^-, p_{i-1}^+ をどのように設定すればよいか．（問 $5.3_{\text{(p.108)}}$ の h を $h/2$ とした中心差分を用いて (5.4) を離散化し，逆にそこから遷移確率を想定せよ．）

本問の結果から，各遷移確率に，共通の $c(x)$ を除いた $k(x)$ の値として，出発区間と到着区間の境目の x 座標における値に依存しているという仮定を課せば，(5.4) が導出されることがわかった．（この仮定は，例えば，$p_i^+ = p_{i+1}^-$ は区間 I_i と I_{i+1} の境目 $x_i = x + \dfrac{h}{2}$，$x = \bar{x}_i$ に依存しているということである．）

その他，遷移確率 p_{i+1}^-, p_i^+, p_i^-, p_{i-1}^+ の位置依存性をさまざまに選ぶと，極限においてさまざまな偏微分方程式が得られる．例えば，[86, 3.2 節] や [119, II.8 節]，あるいはそこで指摘されている文献などを参照されたい．

第 III 部

動く曲線の数値計算

第6章

動く曲線の問題

本章から本書のテーマの核心に触れていく．異なる二つの媒質や状態の境目をはっきりとさせたとき，その境目は曲線あるいは曲面の集合として数学的に表現される．本章では，境目が平面内の曲線として定式化され，その曲線が時間とともに変形していく問題について取り扱う．また，さまざまな現象を記述する古典的，典型的，あるいは先端的なモデル方程式を数多く紹介する．

6.1 時間変化する平面曲線とその表現

時間 t で媒介変数表示された時々刻々と変形する平面曲線 $\mathcal{C}(t)$ が，二つの独立したパラメータ u と t の連続写像 $\boldsymbol{X}$ によって，

$$\mathcal{C}(t) : \boldsymbol{X}(u,t) = (x(u,t), y(u,t)) \in \mathbb{R}^2, \quad u \in [0,1], \quad t \geq 0$$

のように表示されているとする．以後，曲線といったら平面曲線を意味するものとする．

曲線の長さが有限であったとき，曲線 $\mathcal{C}(t)$ の端点は $\boldsymbol{X}(0,t)$ と $\boldsymbol{X}(1,t)$ であり，両端点が一致している場合，すなわち $\boldsymbol{X}(0,t) = \boldsymbol{X}(1,t)$ のとき，$\mathcal{C}(t)$ を閉曲線と呼び，$\mathcal{C}(t)$ は閉じているという（図 6.1 (a), (b)）．曲線 $\mathcal{C}(t)$ が単純であるとは，写像 $\boldsymbol{X}$ が（u について）単射であるときをいう．単射とは，1対1写像，すなわち，任意の $u_1, u_2 \in [0,1]$ に対し，もし $u_1 \neq u_2$ ならば，$\boldsymbol{X}(u_1,t) \neq \boldsymbol{X}(u_2,t)$ が成り立つことである．（ただし，$\mathcal{C}(t)$ が閉じているとき

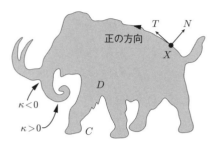
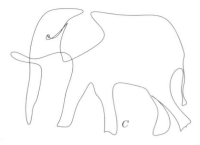

(a) ジョルダン曲線（単純閉曲線）　　(b) 単純でない閉曲線

図 **6.1** 閉曲線 (a) ジョルダン曲線（単純閉曲線）．曲線のデータは，インターネットサイト WolframAlpha (https://www.wolframalpha.com/) の mammoth curve から入手．(b) 単純でない閉曲線．データは同サイトの elephant curve から入手．

は $(u_1, u_2) \neq (0, 1)$ とする．）単純な閉曲線はジョルダン (**Jordan**) 曲線と呼ばれる（図 6.1 (a)）．ジョルダン曲線 $\mathcal{C}(t)$ で囲まれた部分 $\mathcal{D}(t)$ を曲線 $\mathcal{C}(t)$ の**内部**という（図 6.1 (a) の灰色部分）．このとき，通常はパラメータ u の増加する向きを，内部を左手に見る方向にとる．

閉じていない曲線を**開曲線**と呼び，$\mathcal{C}(t)$ は**開いている**という（図 6.2 (a)–(d)）．

図 6.2 の開曲線において，(a) と (b) は有限の長さであるが，アルキメデスらせん (c) やコンコイド曲線 (d) は無限の長さである．開曲線のときは，無限の長さを扱う場合や，有限の長さでも端点が固定してある場合，端点の動きが与えられている場合など，個別の問題に応じて設定はさまざまである．また，パラメータ u の範囲は必ずしも $[0, 1]$ でないが，変数変換すれば，それぞれの範囲を区間 $[0, 1]$ 内におさめることは容易である（問 6.1）．$[0, 1]$ 内におさめる場合，特に (c) や (d) などは $u \in [0, 1)$ や $u \in (0, 1)$ などにするのが自然であろう．

[**問 6.1**] 　以下の各条件を満たす単調増加関数 f を求めよ．

(1) $u \in [a, b]$ に対して，$f(u) \in [0, 1]$
(2) $u \in [a, \infty)$ に対して，$f(u) \in [0, 1)$
(3) $u \in (-\infty, \infty)$ に対して，$f(u) \in (0, 1)$

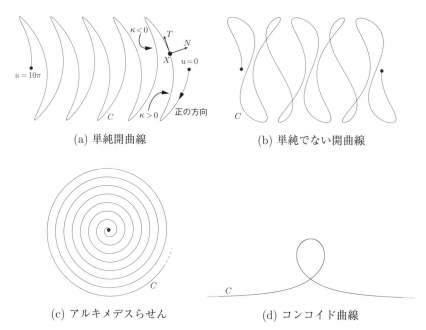

図 6.2 開曲線 (a) 単純開曲線. 曲線 $(u + 2\cos(au), 10\sin u)$ $(u \in [0, 10\pi])$ において $a = 2$ のとき. (b) 単純でない開曲線. 同曲線において $a = 2.5$ のとき. (c) アルキメデスらせん $u(\cos u, \sin u)$ $(u \in [0, \infty))$. (d) コンコイド曲線を $-\pi/2$ 回転させた曲線 $(\sec u - 3\cos u)(\sin u, -\cos u)$ $(u \in (-\pi/2, \pi/2))$.

[問 6.2] デカルトの正葉線 $x^3 + y^3 - 3xy = 0$ において，$y = ux$ とおき，x と y をそれぞれパラメータ u で表示せよ．また，デカルトの正葉線を描いて，漸近線や特徴的な点における u の値を求めよ．

写像 $\boldsymbol{X}(u, t)$ が u について C^n 級のとき，曲線 $\mathcal{C}(t)$ は C^n 級であるという．曲線 $\mathcal{C}(t)$ が C^1 級のとき，局所長 g を

$$g(u, t) = |\boldsymbol{X}'(u, t)| = \sqrt{x'(u, t)^2 + y'(u, t)^2}$$

と定義する．関数 $\mathsf{F}(u, t)$ に対して，パラメータ u による偏微分を

$$\mathsf{F}'(u, t) = \frac{\partial \mathsf{F}(u, t)}{\partial u}$$

と表記する．つねに $g > 0$ を満たす曲線 $\mathcal{C}(t)$ を正則と呼び，次のように弧長が

定まる．

$$s(u,t) = \int_0^u g(\xi, t)\, d\xi, \quad s(0, t) = 0.$$

したがって，弧長は時間と独立ではない．また，正則な曲線においてはつねに $s'(u, t) = g(u, t) > 0$ である．

以後，しばしば関数 $\mathsf{F}(u, t)$ に対して，各時間を止めるごとに得られる弧長微分の形式的表記 $ds = g(u, t)\, du$ を用いて，次のような形式的演算表記を導入する．

$$\mathsf{F}_s(u, t) = \frac{\mathsf{F}'(u, t)}{g(u, t)},$$

$$\int_0^s \mathsf{F}(u, t)\, ds = \int_0^u \mathsf{F}(u, t) g(u, t)\, du,$$

$$\int_{\mathcal{C}(t)} \mathsf{F}(u, t)\, ds = \int_0^1 \mathsf{F}(u, t) g(u, t)\, du.$$

また，

$$\int_{\mathcal{C}(t)} \mathsf{F}_s(u, t)\, ds = \int_0^1 \mathsf{F}'(u, t)\, du = [\mathsf{F}(u, t)]_0^1 = \mathsf{F}(1, t) - \mathsf{F}(0, t)$$

という計算ができる．したがって，$\mathsf{F}(1, t) = \mathsf{F}(0, t)$ のとき，$\int_{\mathcal{C}(t)} \mathsf{F}_s(u, t)\, ds = 0$ である．閉曲線 $\mathcal{C}(t)$ において，曲線上で定義される多くの関数 F は $\mathsf{F}(1, t) = \mathsf{F}(0, t)$ を満たすが，例えば，接線角度 $\theta(u, t)$ は満たさない．実際，ジョルダン曲線 $\mathcal{C}(t)$ において，$\theta(1, t) = \theta(0, t) + 2\pi$ である．

曲線 $\mathcal{C}(t)$ が C^1 級のとき，点 $\boldsymbol{X}(u, t)$ における単位接線ベクトル $\boldsymbol{T}(u, t)$ と外向き単位法線ベクトル $\boldsymbol{N}(u, t)$ を，それぞれ

$$\boldsymbol{T}(u, t) = \boldsymbol{X}_s(u, t), \tag{6.1}$$

$$\boldsymbol{N}(u, t) = -\boldsymbol{T}(u, t)^\perp \Leftrightarrow \det(\boldsymbol{N}(u, t)\ \boldsymbol{T}(u, t)) = 1$$

と定義する（図 6.1 (a) (p.132) や図 6.2 (a)）．ここで，$(a, b)^\perp = (-b, a)$ である．

曲線 $\mathcal{C}(t)$ は，速度

$$\dot{\boldsymbol{X}} = V\boldsymbol{N} + W\boldsymbol{T} \tag{6.2}$$

で成長する．ここで，関数 $\mathsf{F}(u,t)$ に対して，時間変数 t による偏微分を

$$\dot{\mathsf{F}}(u,t) = \frac{\partial \mathsf{F}(u,t)}{\partial t}$$

と表記する．V は $\boldsymbol{X}$ のおける法線 $\boldsymbol{N}$ 方向の速度成分，W は接線 $\boldsymbol{T}$ 方向の速度成分で，それぞれ法線速度，接線速度と呼ぶ．開曲線の場合，端点での取り扱いも問題となるが，必要に応じて個別に論じることとする．

正則な曲線 $\mathcal{C}(t)$ が C^2 級のとき，点 $\boldsymbol{X}(u,t)$ における曲率 $\kappa(u,t)$ を，

$$\begin{cases} \boldsymbol{T}_s(u,t) = -\kappa(u,t)\boldsymbol{N}(u,t) \\ \boldsymbol{N}_s(u,t) = \kappa(u,t)\boldsymbol{T}(u,t) \end{cases} \tag{6.3}$$

と定義する（フレネ - セレの公式）．$\boldsymbol{F}_s(u,t) = \boldsymbol{F}'(u,t)/g(u,t)$ であったから，(6.3) は，

$$\begin{cases} \boldsymbol{T}'(u,t) = -g(u,t)\kappa(u,t)\boldsymbol{N}(u,t) \\ \boldsymbol{N}'(u,t) = g(u,t)\kappa(u,t)\boldsymbol{T}(u,t) \end{cases}$$

の意味である．曲率 κ の符号は，$\mathcal{C}$ が単位円のとき $\kappa \equiv 1$ となるように定める（図 6.1 (a)$_{(\text{p.132})}$ や図 6.2 (a)$_{(\text{p.133})}$）．このように定める曲率はしばしば $-\boldsymbol{N}$ 方向の曲率と呼ばれる．

◆ 例 **6.1** 曲線

$$\mathcal{C}(t) : \boldsymbol{X}(u,t) = \sqrt{1-t} \begin{pmatrix} \cos(2\pi u) \\ \sin(2\pi u) \end{pmatrix}, \quad u \in [0,1], \quad t \in [0,1)$$

は，時間 t とともに相似縮小し，$t=1$ で消滅する半径 $\sqrt{1-t}$ の円である．このとき，

$$\boldsymbol{X}'(u,t) = 2\pi\sqrt{1-t} \begin{pmatrix} -\sin(2\pi u) \\ \cos(2\pi u) \end{pmatrix}, \quad \dot{\boldsymbol{X}}(u,t) = \frac{-1}{2\sqrt{1-t}} \begin{pmatrix} \cos(2\pi u) \\ \sin(2\pi u) \end{pmatrix}$$

より，

$$g(u,t) = 2\pi\sqrt{1-t}, \quad s(u,t) = g(u,t)u,$$

$$\boldsymbol{T}(u,t) = \begin{pmatrix} -\sin(2\pi u) \\ \cos(2\pi u) \end{pmatrix}, \quad \boldsymbol{N}(u,t) = \begin{pmatrix} \cos(2\pi u) \\ \sin(2\pi u) \end{pmatrix},$$

$$\kappa(u,t) = \frac{1}{\sqrt{1-t}}, \quad V(u,t) = \frac{-1}{2\sqrt{1-t}}, \quad W(u,t) = 0$$

である.

6.2 さまざまな量の時間発展方程式

u と t は互いに独立なパラメータなので,u と t のそれぞれについての微分は

$$\frac{\partial}{\partial t}\frac{\partial}{\partial u} = \frac{\partial}{\partial u}\frac{\partial}{\partial t}$$

のように交換可能である.したがって,$\dot{F}'$ のような表記が意味をもつ.

局所長と単位ベクトル

関係式

$$g^2 = \boldsymbol{X}' \cdot \boldsymbol{X}', \quad \boldsymbol{T} = g^{-1}\boldsymbol{X}', \quad \boldsymbol{T}^\perp = -\boldsymbol{N}, \quad \boldsymbol{N}^\perp = \boldsymbol{T}$$

や,$\boldsymbol{X}$ の時間発展方程式 (6.2)$_{\mathrm{p.134}}$ とフレネ - セレの公式 (6.3)$_{\mathrm{p.135}}$ を用いて,芋づる式にさまざまな量の時間発展方程式を算出できる.

$$\dot{g} = (\kappa V + W_s)g, \tag{6.4}$$

$$\dot{\boldsymbol{T}} = (V_s - \kappa W)\boldsymbol{N}, \tag{6.5}$$

$$\dot{\boldsymbol{N}} = -(V_s - \kappa W)\boldsymbol{T}. \tag{6.6}$$

接線角度

接線角度を $\theta = \theta(u,t)$,すなわち $\boldsymbol{T} = \begin{pmatrix} \cos\theta \\ \sin\theta \end{pmatrix}$ とする.このとき,

$$\theta_s = \kappa, \quad \dot{\theta} = -V_s + \kappa W. \tag{6.7}$$

曲率

$\mathsf{F}(u,t)$ に対して $\mathsf{F}_s(u,t) = \dfrac{\mathsf{F}'(u,t)}{g(u,t)}$ であるから，弧長に関する 2 階微分が形式的に定義される．

$$\mathsf{F}_{ss}(u,t) = \frac{1}{g(u,t)} \left(\frac{1}{g(u,t)} \mathsf{F}'(u,t) \right)'.$$

この表記を用いれば，曲率 κ の発展方程式

$$\dot{\kappa} = -(V_{ss} + \kappa^2 V) + \kappa_s W \tag{6.8}$$

を得る．

周長（全長）

曲線 $\mathcal{C}(t)$ の周長（全長）は，

$$\mathcal{L}(t) = \int_{\mathcal{C}(t)} ds = \int_0^1 g(u,t)\, du = s(1,t)$$

である．弧長 s の時間発展方程式は，

$$\dot{s} = \int_0^s \kappa V\, ds + [W]_0^u, \quad [W]_0^u = W(u,t) - W(0,t) \tag{6.9}$$

となり，$u=1$ のとき $s(1,t) = \mathcal{L}(t)$ は周長であるから，$\mathcal{L}(t)$ の時間発展方程式

$$\dot{\mathcal{L}}(t) = \int_{\mathcal{C}(t)} \kappa V\, ds + [W]_0^1, \quad [W]_0^1 = W(1,t) - W(0,t) \tag{6.10}$$

を得る．曲線 $\mathcal{C}(t)$ が閉曲線の場合は，

$$\dot{\mathcal{L}}(t) = \int_{\mathcal{C}(t)} \kappa V\, ds \tag{6.11}$$

である．

面積

曲線 $\mathcal{C}(t)$ がジョルダン曲線の場合，図 6.1 (a) (p.132) のように，曲線が囲む部分を $\mathcal{D}(t)$ とし，$\mathcal{D}(t)$ の面積を $\mathcal{A}(t)$ とすると，ガウスの発散定理より，

$$\mathcal{A}(t) = \iint_{\mathcal{D}(t)} dxdy = \frac{1}{2} \iint_{\mathcal{D}(t)} \mathrm{div}\, \boldsymbol{x}\, dxdy = \frac{1}{2} \int_{\mathcal{C}(t)} \boldsymbol{X} \cdot \boldsymbol{N}\, ds \tag{6.12}$$

となる ($\boldsymbol{x} = (x, y)$). これより, $\mathcal{A}(t)$ の時間発展方程式

$$\dot{\mathcal{A}}(t) = \int_{\mathcal{C}(t)} V \, ds \tag{6.13}$$

を得る. ここで, $\mathbf{F}(\boldsymbol{x}, t) = (\mathsf{F}_1(\boldsymbol{x}, t), \mathsf{F}_2(\boldsymbol{x}, t))$, $\boldsymbol{x} = (x, y)$ の発散 (divergence) は, $\mathsf{F}_x = \dfrac{\partial \mathsf{F}}{\partial x}$, $\mathsf{F}_y = \dfrac{\partial \mathsf{F}}{\partial y}$ として,

$$\mathrm{div}\, \mathbf{F}(\boldsymbol{x}, t) = \mathsf{F}_{1,x}(\boldsymbol{x}, t) + \mathsf{F}_{2,y}(\boldsymbol{x}, t)$$

と定義される. これは, $\nabla = (\partial/\partial x, \partial/\partial y)^{\mathrm{T}}$ と $\mathbf{F}$ の形式的内積を用いて $\nabla \cdot \mathbf{F}$ と表してもよい.

重心

$\mathcal{D}(t)$ の重心は,

$$\boldsymbol{\mathcal{G}}(t) = \frac{1}{\mathcal{A}(t)} \iint_{\mathcal{D}(t)} \boldsymbol{x} \, dxdy$$

と定義されるが, これは曲線 $\mathcal{C}(t)$ 上の積分として

$$\boldsymbol{\mathcal{G}}(t) = \frac{1}{3\mathcal{A}(t)} \int_{\mathcal{C}(t)} (\boldsymbol{X} \cdot \boldsymbol{N}) \boldsymbol{X} \, ds \tag{6.14}$$

と変形できる. これより, 重心の時間発展方程式

$$\dot{\boldsymbol{\mathcal{G}}}(t) = -\frac{\dot{\mathcal{A}}(t)}{\mathcal{A}(t)} \boldsymbol{\mathcal{G}}(t) + \frac{1}{\mathcal{A}(t)} \int_{\mathcal{C}(t)} V \boldsymbol{X} \, ds \tag{6.15}$$

が導かれる.

弾性エネルギー

弾性棒の曲げのエネルギー (ウィルモア・エネルギー) は,

$$\mathcal{E}(t) = \frac{1}{2} \int_{\mathcal{C}(t)} \kappa^2 \, ds \tag{6.16}$$

と定義される. これより, $\mathcal{E}$ の時間発展方程式が,

$$\dot{\mathcal{E}}(t) = -\int_{\mathcal{C}(t)} \left(\kappa_{ss} + \frac{1}{2} \kappa^3 \right) V \, ds \tag{6.17}$$

と計算される.

[問 6.3]　次に挙げる，いままでに登場したさまざまな量の各時間発展方程式を算出せよ．

(1) g, $\boldsymbol{T}$, $\boldsymbol{N}$, θ, κ, s, $\mathcal{L}$, $\mathcal{A}$ の各時間発展方程式 (6.4)$_{\text{p.136}}$–(6.13) をそれぞれ示せ．
(2) 任意の $\boldsymbol{a} \in \mathbb{R}^2$ に対して

$$\mathrm{div}((\boldsymbol{x} \cdot \boldsymbol{a})\boldsymbol{x}) = 3(\boldsymbol{x} \cdot \boldsymbol{a}) \tag{6.18}$$

が成り立つことを示し，これを用いて $\mathcal{D}(t)$ の重心 $\boldsymbol{\mathcal{G}}$ が (6.14)$_{\text{p.138}}$ と表されることを示せ．
(3) $\boldsymbol{\mathcal{G}}$ の時間発展方程式 (6.15) を示せ．
(4) $\mathcal{E}$ の時間発展方程式 (6.17) を示せ．

6.3　さまざまな法線速度

法線速度 V は，大別すると，

- 曲率，接線角度，位置ベクトル，界面エネルギー密度などの局所的量
- 周長，面積，ある種のエネルギー，あるいは，内外の領域上の偏微分方程式の解から得られる量などの大域的量
- 曲線とは無関係に決まる流れ場や定数などの独立した量

などに依存して決められる．一方，接線速度 W はパラメータを変換するとそれに応じて変わる量である．その意味で幾何学的量でなく，曲線 $\mathcal{C}(t)$ の形状には依存しないことが知られている．したがって，時間とともに変形する曲線 $\mathcal{C}(t)$ の形状は法線速度 V が規定することになるから，解くべき問題，あるいは現象のモデル方程式として，$\boldsymbol{X}$ の時間発展方程式 (6.2)$_{\text{p.134}}$ の代わりに $V = \dot{\boldsymbol{X}} \cdot \boldsymbol{N}$ の式を与えることも多い．このとき，単純に W は 0 としているか，あるいは解曲線 $\mathcal{C}$ の形状には依存しないことから，「都合のよい」W を与えて，解析の手段，あるいは数値解法として積極的に利用される．本書では，安定な数値解法を提供するために工夫された W を提案する．(8.3 節において

詳説する.)

以下,いくつかの問題,すなわち V の式を列記する.いずれもよく知られている問題なので,さまざまな文献で散見される.まとまった記述がなされた文献として,Elliott [19],儀我 [31, 32, 33, 34],西浦 [87],および矢崎 [137] を挙げておく.

6.3.1 アイコナール方程式 $V = V_c$

V_c は定数とする.アイコナール方程式は幾何光学において現れる方程式である.界面運動方程式の中で最も簡単なものといえよう[1].

[問 **6.4**] 解曲線 $C(t)$ が半径 $R(t)$ の円であった場合の解曲線の挙動を調べよ.

本問の解曲線(円)のように,形を変えずに相似拡大または相似縮小する解を**自己相似解**と呼ぶ.以後,しばしば自己相似解が登場する.

6.3.2 古典的曲率流方程式 $V = -\kappa$

古典的曲率流方程式は周長 $\mathcal{L} = \int_{\mathcal{C}} ds$ の勾配流方程式である.実際,$\dot{\mathcal{L}}$ の式は $(6.11)_{\text{p.137}}$ で与えられた.マリンスによって金属の焼き鈍しの際の結晶粒界の運動を記述するモデル方程式として導入された [77].勾配流方程式については,例えば [137, 2.10 節] を参照されたい.

古典的曲率流方程式は,$\dot{\mathcal{L}} \leq 0$ であるから,**曲線短縮方程式**とも呼ばれる.$\dot{\mathcal{A}}$ の式 $(6.13)_{\text{p.138}}$ から $\dot{\mathcal{A}} = -2\pi$ もわかる.したがって,有限時刻 $T = \dfrac{\mathcal{A}(0)}{2\pi}$ で曲線 $C(t)$ は消滅する.より詳しくはゲージとハミルトン,およびグレイソンによって示されており,任意のジョルダン曲線 $C(0)$ は,有限時刻 $T' \in (0, T)$ で凸曲線 $C(T')$ になり,縮小する円に近づきつつ時刻 T で1点に縮退する ([30], [40], [137, 2.9 節と第 3 章]).

[問 **6.5**] 任意の円は形を変えずに相似縮小して1点に縮退する自己相似解となることを示せ.

---

[1] 「アイコナール」とは像 ($\epsilon\iota\kappa\acute{\omega}\nu$,ギリシャ語の image) の意味 [23, p.93].若干の由来については [137, 5.1 節] も参照のこと.

6.3.3 古典的面積保存曲率流方程式 $V = \langle \kappa \rangle - \kappa$

古典的面積保存曲率流方程式は面積を保存する周長 $\mathcal{L}$ の勾配流方程式である．ゲージにより導入された（[29], [137, 5.2節]）．ここで，$\langle \mathsf{F} \rangle$ は F の $\mathcal{C}$ 上の平均で，

$$\langle \mathsf{F} \rangle = \frac{1}{\mathcal{L}} \int_{\mathcal{C}} \mathsf{F} \, ds$$

と定義する．$\mathsf{F} = \kappa$ の場合は

$$\langle \kappa \rangle = \frac{2\pi}{\mathcal{L}}$$

である（$\mathcal{C}$ がジョルダン曲線の場合）．

[問 6.6] $\dot{\mathcal{A}}(t) = 0$ および $\dot{\mathcal{L}}(t) \leq 0$ を示せ．

6.3.4 表面拡散流方程式 $V = \kappa_{ss}$

表面拡散流方程式は古典的曲率流方程式と同様にマリンスによって導入された [78]．数学的には，周長 $\mathcal{L}$ の標準的な内積（L^2 計量）とは異なる内積（H^{-1} 計量）の勾配流方程式として与えられる [11]．

[問 6.7] $\dot{\mathcal{A}}(t) = 0$ および $\dot{\mathcal{L}}(t) \leq 0$ を示せ．

これより，表面拡散流方程式は古典的面積保存曲率流方程式と似た挙動を示すことがわかる．しかし，決定的な差異もある．初期曲線をいたるところ曲率が正の曲線としよう．このとき，古典的面積保存曲率流方程式は曲率の正値性を保存するのに対して（[29], [137, 5.2節]），表面拡散流方程式はそれを破ることが示されている [35]．

6.3.5 重み付き曲率流方程式 $V = -w(\theta)\kappa$

重み付き曲率流方程式は非等方的曲率流方程式とも呼ばれる（例えば，[123, 121] や [32]，あるいは [137, 第4章と5.3節] を参照）．界面エネルギー密度関数 σ を用いて $w(\theta) = \sigma(\theta) + \sigma''(\theta)$ と表されるとき，重み付き曲率流方程式は，界面エネルギー $\mathcal{L}_\sigma = \int_{\mathcal{C}} \sigma(\theta) \, ds$ の勾配流方程式となる．実際，

$\kappa_\sigma = (\sigma(\theta) + \sigma''(\theta))\kappa$ と書くと, $\dot{\mathcal{L}}_\sigma = \int_\mathcal{C} \kappa_\sigma V \, ds$ となる. σ はフランク図形 F_σ やウルフ図形 W_σ を用いて特徴付けられる. 特に, F_σ が凸多角形のとき, σ はクリスタライン・エネルギーと呼ばれ, 詳細に研究されている. このとき, $\mathcal{C}$ を W_σ に付随した許容折れ線 $\mathcal{C}$ に制限して, $\mathcal{C}$ の第 i 辺上の法線速度を $v_i = -\kappa_{\sigma i}$ としたクリスタライン曲率流方程式を得る. (例えば, [3, 47, 135] あるいは [137, 7.3 節] を参照.)

[問 6.8] $\dot{\mathcal{L}}_\sigma = \int_\mathcal{C} \kappa_\sigma V \, ds$ を示せ.

6.3.6 正べき曲率流方程式 $V = -|\kappa|^{p-1}\kappa$

$p > 0$ とする. 正べき曲率流方程式は古典的曲率流方程式の一般化である. 実際, $p = 1$ のときは古典的曲率流方程式である. $p = 1/3$ のときはアフィン曲率流方程式と呼ばれ, 画像処理の応用がある. $\mathcal{C}$ が凸のとき, 負べき曲率流方程式 $V = \kappa^{-p} (p > 0)$ も研究されている. さらに, それぞれに重み $w(\theta)$ をかけた方程式や $\mathcal{C}$ の回転数を 2 以上にしたものの研究も進んでいる. (例えば, [32, 4, 5, 126, 83] などを参照せよ.)

[問 6.9] 次の各問に答えよ.

(1) $p > 0$ とする. 正べき曲率流方程式 $V = -|\kappa|^{p-1}\kappa$, および負べき曲率流方程式 $V = \kappa^{-p}$ に従う解曲線 $\mathcal{C}(t)$ が半径 $R(t)$ の円であった場合の挙動について調べよ.

(2) $p = 1/3$ のとき, すなわち $V = -\kappa^{1/3}$ のとき, 任意の楕円は形を変えずに相似縮小して 1 点に縮退する解 (自己相似解) となることを示せ.

6.3.7 非斉次界面エネルギーの勾配流方程式 $V = -\gamma\kappa - \nabla\gamma \cdot \boldsymbol{N}$

本方程式は γ を $\boldsymbol{X}$ の関数とした非斉次界面エネルギー $\mathcal{J}_\gamma = \int_\mathcal{C} \gamma(\boldsymbol{X}) \, ds$ の勾配流方程式である. 例えば, $\gamma(\boldsymbol{X}) = \exp(-|\nabla \mathcal{I}(\boldsymbol{X})|)$ ($\mathcal{I}(\boldsymbol{X})$ は画像強度関数) のとき, 画像輪郭抽出に応用できる. 非斉次外力項付き曲率流方程式 $V = -\kappa + F(\boldsymbol{X})$ のような定式化も可能である. ([137, 5.4 節] を参照.)

[問 6.10]　$\dot{\mathcal{J}}_\gamma = \int_\mathcal{C} (\gamma(\boldsymbol{X})\kappa + \nabla\gamma(\boldsymbol{X}) \cdot \boldsymbol{N})V\,ds$ を示せ.

6.3.8　ウィルモア流方程式 $V = \kappa_{ss} + \kappa^3/2$

ウィルモア流方程式は $(6.16)_{\text{p.138}}$ で紹介した弾性棒の曲げのエネルギー $\mathcal{E} = \dfrac{1}{2}\int_\mathcal{C} \kappa^2\,ds$ の勾配流方程式である. 実際, $\dot{\mathcal{E}}$ の式は $(6.17)_{\text{p.138}}$ で与えられた.

[問 6.11]（面積・周長保存ウィルモア流方程式）　λ_1, λ_2 をパラメータとし, $\mathcal{W} = \mathcal{E} + \lambda_1 \mathcal{L} + \lambda_2 \mathcal{A}$ とおく. まず, 時間微分 $\dot{\mathcal{W}}$ を計算し, $\dot{\mathcal{W}} = \int_\mathcal{C} (\delta\mathcal{W})V\,ds$ の形にして $\delta\mathcal{W}$ を求めよ. ただし, 記号の節約のため $\delta\mathcal{E} = -\left(\kappa_{ss} + \dfrac{1}{2}\kappa^3\right)$ とおいてよい. 次に, $V = -\delta\mathcal{W}$ として, $(6.11)_{\text{p.137}}$ と $(6.13)_{\text{p.138}}$ で与えられた式 $\dot{\mathcal{L}} = 0$ と $\dot{\mathcal{A}} = 0$ にそれぞれ代入して λ_1 と λ_2 を求め, $\delta\mathcal{W}$ を確定せよ. ($\mathcal{C}$ が円でない限り, すなわち曲率 κ が定数でない限り確定する.) こうして得られる方程式 $V = -\delta\mathcal{W}$ は, 面積・周長保存ウィルモア流方程式である. （形状最適化問題に関係している. [67] を参照.）

6.3.9　ヘルフリッヒ流方程式 $V = \kappa_{ss} + \kappa^3/2 + (c_0^2/2 + \lambda_1)\kappa + \lambda_2$

ヘルフリッヒ流方程式は面積と周長が保存するエネルギー $\dfrac{1}{2}\int_\mathcal{C} (\kappa - c_0)^2\,ds$ の勾配流方程式である（c_0 は定数, λ_1 と λ_2 は曲率に依存した関数）. 次の問でみるように, V の式において c_0 は無関係となる. ただし, これは 2 次元の場合であって, 高次元の場合のエネルギーは曲面 $\mathcal{C}$ と平均曲率 κ に対して定式化されるため, 得られる V の式において c_0 は陽に関係する. 特に 3 次元に限ると, ヘルフリッヒ流方程式は赤血球の形状に関連したモデル方程式として知られている. （詳細は, 例えば [61] とその参考文献を参照せよ.）

[問 6.12]　λ_1 と λ_2 を求めて, ヘルフリッヒ流方程式を確定しよう. λ_1, λ_2 をパラメータとし, $\mathcal{H} = \dfrac{1}{2}\int_\mathcal{C}(\kappa - c_0)^2\,ds + \lambda_1\mathcal{L} + \lambda_2\mathcal{A}$ とおく. まず, 時間微分 $\dot{\mathcal{H}}$ を計算し, $\dot{\mathcal{H}} = \int_\mathcal{C} (\delta\mathcal{H})V\,ds$ の形にして $\delta\mathcal{H}$ を求めよ. ただし, 記号の節約のため問 6.11 における $\mathcal{W}$ や $\delta\mathcal{E}$ を使ってよい. 次に, $V = -\delta\mathcal{H}$ として,

$(6.11)_{\mathrm{p}.137}$ と $(6.13)_{\mathrm{p}.138}$ で与えられた式 $\dot{\mathcal{L}} = 0$ と $\dot{\mathcal{A}} = 0$ にそれぞれ代入して λ_1 と λ_2 を求め，$\delta\mathcal{H}$ を確定せよ．($\mathcal{C}$ が円でない限り，すなわち曲率 κ が定数でない限り確定する．) そして，$\delta\mathcal{H}$ は c_0 に無関係となることを確認せよ．したがって，こうして得られるヘルフリッヒ流方程式 $V = -\delta\mathcal{H}$ は，面積・周長保存ウィルモア流方程式（問 6.11）に他ならないことがわかる．

6.3.10　ヘレ・ショウ流方程式 $V = -(b^2/12\mu)\nabla p \cdot \boldsymbol{N}$

図 6.3 のように，2 枚の平行板を近接して水平に設置し，その隙間に粘性流体を流し込む．

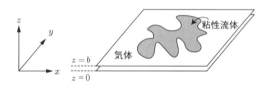

図 6.3　ヘレ・ショウセル

この実験装置を発明者 Henry Selby Hele-Shaw [42] の名前にちなんで，ヘレ・ショウセル (Hele-Shaw cell) と呼ぶ．粘性流体の運動に重力などの外力の影響はないとする．ナヴィエ–ストークス方程式において，粘性流体の動きが遅く，隙間が小さいとして鉛直方向の流体の速度平均をとると，流体領域は動くジョルダン曲線 $\mathcal{C}(t)$ で囲まれた部分 $\mathcal{D}(t)$ となって，流体の 2 次元速度ベクトルは $\boldsymbol{v} = -\nabla p$ となる．すなわち圧力関数 p の勾配に比例することが導かれる．非圧縮性条件 $\mathrm{div}\,\boldsymbol{v} = 0$ より圧力は調和関数となる．また，流体と空気の界面 $\mathcal{C}(t)$ 上でラプラスの関係式を満たすとして，圧力は表面張力に比例する．こうして，以下の問題が導出される（詳しくは，[138, 12.2 節] や [137, 図 0.5, 6.1 節] を参照）．

$$\begin{cases} \Delta p = 0 & \text{in } \mathcal{D}(t), \\ p = \sigma\kappa & \text{on } \mathcal{C}(t), \\ V = -\dfrac{b^2}{12\mu}\nabla p \cdot \boldsymbol{N} & \text{on } \mathcal{C}(t). \end{cases} \quad (6.19)$$

これを 1 相内部ヘレ・ショウ問題，V の式をヘレ・ショウ流方程式と呼ぶ．ここで，隙間 b と粘性係数 μ と表面張力係数 σ はいずれも正定数．（液体に異なる液体を注入する実験もよく知られている．このとき液液界面現象が観察され，2 相問題となる．また，隙間が時間に依存する場合 $(b = b(t))$ は 10.4 節参照．）

[問 6.13] 1 相内部ヘレ・ショウ問題 (6.19) の解は，周長減少 $(\dot{\mathcal{L}}(t) \leq 0)$，面積保存 $(\dot{\mathcal{A}}(t) = 0)$，重心不動 $(\dot{\mathcal{G}}(t) = \mathbf{0})$ の三つを満たすことを示せ．

6.3.11 蔵本 - シバシンスキー方程式 $V = V_c + (\alpha_{\mathrm{eff}} - 1)\kappa + \delta \kappa_{ss}$

主としてガスの燃焼において，未燃焼領域と既燃焼領域の境界面の挙動を表す方程式で，蔵本とシバシンスキーによって独立に提出されたため蔵本 - シバシンスキー方程式と呼ばれる [66, 113]．$V_c > 0$ は一定速度の燃え拡がりを表し，数学的には α_{eff} と δ は正定数とするが，$\alpha_{\mathrm{eff}} \approx 1$ と $\delta = 4$ が本来的である．界面がグラフ $y = f(x,t)$ で与えられた場合の方程式

$$f_t + \frac{1}{2}f_x^2 + (\alpha_{\mathrm{eff}} - 1)f_{xx} + \delta f_{xxxx} = 0$$

がオリジナルであるが，閉曲線に対する表題の V の式とある時空スケールで同値となることがわかる．（9.3 節で詳しく述べよう．）また，最近，床面付近においた薄い紙の燃焼（これはほぼ，すす燃焼とみなせる）に対しても，同方程式が有効であることがわかってきた [38, 37]．これについては，数値計算法の例として後述しよう（8.5 節）．

[問 6.14] 蔵本 - シバシンスキー方程式に従う解曲線 $\mathcal{C}(t)$ が半径 $R(t)$ の円であった場合の挙動について調べよ．

6.3.12 その他の方程式

以下の各方程式は [137] の第 5 章と第 6 章においてより詳しく述べられている．

周長保存流方程式 $\quad V = \dfrac{\mathcal{L}}{2\pi} - \dfrac{1}{\kappa}$

周長保存流方程式はいたるところ $\kappa > 0$ である曲線（ジョルダン凸曲線）に

対して定式化される大域的量によって定まる周長保存の方程式. V を $\dot{\mathcal{L}}$ の式 $(6.11)_{\mathrm{p.137}}$ に代入すれば, $\dot{\mathcal{L}} = 0$ がすぐに確認できる [137, 5.7 節].

等周比の勾配流方程式 $\quad V = \dfrac{\mathcal{L}}{2\mathcal{A}} - \kappa$

等周比 $I = \dfrac{\mathcal{L}^2}{4\pi\mathcal{A}}$ の勾配流方程式として V の式が得られる. 面積は増加し, さらに曲線 $\mathcal{C}$ が凸ならば, ゲージの不等式 [137, (3.8)] から周長は減少する [137, 5.9 節].

異方的等周比の勾配流方程式 $\quad V = \dfrac{\mathcal{L}_\sigma}{2\mathcal{A}} - \kappa_\sigma$

異方的等周比 $I_\sigma = \dfrac{\mathcal{L}_\sigma^2}{4|W_\sigma|\mathcal{A}}$ の勾配流方程式として V の式が得られる. $|W_\sigma|$ はウルフ図形 W_σ の面積. 曲線 $\mathcal{C}$ に対して $I_\sigma \geq 1$ が成り立つ. $\mathcal{C}$ がウルフ図形 W_σ の境界のとき等号成立. 等方的な場合と異なり, 面積が減少するような初期曲線を構成することができる [137, 5.10 節].

局所長保存流方程式 $\quad W_s = -\kappa V$

局所長保存流方程式は接線速度を規定した方程式で, 周長は保存する. 逆に, 周長が保存しても局所長は保存するとは限らないが, 一定の関係はある. 例えば, 面積・局所長保存ウィルモア流方程式と面積・周長保存ウィルモア流 (ヘルフリッヒ流方程式で $c_0 = 0$ としたもの) は, 各方程式の局所長を線形補間して統合することができる [137, 5.11 節].

modified KdV 方程式 $\quad V = -2\mu\kappa_s, \; W = \mu\kappa^2$

V の式と接続速度 W の微分 $W_s = 2\mu\kappa\kappa_s = -\kappa V$ から, 局所長一定となり, 面積と周長は保存する. $g(u,t) \equiv \mathcal{L}_0 = \mathcal{L}(0)$ とおくと, 曲率の時間発展方程式

$$\dot{\kappa} - \frac{3\mu}{\mathcal{L}_0}\kappa^2\kappa' - \frac{2\mu}{\mathcal{L}_0^3}\kappa''' = 0$$

を得るが, 特に $\mu = -\dfrac{\mathcal{L}_0^3}{2}$, $\mathcal{L}_0 = 2$ のとき,

$$\dot{\kappa} + 6\kappa^2 \kappa' + \kappa''' = 0$$

となって，modified Korteweg-de Vries (KdV) 方程式が形式的に得られる [137, 5.11 節]．

相対的局所長保存流　$W_s = \langle \kappa V \rangle - \kappa V$

相対的局所長 $\rho(u,t) = \dfrac{g(u,t)}{\mathcal{L}(t)}$ が保存する方程式として W_s の式が導かれる．実際，$\dot{\mathcal{L}}$ の式 $(6.11)_{\text{p.137}}$ と $\dot{g}$ の式 $(6.4)_{\text{p.136}}$ から，

$$\dot{\rho} = (\kappa V + W_s - \langle \kappa V \rangle)\rho = 0 \tag{6.20}$$

より得られる．局所長保存流 $W_s = -\kappa V$ に κV の平均 $\langle \kappa V \rangle = \dfrac{1}{\mathcal{L}} \displaystyle\int_{\mathcal{C}} \kappa V \, ds$ の効果が加えられている [137, 5.12 節]．

アイコナール方程式と古典的曲率流方程式の線形結合　$V = V_c - D\kappa$

$V = V_c$ と $V = -\kappa$ を線形結合させた，ある種の反応拡散方程式系に関連してよく使われるモデル方程式．ここで，V_c は定数，D は正定数である．例えば，BZ 反応のらせん運動のモデル方程式として提案されている（例 6.2, [137, 6.2 節]）．

6.4　動く開曲線の問題

曲線の長さが有限であり，曲線 $\mathcal{C}(t)$ の始点と終点がそれぞれ

$$\boldsymbol{a}(t) = \boldsymbol{X}(0,t), \quad \boldsymbol{b}(t) = \boldsymbol{X}(1,t)$$

のように与えられているとする．曲線 $\mathcal{C}(t)$ が開曲線の場合を考えよう．すなわち，$\boldsymbol{a}(t) \neq \boldsymbol{b}(t)$ とする（図 6.2 (a), (b) $_{\text{p.133}}$，図 6.4）．

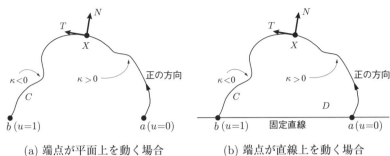

(a) 端点が平面上を動く場合　　(b) 端点が直線上を動く場合

図**6.4**　始点 a と終点 b の開曲線

アルキメデスらせんやコンコイド曲線（図 6.2 (c), (d)$_{(\text{p.133})}$），あるいはデカルトの正葉線（図 A.3$_{(\text{p.298})}$）のような無限長の曲線を動かすことも面白く，また，解析的には有限長の開曲線の近似として有用であるが，個別問題になるのでここでは述べないことにする．

閉曲線の場合と同じく，曲線 $\mathcal{C}(t)$ 上の各点は速度 (6.2)$_{\text{p.134}}$ で運動するが，両端点の動きは問題によってさまざまである．

◆ **例6.2**（らせん運動）　図 6.5 は，線分を 6.3.12 項の最後で述べた方程式 $V = V_c - D\kappa$ に従って動かしたものである（W は後述する曲率調整型配置法による接線速度（8.3.2項））．ただし，下端点においては $V = V_c - D\kappa$, $W = 0$ とし，上端点においては $V = 0$ で W は端点での曲率の与えられた関数としている．

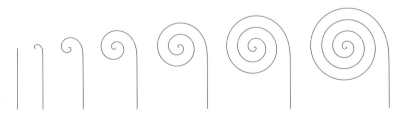

図**6.5**　$V = V_c - D\kappa$ によるらせん運動 [94]

◆ **例6.3**（転位曲線の運動）　図 6.6 は，方程式 $V = V_c - \kappa$ に従って動かしたものである（W は後述する曲率調整型配置法による接線速度（8.3.2項））．た

だし，図は十分大きな図の一部分を切り取ったもので，切り取った部分の両端点は固定している．すなわち $V = W = 0$．円形の障害物○にぶつかると，曲線は障害物に沿って動き，ぶつかった方と逆側で融合してつなぎ替えが起こる．

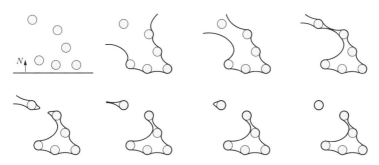

図 **6.6** $V = V_c - \kappa$ による転位曲線の運動（左から右，上から下）[96]

両端点 $\boldsymbol{a}(t), \boldsymbol{b}(t)$ が固定されているときやある固定された直線上を動くとき，両端点を結ぶ線分と曲線 $\mathcal{C}$ で囲まれた部分（図 6.4 (b) の $\mathcal{D}$）の面積の時間変化について考える．両端点を結ぶ線分を

$$\mathcal{C}_{\boldsymbol{ba}}(t) = [\boldsymbol{b}(t), \boldsymbol{a}(t)]$$

とする．このとき，$\mathcal{C}(t) + \mathcal{C}_{\boldsymbol{ba}}(t)$ は閉曲線となり，特にジョルダン曲線になる場合，囲まれた部分を $\mathcal{D}(t)$ とすると，$\mathcal{D}(t)$ の面積 $\mathcal{A}(t)$ とその時間微分は $\dot{\mathcal{A}}(t)$ はそれぞれ

$$\mathcal{A}(t) = \frac{1}{2} \int_{\mathcal{C}(t)} \det(\boldsymbol{X}, \boldsymbol{T})\, ds + \frac{1}{2} \det(\boldsymbol{b}(t), \boldsymbol{a}(t)), \tag{6.21}$$

$$\dot{\mathcal{A}}(t) = \int_{\mathcal{C}(t)} V\, ds + \frac{1}{2} \det(\boldsymbol{b} - \boldsymbol{a}, \dot{\boldsymbol{b}} + \dot{\boldsymbol{a}}) \tag{6.22}$$

となる．ここで，$\det(\boldsymbol{X}, \boldsymbol{T}) = \boldsymbol{X} \cdot \boldsymbol{N}$ である．それぞれの第 1 項は閉曲線に対する $(6.12)_{\text{p.137}}$ と $(6.13)_{\text{p.138}}$ に等しい．

［問 **6.15**］ (6.21) と (6.22) をそれぞれ示せ．

$\mathcal{C}(t)$ の全長 $\mathcal{L}(t)$ の時間微分は，$(6.10)_{\text{p.137}}$ ですでに与えたように，

$$\dot{\mathcal{L}}(t) = \int_{\mathcal{C}(t)} \kappa V\, ds + [W(u,t)]_0^1$$

である．端点における法線速度は，曲線の全長の変化には影響しないことがわかる．

6.5 開曲線版古典的面積保存曲率流方程式とディドの問題

6.3.3項で閉曲線に対する古典的面積保存曲率流方程式 $V = \langle \kappa \rangle - \kappa$ を紹介した．開曲線 $\mathcal{C}(t)$ の両端点 $\boldsymbol{a}, \boldsymbol{b}$ を固定し，$\mathcal{C}(t)$ と線分 $\mathcal{C}_{\boldsymbol{ba}}(t)$ で囲まれた部分の面積 $\mathcal{A}(t)$ を保存しながら，全長 $\mathcal{L}(t)$ の勾配流をラグランジュの未定乗数 λ を使って求めよう．$\dot{\mathcal{A}}(t)$ の式 (6.22) において $\dot{\boldsymbol{a}} = \dot{\boldsymbol{b}} = \boldsymbol{0}$ で，$\dot{\mathcal{L}}(t)$ の式 $(6.10)_{\text{p.137}}$ において $W(0,t) = W(1,t) = 0$ であるから，

$$\dot{\mathcal{L}} - \lambda \dot{\mathcal{A}} = \int_{\mathcal{C}(t)} (\kappa - \lambda) V\, ds$$

より，$V = \lambda - \kappa$ を得る．よって，

$$\begin{aligned}
\dot{\mathcal{A}} &= \int_{\mathcal{C}(t)} V\, ds = \int_{\mathcal{C}(t)} (\lambda - \kappa)\, ds = \lambda \mathcal{L}(t) - \int_{\mathcal{C}(t)} \kappa\, ds \\
&= \lambda \mathcal{L}(t) - \int_{\mathcal{C}(t)} \theta_s\, ds = \lambda \mathcal{L}(t) - [\theta(u,t)]_0^1 = 0
\end{aligned}$$

より，$\lambda = \dfrac{[\theta(u,t)]_0^1}{\mathcal{L}(t)}$ がわかり，

$$V = \frac{[\theta(u,t)]_0^1}{\mathcal{L}(t)} - \kappa$$

を得る．

図 6.7 は，数値計算の様子である（W は後述する一様配置法による接線速度（8.3.1項））．閉曲線の場合，ゲージ [29] により時間無限大で解曲線は円に収束することが示された．開曲線の場合，図 6.7 と同様の数値計算はなされていて [62]，これらの図とゲージの結果から，時間無限大で円弧に収束することが予想される．実際，もし時間無限大で曲線の形状が定まり，$V = 0$ になった

6.5 開曲線版古典的面積保存曲率流方程式とディドの問題

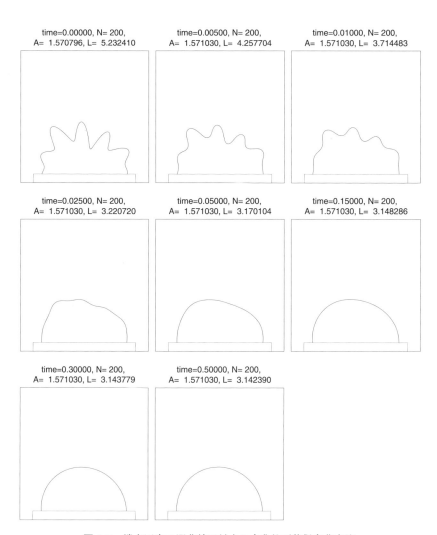

図 **6.7** 端点固定の開曲線に対する古典的面積保存曲率流

とすると，曲率 κ は一定値 $\dfrac{[\theta]_0^1}{\mathcal{L}}$ に収束する，すなわち，円弧に収束する．しかし，いまのところ解曲線の時間大域可解性も含めた解析的な証明はないようである．一方，勾配流の問題ではなく，「面積が一定で全長を最小にする曲線の形状は何か」，同じことであるが，「全長が一定で面積を最大にする曲線の形状は何か」，という問題は等周問題として知られている．ジョルダン曲線に対する等周問題の答えは円であり，フーリエ級数を使ったフルヴィッツの方法など，さまざまな証明方法が知られている（[60, 第4章]，[137, 第3章] など）．フルヴィッツと同様の方法で，もし端点が直線上のどこにあってもよいならば，開曲線に対する等周問題の解は半円弧であることを証明することができる [89, 6.2節]．

等周問題は，伝説にもとづいてしばしばディドの問題と呼ばれる．フェニキア人の王女ディド (Dido) が祖国を追われ，北アフリカ沿岸部（現在のチュニジア付近）に流れついた．地元の王から牛一頭の皮で覆えるだけ，という条件で土地を分与された．ディドは一計を案じ，牛の皮を細長く紐状にして，それで囲めるだけの広大な土地を手に入れ，それが古代都市国家カルタゴの建国につながったという「伝説」である．ディドは等周問題の解を知っていた！？

ディドの戦略に対応する勾配流方程式を導いてみよう．すなわち，曲線（紐）の両端点をチュニジアの地中海沿岸にみたてて，紐の全長を保存しながら陸側の面積を最大化していく勾配流を考える．古典的面積保存曲率流の導出と同様に，ラグランジュの未定乗数 λ を使って，

$$\lambda \dot{\mathcal{A}} - \dot{\mathcal{L}} = \int_{\mathcal{C}(t)} (\lambda - \kappa) V \, ds$$

とする．これより $V = \lambda - \kappa$ であれば，$\dot{\mathcal{A}} - \lambda \dot{\mathcal{L}} \geq 0$ となって，

$$\dot{\mathcal{L}} = \int_{\mathcal{C}(t)} \kappa V \, ds = \int_{\mathcal{C}(t)} (\lambda \kappa - \kappa^2) \, ds = \lambda \int_{\mathcal{C}(t)} \kappa \, ds - \int_{\mathcal{C}(t)} \kappa^2 \, ds$$
$$= \lambda [\theta(u,t)]_0^1 - \int_{\mathcal{C}(t)} \kappa^2 \, ds = 0$$

より，

$$V = F(t) - \kappa, \quad F(t) = \frac{1}{[\theta(u,t)]_0^1} \int_{\mathcal{C}(t)} \kappa^2 \, ds$$

を得る．ここで，

$$\langle \mathsf{F} \rangle = \frac{1}{\mathcal{L}(t)} \int_{\mathcal{C}(t)} \mathsf{F}\, ds$$

を曲線 $\mathcal{C}$ に沿った平均とすると，

$$[\theta(u,t)]_0^1 = \int_{\mathcal{C}(t)} \kappa\, ds = \mathcal{L}(t)\langle\kappa\rangle, \quad \int_{\mathcal{C}(t)} \kappa^2\, ds = \mathcal{L}(t)\langle\kappa^2\rangle$$

であるから，

$$V = F(t) - \kappa, \quad F(t) = \frac{\langle\kappa^2\rangle}{\langle\kappa\rangle}$$

と書ける．

　図 6.8 は数値計算の様子である（W は後述する一様配置法による接線速度 (8.3.1 項))．各図の下の台が地中海沿岸で，それより上が陸地という見立てである．上で述べたように，端点が直線上のどこにあってもよいならば，半円弧が解である．そうでない場合も，古典的曲率流方程式と変形過程こそ異なるが，最終形状は同様に円弧になることが予想される．果たして，ディドも円弧に辿りついたのだろうか．

[問 **6.16**]　$\dot{\mathcal{A}} - \lambda\dot{\mathcal{L}}$ を用いた方法でも，上の勾配流と本質的に同じ方程式が導かれる．この方法で V の式を求めよ．

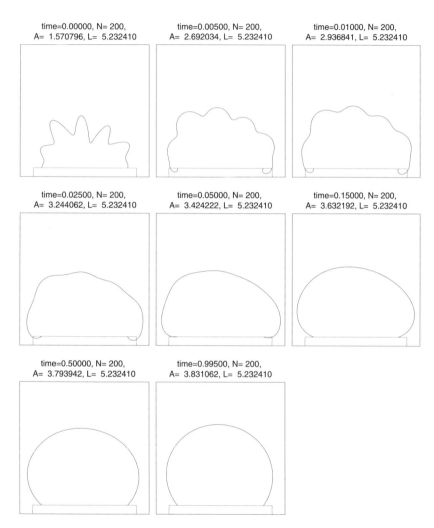

図 6.8 端点固定の開曲線に対する全長保存曲率流

第7章

動く折れ線上の「曲率」と「法線」

 動く平面曲線を，有限個の線分をつなぎあわせた動く平面折れ線によって直接的に近似する．この方法を，本書では「直接法」と呼んでいる．折れ線における最大の論点は，折れ線上の曲率と法線方向の定義の方法である．すなわち，第6章の意味では，線分上における曲率は0で，頂点において曲率と法線は（微分できないのだから）定義できない．ではどのように曲率や法線を近似するのだろうか．言い換えると，どのようにして動く折れ線上の「曲率」と「法線」を定義するのだろうか．

7.1 時間変化する平面折れ線とその表現

 平面内の時間発展する折れ線を $\Gamma(t)$ とする．$\Gamma(t)$ がジョルダン折れ線の場合は，$\Gamma(t)$ で囲まれる領域を $\Omega(t)$ とする（図7.1）．

 以下しばらくは，時刻 t を止めて折れ線 $\Gamma(t)$ 上で定義される諸量を考えるので "(t)" は省略する．まず，折れ線 Γ の辺の数を N とし，添え字番号 $i = 1, 2, \ldots, N$ に対して，第 i 頂点を $\boldsymbol{X}_i$，第 i 辺を線分

$$\Gamma_i = [\boldsymbol{X}_{i-1}, \boldsymbol{X}_i]$$

とすると，折れ線は線分の和集合の形で $\Gamma = \bigcup_{i=1}^{N} \Gamma_i$ と書ける．Γ がジョルダン閉折れ線の場合，内部 Ω を左手に見る方向に向かって添え字番号 i が増加するものとする．一般に閉折れ線の場合は，周期境界条件 "$\boldsymbol{X}_0 = \boldsymbol{X}_N$, $\boldsymbol{X}_{N+1} = \boldsymbol{X}_1$"

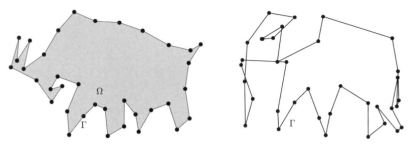

(a) ジョルダン折れ線（単純閉折れ線）　　(b) 単純でない閉折れ線

図 **7.1**　閉折れ線

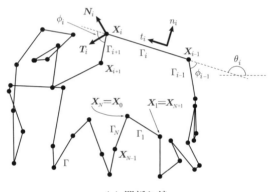

(a) 閉折れ線

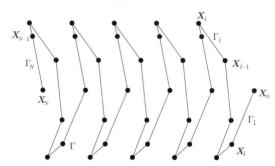

(b) 開折れ線

図 **7.2**　折れ線

を満たすとする．開曲線の場合，端点は $\boldsymbol{X}_0$ と $\boldsymbol{X}_N$ となる（図 7.2）．

第 i 頂点 $\boldsymbol{X}_i$ を含む Γ_i と双対な辺を

$$\hat{\Gamma}_i = [\bar{\boldsymbol{X}}_i, \boldsymbol{X}_i] \cup [\boldsymbol{X}_i, \bar{\boldsymbol{X}}_{i+1}]$$

とする．このとき，$\Gamma = \bigcup_{i=1}^{N} \hat{\Gamma}_i$ とも書ける．ここで，

$$\bar{\boldsymbol{X}}_i = \frac{\boldsymbol{X}_i + \boldsymbol{X}_{i-1}}{2}$$

は $\hat{\Gamma}_i$ の中点である．

以下の諸量は自然に得られる（図 7.2）．

Γ_i の長さ：$r_i = |\boldsymbol{X}_i - \boldsymbol{X}_{i-1}|$

$\hat{\Gamma}_i$ の長さ：$\hat{r}_i = \dfrac{r_i + r_{i+1}}{2}$

Γ_i の単位接線ベクトルと外向き単位法線ベクトル：

$$\boldsymbol{t}_i = \frac{\boldsymbol{X}_i - \boldsymbol{X}_{i-1}}{r_i}, \quad \boldsymbol{n}_i = -\boldsymbol{t}_i^{\perp} \quad ((a,b)^{\perp} = (-b, a))$$

Γ_i の接線角度 θ_i：$\boldsymbol{t}_i = \begin{pmatrix} \cos\theta_i \\ \sin\theta_i \end{pmatrix}, \quad \boldsymbol{n}_i = \begin{pmatrix} \sin\theta_i \\ -\cos\theta_i \end{pmatrix}$

Γ_i と Γ_{i+1} の接線角度の差：$\phi_i = \theta_{i+1} - \theta_i$

(ϕ_i は $\boldsymbol{X}_i$ における外角．Γ_i と Γ_{i+1} のなす角の余弦は $\boldsymbol{t}_i \cdot \boldsymbol{t}_{i+1} = \cos\phi_i$)

以上の諸量は $\{\theta_i\}$ を除いて周期境界条件 ($\mathsf{F}_0 = \mathsf{F}_N$, $\mathsf{F}_{N+1} = \mathsf{F}_1$) を満たす．接線角度 $\{\theta_i\}_{i=0}^{N+1}$ は 2π の整数倍の不定性を避けるために，以下のように順次求めていく．

$$\begin{cases} \theta_1 = \begin{cases} \arccos(t_{11}) & (t_{12} \geq 0), \\ -\arccos(t_{11}) & (t_{12} < 0) \end{cases} \Leftarrow \boldsymbol{t}_1 = \begin{pmatrix} t_{11} \\ t_{12} \end{pmatrix} = \dfrac{\boldsymbol{X}_1 - \boldsymbol{X}_0}{r_1}, \\ \theta_{i+1} = \theta_i + \mathrm{sgn}(D)\arccos(I), \\ \quad D = \det(\boldsymbol{t}_i, \boldsymbol{t}_{i+1}), \quad I = \boldsymbol{t}_i \cdot \boldsymbol{t}_{i+1} \quad (i = 1, 2, \ldots, N), \\ \theta_0 = \theta_1 - (\theta_{N+1} - \theta_N). \end{cases}$$

回転数1の閉折れ線の場合, $\theta_{N+1} - \theta_1 = \theta_N - \theta_0 = 2\pi$ である. ここで, arccos の定義域は $[-1, 1]$ であり, 理論上は $t_{11} \in [-1, 1]$ であるので問題ないが, 計算機においては数値誤差を $\varepsilon > 0$ とすると, $t_{11} \in [-1-\varepsilon, 1+\varepsilon]$ となる場合があり, $|t_{11}| > 1$ のとき, 例えばC言語における逆余弦 $\mathrm{acos}(t_{11})$ はエラーとなる. これを避けるために, プログラム上では $t_{11} < -1 \Rightarrow t_{11} = -1;\ t_{11} > 1 \Rightarrow t_{11} = 1$ という二文を加えておくとよいだろう. $\arccos(I)$ についても同様である.

Γ が閉折れ線でも開折れ線でも全長——閉じている場合は周長——は,

$$L = \sum_{i=1}^{N} r_i$$

のように求められる. Γ がジョルダン閉折れ線の場合, 内部 Ω の面積は,

$$A = \frac{1}{2} \sum_{i=1}^{N} \boldsymbol{X}_{i-1}^{\perp} \cdot \boldsymbol{X}_i = \frac{1}{2} \sum_{i=1}^{N} \boldsymbol{X}_i \cdot \boldsymbol{n}_i r_i$$

のように与えられる. ここで, $\boldsymbol{X}_{i-1}^{\perp} \cdot \boldsymbol{X}_i = \det(\boldsymbol{X}_{i-1}, \boldsymbol{X}_i)$ である. また, Ω の重心は,

$$\boldsymbol{G} = \frac{1}{3A} \sum_{i=1}^{N} (\boldsymbol{X}_{i-1}^{\perp} \cdot \boldsymbol{X}_i) \bar{\boldsymbol{X}}_i = \frac{1}{3A} \sum_{i=1}^{N} (\boldsymbol{X}_i \cdot \boldsymbol{n}_i) \bar{\boldsymbol{X}}_i r_i$$

と算出される.

[問 7.1] A と $\boldsymbol{G}$ を求めよ.

以上の諸量は折れ線から得られる自然なものであるが, 頂点における「接線」と「法線」, および辺上や頂点において意味のある「曲率」の決め方には, さまざまな考え方があるだろう. これらをどのように定義するかが論点である.

まず, 頂点 $\boldsymbol{X}_i$ における接線は普通の意味では定義できないが, 隣接する辺 Γ_i と Γ_{i+1} の接線角度の平均値によって

$$\hat{\theta}_i = \frac{\theta_i + \theta_{i+1}}{2} = \theta_i + \frac{\phi_i}{2} = \theta_{i+1} - \frac{\phi_i}{2}$$

のように「接線」角度を定めることは素朴で自然な考え方であろう. (ある合理的な根拠を示すこともできる. [137, pp.187–188] 参照.) $\hat{\theta}_i$ を $\hat{\Gamma}_i$ の接線角度

と呼ぶことにする．これより，$\hat{\Gamma}_i$ の X_i における単位「接線」ベクトルと外向き単位「法線」ベクトルを次のように定めることができる（図 7.2 (a)$_{(\text{p.}156)}$）．

$$T_i = \begin{pmatrix} \cos\hat{\theta}_i \\ \sin\hat{\theta}_i \end{pmatrix} = \frac{t_i + t_{i+1}}{2\cos_i}, \quad N_i = \begin{pmatrix} \sin\hat{\theta}_i \\ -\cos\hat{\theta}_i \end{pmatrix} = \frac{n_i + n_{i+1}}{2\cos_i}.$$

ここで，また今後も次の省略記号を用いる．

$$\cos_i = \cos\frac{\phi_i}{2}, \quad \sin_i = \sin\frac{\phi_i}{2}, \quad \tan_i = \frac{\sin_i}{\cos_i} = \tan\frac{\phi_i}{2}.$$

さらに次の関係式は便利である．

$$\begin{cases} T_i = \cos_i t_i - \sin_i n_i = \cos_i t_{i+1} + \sin_i n_{i+1}, \\ T_{i-1} = \cos_{i-1} t_i + \sin_{i-1} n_i. \end{cases} \tag{7.1}$$

これらをそれぞれ 90 度時計回りに回転させれば，

$$\begin{cases} N_i = \cos_i n_i + \sin_i t_i = \cos_i n_{i+1} - \sin_i t_{i+1}, \\ N_{i-1} = \cos_{i-1} n_i - \sin_{i-1} t_i \end{cases} \tag{7.2}$$

となる．さらに，

$$\theta_i = \hat{\theta}_i - \frac{\phi_i}{2}, \quad \theta_{i+1} = \hat{\theta}_i + \frac{\phi_i}{2}$$

と加法定理

$$\cos\theta_i = \cos\hat{\theta}_i\cos_i + \sin\hat{\theta}_i\sin_i, \quad \cos\theta_{i+1} = \cos\hat{\theta}_i\cos_i - \sin\hat{\theta}_i\sin_i,$$
$$\sin\theta_i = \sin\hat{\theta}_i\cos_i - \cos\hat{\theta}_i\sin_i, \quad \sin\theta_{i+1} = \sin\hat{\theta}_i\cos_i + \cos\hat{\theta}_i\sin_i$$

から，

$$t_i = \cos_i T_i + \sin_i N_i, \quad t_{i+1} = \cos_i T_i - \sin_i N_i \tag{7.3}$$

となり，これらをそれぞれ 90 度時計回りに回転させて，

$$n_i = \cos_i N_i - \sin_i T_i, \quad n_{i+1} = \cos_i N_i + \sin_i T_i \tag{7.4}$$

を得る.これより,次の公式も得る.

$$T_i = \frac{t_i + t_{i+1}}{2\cos_i} = \frac{n_{i+1} - n_i}{2\sin_i}, \tag{7.5}$$

$$N_i = \frac{n_i + n_{i+1}}{2\cos_i} = -\frac{t_{i+1} - t_i}{2\sin_i}. \tag{7.6}$$

普通の意味では,辺上の曲率は 0 で,頂点においては曲率は定義できないが,ここでは以下のように定義する.

まず,第 i 辺 Γ_i 上の「曲率」を

$$\kappa_i = \frac{\tan_i + \tan_{i-1}}{r_i} \qquad \text{on } \Gamma_i \tag{7.7}$$

と定義し,$\hat{\Gamma}_i$ 上の「曲率」を

$$\hat{\kappa}_i = \frac{2\sin_i}{\hat{r}_i} \qquad \text{on } \hat{\Gamma}_i \tag{7.8}$$

と定義する.

これらはそれぞれ次のように接線角度の弧長微分 $(6.7)_{\text{p.136}}$ の離散化に対応している.

$$\kappa_i \approx \frac{\phi_i + \phi_{i-1}}{2r_i} = \frac{\theta_{i+1} - \theta_{i-1}}{2r_i} \approx \theta_s,$$

$$\hat{\kappa}_i \approx \frac{\phi_i}{\hat{r}_i} = \frac{\theta_{i+1} - \theta_i}{\hat{r}_i} \approx \theta_s.$$

少し後に,折れ線の周長の時間発展方程式を用いて,より直接的に曲線に対する曲率の定義の離散化となっていることが示される.

以後,時刻 t を動かして折れ線 $\Gamma(t)$ とその上で定義される $\mathsf{F}_i(t)$ の形の諸量を考えるが "(t)" はしばしば省略する.また,$\mathsf{F}_i(t)$ の時間変数 t による微分を

$$\dot{\mathsf{F}}_i(t) = \frac{d\mathsf{F}_i(t)}{dt}$$

と表記する.

折れ線 $\Gamma(t)$ の時間発展方程式

折れ線 $\Gamma(t)$ の時間発展は,$\{\boldsymbol{X}_i\}_{i=1}^N$ の速度に関する微分方程式により決定される.

$$\dot{\boldsymbol{X}}_i = V_i \boldsymbol{N}_i + W_i \boldsymbol{T}_i \quad (i = 1, 2, \ldots, N). \tag{7.9}$$

7.1 時間変化する平面折れ線とその表現

ここで, V_i は $\boldsymbol{X}_i$ における法線 $\boldsymbol{N}_i$ 方向の速度成分, W_i は接線 $\boldsymbol{T}_i$ 方向の速度成分である.

$\{\boldsymbol{T}_i\}_{i=1}^{N}$ や $\{\boldsymbol{N}_i\}_{i=1}^{N}$ はすべて $\{\boldsymbol{X}_i\}_{i=1}^{N}$ から決定される. 後にみるように, $\{V_i\}_{i=1}^{N}$ や $\{W_i\}_{i=1}^{N}$ もすべて $\{\boldsymbol{X}_i\}_{i=1}^{N}$ から決定されるので, 微分方程式 (7.9) は, 正確には $2N$ 個の未知関数 $\{\boldsymbol{X}_i(t)\}_{i=1}^{N}$ に関する連立微分方程式系である.

(7.9) は次のようにも表現しておくと使い勝手がよい ($i = 1, 2, \ldots, N$).

$$\dot{\boldsymbol{X}}_i = (V_i\cos_i - W_i\sin_i)\boldsymbol{n}_i + (V_i\sin_i + W_i\cos_i)\boldsymbol{t}_i \tag{7.10}$$

$$= (V_i\cos_i + W_i\sin_i)\boldsymbol{n}_{i+1} + (-V_i\sin_i + W_i\cos_i)\boldsymbol{t}_{i+1}, \tag{7.11}$$

$$\dot{\boldsymbol{X}}_{i-1} = (V_{i-1}\cos_{i-1} + W_{i-1}\sin_{i-1})\boldsymbol{n}_i + (-V_{i-1}\sin_{i-1} + W_{i-1}\cos_{i-1})\boldsymbol{t}_i. \tag{7.12}$$

[問 7.2]　(7.10)–(7.12) を示せ.

折れ線 $\Gamma(t)$ の時間発展を追跡するには, 法線速度 $\{V_i\}_{i=1}^{N}$ と接線速度 $\{W_i\}_{i=1}^{N}$ を与えなければならないが, 法線速度 $\{V_i\}_{i=1}^{N}$ は動く曲線の問題と同様に個別問題に応じて定める. 一方, 接線速度 $\{W_i\}_{i=1}^{N}$ は, 個別問題ではなく折れ線の動き, すなわち点の配置に関わる量として扱われる. 例えば, 古典的曲率流方程式 $V = -\kappa$ に対応する折れ線の問題として, $V_i = -\hat{\kappa}_i$ と $W_i = 0$ が素朴に考えられるが, 以下で述べる理由により, V_i を与える代わりに第 i 辺 Γ_i 上の代表法線速度を導入する. そして, $W_i = 0$ として折れ線の時間発展を追跡すると, 多くの場合, 辺の長さが 0 になる, あるいは浮動小数点数として 0 とみなされるなどの現象を引き起こして, 数値計算が破綻する.

第 i 辺 Γ_i 上の代表法線速度を v_i とし, 8.2 節で後述するように個別問題に応じて v_i を与えて, 次の関係から V_i を定める.

$$V_i = \frac{v_i + v_{i+1}}{2\cos_i}. \tag{7.13}$$

この関係は, (7.6) における法線ベクトルの関係 $\boldsymbol{N}_i = \dfrac{\boldsymbol{n}_i + \boldsymbol{n}_{i+1}}{2\cos_i}$ の類似である (図 7.3).

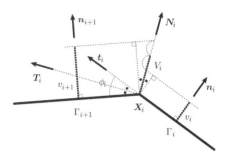

図 **7.3** V_i と v_i の関係

ただし，$V_i = \dot{\boldsymbol{X}}_i \cdot \boldsymbol{N}_i$ であるが，v_i は第 i 辺 Γ_i 上の代表法線速度であって，$\dot{\boldsymbol{X}}_i \cdot \boldsymbol{n}_i$ とは必ずしも一致しない．(すなわち，v_i は一般には $\dot{\boldsymbol{X}}_i$ の $\boldsymbol{n}_i$ 方向の速度成分ではない．) 個別問題に応じて v_i を与えて，(7.13) から V_i を決め，(7.9)$_\mathrm{p.160}$ の右辺に代入する方法を用いるのは，以下でみるように折れ線上の曲率 κ_i の決め方が滑らかな曲線上の曲率 κ の決め方の自然な離散版（人為的な差分を用いた離散化ではなく！）になっているからである．また，例えば，古典的曲率流方程式 $V = -\kappa$ に対応する折れ線の問題として，$V_i = -\hat{\kappa}_i$ ではなく $v_i = -\kappa_i$ として，(7.13) から $\hat{\Gamma}_i$ 上での「曲率」を

$$K_i = \frac{\kappa_i + \kappa_{i+1}}{2\cos_i} \qquad \text{on } \hat{\Gamma}_i \tag{7.14}$$

のように定義し，$V_i = -K_i$ のように定める方が，V_i に必要な頂点の個数が多いからである．ただし，近似の観点からはどちらも同じ精度である (7.3 節)．1.4 節で述べたように，丸め誤差の影響もあるので闇雲に多くの点を使って近似するのが必ずしもよい結果をもたらすとはいえないが，$\boldsymbol{X}_i$ の時間発展に隣接三点 $\boldsymbol{X}_i, \boldsymbol{X}_{i\pm 1}$ のみの情報を用いるよりも，根拠のある隣接五点 $\boldsymbol{X}_i, \boldsymbol{X}_{i\pm 1}, \boldsymbol{X}_{i\pm 2}$ の情報を用いる方が数値的に安定したよい結果をもたらすことが多い[1]．

[問 **7.3**] 局所的には，$\hat{\kappa}_i$ の算出に必要な頂点は $\boldsymbol{X}_i, \boldsymbol{X}_{i+1}$ の三点，κ_i の算出に必要な頂点は $\boldsymbol{X}_i, \boldsymbol{X}_{i\pm 1}, \boldsymbol{X}_{i-2}$ の四点，そして K_i の算出に必要な頂点は $\boldsymbol{X}_i, \boldsymbol{X}_{i\pm 1}, \boldsymbol{X}_{i\pm 2}$ の五点であることを示せ．

---

[1] これは経験則であるので，数値的安定性の理論的な根拠が欲しいところではあるが，まだその提示に至っていない．

7.1 時間変化する平面折れ線とその表現

Γ_i 上の曲率 κ_i の定義 $(7.7)_{\text{p.160}}$ と $\boldsymbol{X}_i$ における曲率 $\hat{\kappa}_i$ の定義 $(7.7)_{\text{p.160}}$ と第 i 辺 Γ_i 上の代表法線速度 v_i と V_i の関係式 $(7.13)_{\text{p.161}}$ の根拠を述べよう.それには周長 L の時間発展方程式が必要であるので,r_i の時間発展方程式を導く.

第 i 辺の長さは $r_i = (\boldsymbol{X}_i - \boldsymbol{X}_{i-1}) \cdot \boldsymbol{t}_i$ である.また,$|\boldsymbol{t}_i|^2 = 1$ の両辺を時間で微分すると $\boldsymbol{t}_i \cdot \dot{\boldsymbol{t}}_i = 0$ となる.$(7.10)_{\text{p.161}}$ と $(7.12)_{\text{p.161}}$ から

$$\begin{aligned}\dot{r}_i &= (\dot{\boldsymbol{X}}_i - \dot{\boldsymbol{X}}_{i-1}) \cdot \boldsymbol{t}_i \\ &= V_i \sin_i + V_{i-1}\sin_{i-1} + W_i\cos_i - W_{i-1}\cos_{i-1}\end{aligned} \tag{7.15}$$

を得る.これより,閉折れ線 Γ に対する周長 L の時間微分は,

$$\dot{L} = \sum_{i=1}^{N}(\boldsymbol{t}_i - \boldsymbol{t}_{i+1}) \cdot \dot{\boldsymbol{X}}_i = \sum_{i=1}^{N}\hat{\kappa}_i V_i \hat{r}_i = \sum_{i=1}^{N}\kappa_i v_i r_i \tag{7.16}$$

となる.この式は $(6.11)_{\text{p.137}}$ の離散版に対応しており,この対応から,κ_i と $\hat{\kappa}_i$ はそれぞれ Γ_i 上と $\hat{\Gamma}_i$ 上の $\boldsymbol{X}_i$ における「曲率」とみなすことができる.つまり,曲率は滑らかな曲線の第一変分として特徴付けられたように,κ_i と $\hat{\kappa}_i$ の「曲率」もそれぞれ折れ線の第一変分として特徴付けられたことになる.

また,Γ がジョルダン折れ線であった場合の Ω の面積 A の時間微分は,$(7.10)_{\text{p.161}}$ と $(7.11)_{\text{p.161}}$ を用いて,次のように整理される.

$$\begin{aligned}\dot{A} &= \sum_{i=1}^{N}\frac{r_i \boldsymbol{n}_i + r_{i+1}\boldsymbol{n}_{i+1}}{2} \cdot \dot{\boldsymbol{X}}_i = \sum_{i=1}^{N}\left(V_i\cos_i \hat{r}_i + W_i\sin_i \frac{r_{i+1} - r_i}{2}\right) \\ &= \sum_{i=1}^{N}v_i r_i + \text{err}_A,\end{aligned} \tag{7.17}$$

$$\text{err}_A = \sum_{i=1}^{N}\left(W_i\sin_i - \frac{v_{i+1} - v_i}{2}\right)\frac{r_{i+1} - r_i}{2}. \tag{7.18}$$

この式は $\text{err}_A = 0$ ならば $(6.13)_{\text{p.138}}$ の離散版に対応している.残念ながら (?) 一般には必ずしも $\text{err}_A = 0$ ではないが,つねに $\text{err}_A = 0$ とする方法は二つ考えられる.一つは $r_i \equiv \dfrac{L}{N}$ とする方法,もう一つは $W_i = \dfrac{v_{i+1} - v_i}{2\sin_i}$ とする方法である.前者はすべての辺の長さが等しいので一様配置法と呼ばれる.後者の接線速度はどのような意味があるだろうか.

もし v_i が $\dot{\boldsymbol{X}}_i$ の $\boldsymbol{n}_i$ 方向の速度成分であったならば，$v_i = \dot{\boldsymbol{X}}_i \cdot \boldsymbol{n}_i$, $v_{i+1} = \dot{\boldsymbol{X}}_i \cdot \boldsymbol{n}_{i+1}$ であるので，$(7.5)_{\mathrm{p.160}}$ と $\dot{\boldsymbol{X}}_i$ の内積をとれば $W_i = \dfrac{v_{i+1} - v_i}{2\sin_i}$ を得る．よって，v_i が $\dot{\boldsymbol{X}}_i$ の $\boldsymbol{n}_i$ 方向の速度成分となる意味を考えよう．そのために接線角度 θ_i の時間発展方程式を導く．

$$\boldsymbol{t}_i = \frac{\boldsymbol{X}_i - \boldsymbol{X}_{i-1}}{r_i} = \begin{pmatrix} \cos\theta_i \\ \sin\theta_i \end{pmatrix}$$

の辺々を t で微分すると，

$$\dot{\boldsymbol{t}}_i = \frac{\dot{\boldsymbol{X}}_i - \dot{\boldsymbol{X}}_{i-1}}{r_i} - \frac{\dot{r}_i}{r_i}\boldsymbol{t}_i = -\dot{\theta}_i \boldsymbol{n}_i$$

となる．これより，$(7.10)_{\mathrm{p.161}}$ と $(7.12)_{\mathrm{p.161}}$ を用いて整理すると，

$$\begin{aligned}\dot{\theta}_i &= -\frac{\dot{\boldsymbol{X}}_i \cdot \boldsymbol{n}_i - \dot{\boldsymbol{X}}_{i-1} \cdot \boldsymbol{n}_i}{r_i} \\ &= -\frac{1}{r_i}(V_i\cos_i - V_{i-1}\cos_{i-1} - W_i\sin_i - W_{i-1}\sin_{i-1}) \end{aligned} \quad (7.19)$$

となる．ここに $(7.13)_{\mathrm{p.161}}$ と $W_i = \dfrac{v_{i+1} - v_i}{2\sin_i}$ を代入すると，

$$\dot{\theta}_i = -\frac{1}{r_i}\left(\frac{v_{i+1}+v_i}{2} - \frac{v_i+v_{i-1}}{2} - \frac{v_{i+1}-v_i}{2} - \frac{v_i-v_{i-1}}{2}\right) = 0$$

を得る．接線角度が時間変化しないのであるから，辺の長さが 0 にならない限り $\Gamma_i(0)$ と $\Gamma_i(t)$ は平行である．このような折れ線はある特定のクラスに制限された折れ線といえる．例えば，雪の結晶成長に対して，雪の結晶を折れ線で近似して，折れ線の各辺は正六角形のある辺と平行になっているような簡易モデルが考えられるように，特定のクラスにおける動く折れ線は意味のある運動を提供する．一般に，このような折れ線 $\Gamma(t)$ の時間発展方程式は，クリスタライン曲率流方程式や折れ線曲率流方程式と呼ばれ，多くの研究がなされている．詳しくは，邦文記事の [137, 7.3 節] や [32, 135, 47]，あるいは論文 [7, 59, 6, 122] などを参照されたい．

　上で導入した「曲率」の他にも $\boldsymbol{X}_i$ における「法線」ベクトルの定義とともに，種々の定式化や工夫がなされてきた．1990 年頃より発展してきた移動境界問題の数値解法小史を辿りながら，次節でそれらを概観しよう．

7.2 頂点や辺上の「曲率」と頂点における「法線」方向の変遷

滑らかな曲線 $\mathcal{C}$ の曲率 κ はいくつかの定義が知られているが，本節ではそれらの離散化や離散版を考える．次の五つは代表的な曲率の定義である．

7.2.1項　周長の第一変分：$\dot{\mathcal{L}} = \int_{\mathcal{C}} \kappa V \, ds$

7.2.2項　フレネ・セレの公式（曲率ベクトル）：$\boldsymbol{\kappa} = \kappa \boldsymbol{N} = -\boldsymbol{T}_s$

7.2.3項　古典的曲率流方程式：$\dot{\boldsymbol{X}} = \boldsymbol{X}_{ss} \Leftrightarrow V = -\kappa, \, W = 0$

7.2.5項　曲率半径 R の符号付き逆数：$\kappa = \pm \dfrac{1}{R}$

7.2.6項　接線角度の弧長微分：$\kappa = \theta_s$

なお，以降に出てくる論文は必ずしも内容的なつながりや発展の順に出版されていないので，出版年が多少前後しても説明のしやすい順に整列してある．7.2.4項は，曲率よりも $\dot{\boldsymbol{X}} \approx \boldsymbol{X}''$ の離散化を意識した研究をまとめた．

7.2.1 周長の第一変分

本項は前節までのまとめである．$(7.7)_{\text{p.160}}$ で Γ_i 上の「曲率」を

$$\kappa_i = \frac{\tan_i + \tan_{i-1}}{r_i} \qquad \text{on } \Gamma_i$$

と定義し，$(7.8)_{\text{p.160}}$ で $\hat{\Gamma}_i$ 上の「曲率」を

$$\hat{\kappa}_i = \frac{2\sin_i}{\hat{r}_i} \qquad \text{on } \hat{\Gamma}_i$$

と定義した．これらは $(7.13)_{\text{p.161}}$ で定義した Γ_i 上の代表法線速度 v_i と $\boldsymbol{X}_i$ の法線速度 V_i の関係 $V_i = \dfrac{v_i + v_{i+1}}{2\cos_i}$ を通して，周長 L の時間微分 $(7.16)_{\text{p.163}}$ から，$(6.11)_{\text{p.137}}$ の離散版として

$$\dot{L} = \sum_{i=1}^{N} \hat{\kappa}_i V_i \hat{r}_i = \sum_{i=1}^{N} \kappa_i v_i r_i$$

のように得られるものであった．また，Γ_i の法線ベクトルは $\boldsymbol{n}_i$ で，$\boldsymbol{X}_i$ における「法線」ベクトルは，$\boldsymbol{N}_i = \dfrac{\boldsymbol{n}_i + \boldsymbol{n}_{i+1}}{2\cos_i}$ であった（$(7.6)_{\text{p.160}}$）．

さらに，$(7.14)_{\text{p.162}}$ で，古典的曲率流 $V = -\kappa$ の離散版の $v_i = -\kappa_i$ から得られる $\boldsymbol{X}_i$ の隣接 5 点を用いた $\hat{\Gamma}_i$ 上の「曲率」を

$$K_i = \frac{\kappa_i + \kappa_{i+1}}{2\cos_i} \quad \text{on } \hat{\Gamma}_i$$

のようにも定義した．

7.2.2 曲率ベクトル

Kimura [56, 57](1994, 1997): $\dot{\boldsymbol{X}} = -\kappa \boldsymbol{N} + W\boldsymbol{T}$ の全離散化

接線ベクトルは 5 点近似，接線速度 α は漸近的一様配置法を用いて，次のように半離散化した．（時間については陽解法で離散化する．）

$$\dot{\boldsymbol{X}}_i = -\boldsymbol{\kappa}_i^{(K)} + W_i^{(K)}\boldsymbol{T}_i^{(K)}.$$

ここで，

$$\boldsymbol{\kappa}_i^{(K)} = \mu\hat{\kappa}_i\boldsymbol{N}_i + (1-\mu)\frac{2(\boldsymbol{T}_- - \boldsymbol{T}_+)}{r_- + r_+},$$

$$\boldsymbol{T}_\pm = \pm\frac{\boldsymbol{X}_{i\pm 2} - \boldsymbol{X}_i}{r_\pm}, \quad r_\pm = |\boldsymbol{X}_{i\pm 2} - \boldsymbol{X}_i|,$$

$$\boldsymbol{T}_i^{(K)} = \frac{1}{6}\left(\boldsymbol{T}_+ + 4\boldsymbol{t}_{i+1} + 4\boldsymbol{t}_i + \boldsymbol{T}_-\right) = \frac{1}{6}\left(\boldsymbol{T}_+ + 8\cos_i\boldsymbol{T}_i + \boldsymbol{T}_-\right),$$

$$W_i^{(K)} - W_{i-1}^{(K)} = \left(\frac{L}{N} - r_i\right)\omega, \quad \sum_{i=1}^{N} W_i^{(K)} = 0, \quad \omega = \frac{1}{\Delta t}.$$

なお，Δt は時間ステップである．第 m 時間ステップにおける時刻を $t_m = m\Delta t$ とし，第 m 時間ステップの折れ線を $\Gamma^m \approx \Gamma(t_m)$ としたとき，収束性 $\text{dist}(\Gamma^m, \mathcal{C}(t_m)) = O(N^{-2})$ $(N \to \infty)$ が示された．これ以降，$\text{dist}(P, Q)$ は集合 P と Q の何らかの意味での距離とする．「曲率」と「法線」ベクトルは，それぞれ $\hat{\kappa}_i^{(K)} = \boldsymbol{\kappa}_i^{(K)} \cdot \boldsymbol{N}_i^{(K)}$ と $\boldsymbol{N}_i^{(K)} = -\boldsymbol{T}_i^{(K)\perp}$ である（$|\boldsymbol{T}_i^{(K)}| \approx 1$）．

7.2.3 古典的曲率流方程式

Dziuk [18](1994): $\dot{\boldsymbol{X}} = \boldsymbol{X}_{ss}$ の半離散化

有限要素法の集中質量近似を用いて，次式を提案した．

$$\dot{\boldsymbol{X}}_i = \frac{1}{\hat{r}_i}\left(\frac{\boldsymbol{X}_{i+1} - \boldsymbol{X}_i}{r_{i+1}} - \frac{\boldsymbol{X}_i - \boldsymbol{X}_{i-1}}{r_i}\right) = -\hat{\kappa}_i \boldsymbol{N}_i.$$

また，収束性 $\text{dist}(\Gamma(t), \mathcal{C}(t)) = O(N^{-1})$ が示された．

Deckelnick & Dziuk [15](1995): $\dot{X} = g^{-2} X''$ の半離散化

$\dot{X} = X_{ss} + WT$ において，接線速度を $W = -(g^{-1})'$ とすれば，$\dot{X} = g^{-2} X''$ を得る．これを次のように離散化した．

$$\dot{X}_i = \frac{2}{r_i^2 + r_{i+1}^2} (X_{i+1} - 2X_i + X_{i-1}).$$

収束性は Dziuk [18] と同じだが，「曲率」と「法線」ベクトルは不明瞭である．（あえて明示していない．）

Nakayama et al. [84](1997): $\dot{X} = g^{-2} X''$ の半離散化

Deckelnick & Dziuk [15] の近似に近い．

$$\dot{X}_i = \frac{\phi_i}{r_i r_{i+1} \sin \phi_i} (X_{i+1} - 2X_i + X_{i-1}).$$

特徴は，古典的曲率流方程式のもつ二つの顕著な性質である曲線短縮性 $\dot{L} \leq 0$ と面積速度 $\dot{A} = -2\pi$ の離散版を再現していることである．

$$\dot{L} = -\sum_{i=1}^{N} \left(\frac{1}{r_i} + \frac{1}{r_{i+1}} \right) \phi_i \tan_i \leq 0, \quad \dot{A} = -\sum_{i=1}^{N} \phi_i = -2\pi.$$

Deckelnick & Dziuk と同じく「曲率」と「法線」ベクトルは明示されていない．

7.2.4 離散版古典的曲率流方程式

以下は古典的曲率流方程式の離散化近似の観点よりも，類似の性質をもつ離散版の研究というスタンスである．

Ahara et al. [1](1992): $\dot{X} \approx X''$ の全離散版

N 点近似の全離散スキーム

$$X_i^{m+1} = \sum_{j=0}^{N-1} c_j X_{i+j}^m, \quad c_j \in [0, 1), \quad \sum_{j=0}^{N-1} c_j = 1$$

を提案．漸近挙動などを解析．

Bruckstein et al. [10](1995): $\dot{X} \approx X''$ の全離散版

アフィン折れ線曲率流として，全離散スキーム

$$X_i^{m+1} = \frac{c}{2}X_{i+1}^m + (1-c)X_i^m + \frac{c}{2}X_{i-1}^m, \quad c \in \mathbb{R} \tag{7.20}$$

を提案．折れ線版楕円の定義とそれへの漸近的収束などを示した．

Smith et al. [114](2005): $\dot{X} \approx X''$ の半離散版

隣接点の中心に向かう流れとして，

$$\dot{X}_i = \frac{1}{2}(X_{i+1} - 2X_i + X_{i-1}) = \frac{X_{i+1} + X_{i-1}}{2} - X_i$$

を提案．凸性の保存，周長短縮などの性質をもつ．

Chow & Glickenstein [13](2007): $\dot{X} \approx X''$ の半離散版

Ahara et al. や Bruckstein et al. に包摂される．勾配流としての特徴付けをしている．実際，$F_\mu(X) = \mu^{-1}\sum_{i=1}^N r_i^\mu$ ($\mu > 0$) の勾配流 $\dot{X}_i = -\nabla_i F_\mu(X)$ において，$\mu = 2$ のとき，

$$\dot{X}_i = X_{i+1} - 2X_i + X_{i-1}$$

となる．右辺が「法線」方向そのものである．線形なので詳しく解析できる．一般の $\mu \geq 2$ のときは，Glickenstein & Liang [36] において研究されている．

7.2.5 曲率半径の逆数

Jecko & Léger [49](2002): メンガー曲率流方程式

一直線上にない三点 X_{i-1}, X_i, X_{i+1} を通る円の中心を o_i とし，半径を R_i とすると，

$$\begin{cases} (X_i - o_i) \cdot t_i = r_i/2 \\ (X_i - o_i) \cdot (-t_{i+1}) = r_{i+1}/2 \end{cases} \Leftrightarrow X_i - o_i = \frac{r_i n_{i+1} + r_{i+1} n_i}{2\sin\phi_i}$$

の関係がわかる．ここで，

$$|r_i \boldsymbol{n}_{i+1} + r_{i+1} \boldsymbol{n}_i|^2 = r_i^2 + 2 r_i r_{i+1} \cos \phi_i + r_{i+1}^2$$
$$= |r_i \boldsymbol{t}_i + r_{i+1} \boldsymbol{t}_{i+1}|^2 = |\boldsymbol{X}_{i+1} - \boldsymbol{X}_{i-1}|^2$$

である．曲率半径は $R_i = |\boldsymbol{X}_i - \boldsymbol{o}_i|$ であるから，$\boldsymbol{X}_i$ における「曲率」は，曲率半径の逆数に符号をつけて，

$$\hat{\kappa}_i^{(M)} = \frac{2 \sin \phi_i}{|\boldsymbol{X}_{i+1} - \boldsymbol{X}_{i-1}|}$$

となる．これをメンガー (Menger) 曲率という．また，$\boldsymbol{X}_i - \boldsymbol{o}_i$ が「法線」方向であるから，$\boldsymbol{X}_i$ における外向き単位「法線」ベクトルとして，

$$\boldsymbol{N}_i^{(M)} = \frac{r_i \boldsymbol{n}_{i+1} + r_{i+1} \boldsymbol{n}_i}{|\boldsymbol{X}_{i+1} - \boldsymbol{X}_{i-1}|}$$

を得る．ϕ_i^- を $\boldsymbol{n}_i$ と $\boldsymbol{N}_i^{(M)}$ のなす角，ϕ_i^+ を $\boldsymbol{N}_i^{(M)}$ と $\boldsymbol{n}_{i+1}$ のなす角とすると，

$$\hat{\kappa}_i^{(M)} = \frac{\sin \phi_i^- + \sin \phi_i^+}{\hat{r}_i}$$

と書くこともできる．これより，メンガー曲率流方程式

$$\dot{\boldsymbol{X}}_i = \frac{2 \sin \phi_i}{|\boldsymbol{X}_{i+1} - \boldsymbol{X}_{i-1}|^2} \left(\frac{r_i}{r_{i+1}} (\boldsymbol{X}_{i+1} - \boldsymbol{X}_i) + \frac{r_{i+1}}{r_i} (\boldsymbol{X}_i - \boldsymbol{X}_{i-1}) \right)^\perp$$
$$= -\hat{\kappa}_i^{(M)} \boldsymbol{N}_i^{(M)}$$

が定式化される．複素数 $z_i = x_i + \sqrt{-1}\, y_i$ ($\boldsymbol{X}_i = (x_i, y_i)^\mathrm{T}$) を使えば，

$$\dot{z}_i = \frac{1}{z_{i+1} - z_{i-1}} \left(\frac{z_{i+1} - z_i}{\bar{z}_{i+1} - \bar{z}_i} - \frac{z_i - z_{i-1}}{\bar{z}_i - \bar{z}_{i-1}} \right)$$

と表現できる（$\bar{z}$ は z の共役）．Bruckstein et al. [10] においても数値計算されているが，詳しい解析は Jecko & Léger [49] によってなされている．

7.2.6 接線角度の弧長微分

Roberts [98](1993): クリスタライン的な曲率

 Roberts は，数値計算の観点から結果的に $W_i = \dfrac{v_{i+1} - v_i}{2 \sin_i}$ とする方法を提案しているが，これはクリスタライン曲率流方程式に他ならない．そして，Γ_i

上の「曲率」を

$$\kappa_i^{(R)} = \frac{\theta_{i+1} - \theta_{i-1}}{2|\bar{\boldsymbol{X}}_{i+1} - \bar{\boldsymbol{X}}_{i-1}|}$$

と定義している. κ_i とは異なるが性質は似ている. 例えば, $\theta_{i+1} = \theta_{i-1}$ のとき, $\phi_i = -\phi_{i-1}$ だから, $\kappa_i^{(R)} = \kappa_i = 0$ である.

Mikula & Ševčovič [71](2001): Flowing Finite Volumes (FFV)

FFV の方法は, Mikula & Ševčovič がこの論文以来, 積極的に使っている手法で, 以下のようなものである. $\kappa = \theta_s$ を Γ_i で考える. κ は Γ_i で一定とし, これを $\kappa_i^{(F)}$ と表すと,

$$\int_{\Gamma_i} \kappa \, ds = \kappa_i^{(F)} \int_{\Gamma_i} ds = \kappa_i^{(F)} r_i,$$
$$\int_{\Gamma_i} \theta_s \, ds = [\theta]_{\boldsymbol{X}_{i-1}}^{\boldsymbol{X}_i} = \hat{\theta}_i - \hat{\theta}_{i-1} = \frac{\theta_{i+1} - \theta_{i-1}}{2} = \frac{\phi_i + \phi_{i-1}}{2}$$

より, $\hat{\phi}_i = \dfrac{\phi_i + \phi_{i-1}}{2}$ とすれば, 次がわかる.

$$\kappa_i^{(F)} = \frac{\hat{\phi}_i}{r_i}. \tag{7.21}$$

これはほぼ κ_i に等しい. 実際,

$$\kappa_i^{(F)} = \frac{\phi_i/2 + \phi_{i-1}/2}{r_i} \approx \frac{\tan(\phi_i/2) + \tan(\phi_{i-1}/2)}{r_i} = \kappa_i$$

である.

他の例として, $\dot{\boldsymbol{X}} = \boldsymbol{X}_{ss}$ に $\hat{\Gamma}_i$ 上で FFV 手法を施すと, $\dot{\boldsymbol{X}}$ は一定で $\dot{\boldsymbol{X}}_i$ であるから,

$$\int_{\hat{\Gamma}_i} \dot{\boldsymbol{X}} \, ds = \dot{\boldsymbol{X}}_i \int_{\hat{\Gamma}_i} ds = \dot{\boldsymbol{X}}_i \hat{r}_i,$$
$$\int_{\hat{\Gamma}_i} \boldsymbol{X}_{ss} \, ds = \int_{\hat{\Gamma}_i} \boldsymbol{t}_s \, ds = [\boldsymbol{t}]_{\bar{\boldsymbol{X}}_i}^{\bar{\boldsymbol{X}}_{i+1}} = \boldsymbol{t}_{i+1} - \boldsymbol{t}_i = -2\sin_i \boldsymbol{N}_i$$

より, $\dot{\boldsymbol{X}}_i = -\hat{\kappa}_i \boldsymbol{N}_i$ を得る. これは Dziuk の提案したものに他ならない.

同様に，$\kappa = \theta_s$ を $\hat{\Gamma}_i$ で考えると，

$$\hat{\kappa}_i^{(F)} = \frac{\phi_i}{\hat{r}_i} \tag{7.22}$$

を得る．$\phi_i > 0$ のとき，この「曲率」は多角形の曲率として，Borrelli et al. [8]，Park [95]，Cufí et al. [14] で定義されたものに一致する．また，これはほぼ $\hat{\kappa}_i$ に等しい．実際，

$$\hat{\kappa}_i^{(F)} = \frac{2\phi_i/2}{\hat{r}_i} \approx \frac{2\sin(\phi_i/2)}{\hat{r}_i} = \hat{\kappa}_i.$$

また，メンガー曲率にもほぼ等しい．実際，$\phi_i = \phi_i^- + \phi_i^+$ であるから，

$$\hat{\kappa}_i^{(F)} = \frac{\phi_i^- + \phi_i^+}{\hat{r}_i} \approx \frac{\sin\phi_i^- + \sin\phi_i^+}{\hat{r}_i} = \hat{\kappa}_i^{(M)}$$

である．

7.3 「曲率」$\kappa_i, K_i, \hat{\kappa}_i$ は曲率の近似か

Γ_i 上の「曲率」κ_i や $\hat{\Gamma}_i$ 上の「曲率」K_i と $\hat{\kappa}_i$ を定義したが，これらは滑らかな曲線の曲率の近似になっているか．本節ではこれを検証したい．

滑らかな曲線 $\mathcal{C}$ のパラメータは u であったが，ここでは弧長パラメータ s で媒介変数表示されているとする．すなわち，$\mathcal{C} : \boldsymbol{X}(s)$ とする．このとき，曲線 $\mathcal{C}$ の全長（周長）は $\mathcal{L} = \int_{\mathcal{C}} ds$ となる．よって，$s \in [0, \mathcal{L}]$ である．以下，$\mathsf{F}_s = d\mathsf{F}/ds$ は弧長パラメータ s による関数 $\mathsf{F}(s)$ の微分とする．さらに，$\mathsf{F}_{ss} = d\mathsf{F}_s/ds$, $\mathsf{F}_{sss} = d\mathsf{F}_{ss}/ds$, $\mathsf{F}_4 = d\mathsf{F}_{sss}/ds$, $\mathsf{F}_5 = d\mathsf{F}_4/ds$ と表す．例えば，$\boldsymbol{X}_s = \boldsymbol{T}$, $\boldsymbol{X}_{ss} = \boldsymbol{T}_s = -\kappa \boldsymbol{N}$ などは従来通りである．6.1 節などにおいてパラメータ u を用いずに弧長パラメータ s で曲線論を展開すればよいだろうと思う向きもあろうが，数値計算を念頭においた実用において曲線の長さを測ることが難しいので，一般のパラメータ u を用いた．しかし，本節のように近似理論を展開するうえでは弧長パラメータの方が都合がよい．

曲線 $\mathcal{C}$ の全長（周長）を N 等分割し，

$$\boldsymbol{X}_i = \boldsymbol{X}(s_i), \quad s_i = i\sigma, \quad \sigma = \frac{\mathcal{L}}{N} \quad (i = 0, 1, \ldots, N)$$

とする．こうした折れ線 Γ を作ると，$\{\boldsymbol{X}_i\}_{i=0}^{N} \subset \mathcal{C} \cap \Gamma$ である（閉曲線の場合は $\boldsymbol{X}_0 = \boldsymbol{X}_N$）．ここで，$\boldsymbol{X}_s(s_i) = \boldsymbol{T}(s_i)$ である．ただし，折れ線の「接線」ベクトル $\boldsymbol{T}_i$ は $\boldsymbol{T}(s_i)$ に等しいかどうかはわからない．本節の目標は，滑らかな曲線上の第 i 頂点 $\boldsymbol{X}_i$ における曲率 $\kappa(s_i)$ と，折れ線の「曲率」$\hat{\kappa}_i$ や K_i の比較である．

結論からいうと，σ が十分に 0 に近ければ，すなわち N が十分に大きければ，以下の近似評価を得る．

$$\kappa_i = \kappa - \frac{1}{2}\kappa_s\sigma + \frac{1}{24}(8\kappa_{ss} + 3\kappa^3)\sigma^2 + O(\sigma^3),$$

$$\kappa_{i+1} = \kappa + \frac{1}{2}\kappa_s\sigma + \frac{1}{24}(8\kappa_{ss} + 3\kappa^3)\sigma^2 + O(\sigma^3),$$

$$K_i = \kappa + \frac{1}{12}(4\kappa_{ss} + 3\kappa^3)\sigma^2 + O(\sigma^3),$$

$$\hat{\kappa}_i = \kappa + \frac{1}{12}\kappa_{ss}\sigma^2 + O(\sigma^3).$$

ここで，また今後も，何も断らない限り F(s_i) を F と書くことにする．

以下，これらの評価を導こう．まず，第 i 頂点 $\boldsymbol{X}_i = \boldsymbol{X}(s_i)$ と，その前後の四つの点

$$\boldsymbol{X}_{i\pm 1} = \boldsymbol{X}(s_i \pm \sigma), \quad \boldsymbol{X}_{i\pm 2} = \boldsymbol{X}(s_i \pm 2\sigma)$$

を合わせた，五つの点から近似される第 i 頂点 $\boldsymbol{X}_i$ におけるさまざまな曲率の近似を考える．曲線は十分に滑らかであるとすると，テイラー展開より，

$$\boldsymbol{X}_{i\pm 1} = \boldsymbol{X}_i \pm \boldsymbol{X}_s\sigma + \frac{1}{2!}\boldsymbol{X}_{ss}\sigma^2 \pm \frac{1}{3!}\boldsymbol{X}_{sss}\sigma^3 + \frac{1}{4!}\boldsymbol{X}_4\sigma^4 \pm \frac{1}{5!}\boldsymbol{X}_5\sigma^5 + O(\sigma^6)$$

となる．ここで，

$$\boldsymbol{X}_s = \boldsymbol{T}, \quad \boldsymbol{X}_{ss} = -\kappa\boldsymbol{N}, \quad \boldsymbol{X}_{sss} = -\kappa_s\boldsymbol{N} - \kappa\boldsymbol{N}_s = -\kappa_s\boldsymbol{N} - \kappa^2\boldsymbol{T},$$

$$\boldsymbol{X}_4 = -\kappa_{ss}\boldsymbol{N} - \kappa_s\boldsymbol{N}_s - 2\kappa\kappa_s\boldsymbol{T} - \kappa^2\boldsymbol{T}_s$$

$$= -\kappa_{ss}\boldsymbol{N} - \kappa\kappa_s\boldsymbol{T} - 2\kappa\kappa_s\boldsymbol{T} + \kappa^3\boldsymbol{N} = -(\kappa_{ss} - \kappa^3)\boldsymbol{N} - 3\kappa\kappa_s\boldsymbol{T},$$

$$\boldsymbol{X}_5 = -(\kappa_{ss} - \kappa^3)_s\boldsymbol{N} - (\kappa_{ss} - \kappa^3)\boldsymbol{N}_s - 3\kappa_s^2\boldsymbol{T} - 3\kappa\kappa_{ss}\boldsymbol{T} - 3\kappa\kappa_s\boldsymbol{T}_s$$

$$= -(\kappa_{sss} - 3\kappa^2\kappa_s)\boldsymbol{N} - (\kappa_{ss} - \kappa^3)\kappa\boldsymbol{T} - 3\kappa_s^2\boldsymbol{T} - 3\kappa\kappa_{ss}\boldsymbol{T} + 3\kappa^2\kappa_s\boldsymbol{N}$$

$$= -(\kappa_{sss} - 6\kappa^2\kappa_s)\boldsymbol{N} - (4\kappa\kappa_{ss} + 3\kappa_s^2 - \kappa^4)\boldsymbol{T}$$

7.3 「曲率」$\kappa_i, K_i, \hat{\kappa}_i$ は曲率の近似か

から，$|\boldsymbol{X}_s| = 1$, $|\boldsymbol{X}_{ss}| = |\kappa|$, $|\boldsymbol{X}_{sss}| = \sqrt{\kappa_s^2 + \kappa^4}$ と $\boldsymbol{X}_s \cdot \boldsymbol{X}_{ss} = 0$ および

$$\boldsymbol{X}_s \cdot \boldsymbol{X}_{sss} = -\kappa^2, \quad \boldsymbol{X}_s \cdot \boldsymbol{X}_4 = -3\kappa\kappa_s, \quad \boldsymbol{X}_{ss} \cdot \boldsymbol{X}_{sss} = \kappa\kappa_s,$$

$$\boldsymbol{X}_s \cdot \boldsymbol{X}_5 = -(4\kappa\kappa_{ss} + 3\kappa_s^2 - \kappa^4), \quad \boldsymbol{X}_{ss} \cdot \boldsymbol{X}_4 = \kappa\kappa_{ss} - \kappa^4$$

を得る．これより，

$$\begin{aligned}
&|\boldsymbol{X}_{i\pm1} - \boldsymbol{X}_i|^2 \\
&= \Big(\pm \boldsymbol{X}_s + \frac{1}{2!}\boldsymbol{X}_{ss}\sigma \pm \frac{1}{3!}\boldsymbol{X}_{sss}\sigma^2 + \frac{1}{4!}\boldsymbol{X}_4\sigma^3 \pm \frac{1}{5!}\boldsymbol{X}_5\sigma^4 + O(\sigma^5)\Big)\sigma \\
&\quad \cdot \Big(\pm \boldsymbol{X}_s + \frac{1}{2!}\boldsymbol{X}_{ss}\sigma \pm \frac{1}{3!}\boldsymbol{X}_{sss}\sigma^2 + \frac{1}{4!}\boldsymbol{X}_4\sigma^3 \pm \frac{1}{5!}\boldsymbol{X}_5\sigma^4 + O(\sigma^5)\Big)\sigma \\
&= \Big\{|\boldsymbol{X}_s|^2 \pm \boldsymbol{X}_s \cdot \boldsymbol{X}_{ss}\sigma + \Big(\frac{1}{3}\boldsymbol{X}_s \cdot \boldsymbol{X}_{sss} + \frac{1}{4}|\boldsymbol{X}_{ss}|^2\Big)\sigma^2 \\
&\quad \pm \Big(\frac{1}{12}\boldsymbol{X}_s \cdot \boldsymbol{X}_4 + \frac{1}{6}\boldsymbol{X}_{ss} \cdot \boldsymbol{X}_{sss}\Big)\sigma^3 \\
&\quad + \Big(\frac{2}{5!}\boldsymbol{X}_s \cdot \boldsymbol{X}_5 + \frac{1}{4!}\boldsymbol{X}_{ss} \cdot \boldsymbol{X}_4 + \frac{1}{3! \cdot 3!}|\boldsymbol{X}_{sss}|^2\Big)\sigma^4 + O(\sigma^5)\Big\}\sigma^2 \\
&= \Big\{1 - \frac{1}{12}\kappa^2\sigma^2 \mp \frac{1}{12}\kappa\kappa_s\sigma^3 \\
&\quad + \Big(-\frac{1}{60}(4\kappa\kappa_{ss} + 3\kappa_s^2 - \kappa^4) + \frac{1}{24}(\kappa\kappa_{ss} - \kappa^4) + \frac{1}{36}(\kappa_s^2 + \kappa^4)\Big)\sigma^4 \\
&\quad + O(\sigma^5)\Big\}\sigma^2 \\
&= \Big\{1 - \frac{1}{12}\kappa^2\sigma^2 \mp \frac{1}{12}\kappa\kappa_s\sigma^3 + \Big(-\frac{1}{40}\kappa\kappa_{ss} - \frac{1}{45}\kappa_s^2 + \frac{1}{360}\kappa^4\Big)\sigma^4 \\
&\quad + O(\sigma^5)\Big\}\sigma^2 \\
&= (1 - h\sigma^2)\sigma^2.
\end{aligned}$$

ここで，$h = h_0 + h_1\sigma + h_2\sigma^2 + O(\sigma^3)$ で，

$$h_0 = \frac{1}{12}\kappa^2, \quad h_1 = \pm\frac{1}{12}\kappa\kappa_s, \quad h_2 = \frac{1}{40}\kappa\kappa_{ss} + \frac{1}{45}\kappa_s^2 - \frac{1}{360}\kappa^4$$

とした．

よって，

$$|\boldsymbol{X}_{i\pm 1} - \boldsymbol{X}_i| = \sigma\sqrt{1 - h\sigma^2}$$
$$= \sigma\Big(1 - \frac{1}{2}h\sigma^2 + \frac{1}{8}h^2\sigma^4 + O(\sigma^6)\Big)$$
$$= \sigma\Big\{1 - \frac{1}{2}h_0\sigma^2 - \frac{1}{2}h_1\sigma^3 + \Big(-\frac{1}{2}h_2 + \frac{1}{8}h_0^2\Big)\sigma^4 + O(\sigma^5)\Big\}$$
$$= \sigma\Big\{1 - \frac{1}{24}\kappa^2\sigma^2 \mp \frac{1}{24}\kappa\kappa_s\sigma^3 - \Big(\frac{1}{80}\kappa\kappa_{ss} + \frac{1}{90}\kappa_s^2 - \frac{13}{8\cdot 720}\kappa^4\Big)\sigma^4 + O(\sigma^5)\Big\}$$
$$= \begin{cases} r_{i+1} \\ r_i \end{cases}$$

となる．ここで，$\begin{cases} \circ \\ \bullet \end{cases}$ は複号（±や∓）の上段・下段に合わせた場合分けとする．

$$\hat{r}_i = \frac{r_i + r_{i+1}}{2}$$
$$= \sigma\Big\{1 - \frac{1}{24}\kappa^2\sigma^2 - \Big(\frac{1}{80}\kappa\kappa_{ss} + \frac{1}{90}\kappa_s^2 - \frac{13}{8\cdot 720}\kappa^4\Big)\sigma^4 + O(\sigma^5)\Big\}$$

かつ，
$$\frac{1}{\hat{r}_i} = \frac{1}{\sigma}\Big\{1 + \frac{1}{24}\kappa^2\sigma^2 + \Big(\frac{1}{80}\kappa\kappa_{ss} + \frac{1}{90}\kappa_s^2 - \frac{1}{8\cdot 240}\kappa^4\Big)\sigma^4 + O(\sigma^5)\Big\}$$

を得る．

また，
$$\frac{1}{|\boldsymbol{X}_{i\pm 1} - \boldsymbol{X}_i|} = \frac{1}{\sigma}\big(1 - h\sigma^2\big)^{-1/2}$$
$$= \frac{1}{\sigma}\Big(1 + \frac{1}{2}h\sigma^2 + \frac{3}{8}h^2\sigma^4 + O(\sigma^6)\Big)$$
$$= \frac{1}{\sigma}\Big\{1 + \frac{1}{2}\big(h_0 + h_1\sigma + h_2\sigma^2 + O(\sigma^3)\big)\sigma^2 + \frac{3}{8}\big(h_0 + O(\sigma)\big)^2\sigma^4 + O(\sigma^6)\Big\}$$
$$= \frac{1}{\sigma}\Big\{1 + \frac{1}{2}\big(h_0 + h_1\sigma + \big(h_2 + \frac{3}{4}h_0^2\big)\sigma^2 + O(\sigma^3)\big)\sigma^2\Big\}$$
$$= \frac{1}{\sigma}(1 + H\sigma^2).$$

ここで，$H = H_0 + H_1\sigma + H_2\sigma^2 + O(\sigma^3)$ で，
$$H_0 = \frac{1}{2}h_0 = \frac{1}{24}\kappa^2, \quad H_1 = \frac{1}{2}h_1 = \pm\frac{1}{24}\kappa\kappa_s$$
$$H_2 = \frac{1}{2}h_2 + \frac{3}{8}h_0^2 = \frac{1}{80}\kappa\kappa_{ss} + \frac{1}{90}\kappa_s^2 + \frac{7}{8\cdot 720}\kappa^4$$

7.3 「曲率」$\kappa_i, K_i, \hat{\kappa}_i$ は曲率の近似か

とした．よって，

$$\frac{1}{r_i} = \frac{1}{|\boldsymbol{X}_{i-1} - \boldsymbol{X}_i|}$$
$$= \frac{1}{\sigma}\Big\{1 + \frac{1}{24}\kappa^2\sigma^2 - \frac{1}{24}\kappa\kappa_s\sigma^3$$
$$+ \Big(\frac{1}{80}\kappa\kappa_{ss} + \frac{1}{90}\kappa_s^2 + \frac{7}{8\cdot 720}\kappa^4\Big)\sigma^4 + O(\sigma^5)\Big\},$$

$$\frac{1}{r_{i+1}} = \frac{1}{|\boldsymbol{X}_{i+1} - \boldsymbol{X}_i|}$$
$$= \frac{1}{\sigma}\Big\{1 + \frac{1}{24}\kappa^2\sigma^2 + \frac{1}{24}\kappa\kappa_s\sigma^3$$
$$+ \Big(\frac{1}{80}\kappa\kappa_{ss} + \frac{1}{90}\kappa_s^2 + \frac{7}{8\cdot 720}\kappa^4\Big)\sigma^4 + O(\sigma^5)\Big\}.$$

これより，

$$\frac{\boldsymbol{X}_{i\pm 1} - \boldsymbol{X}_i}{|\boldsymbol{X}_{i\pm 1} - \boldsymbol{X}_i|}$$
$$= \sigma\Big(\pm \boldsymbol{X}_s + \frac{1}{2!}\boldsymbol{X}_{ss}\sigma \pm \frac{1}{3!}\boldsymbol{X}_{sss}\sigma^2 + \frac{1}{4!}\boldsymbol{X}_4\sigma^3 \pm \frac{1}{5!}\boldsymbol{X}_5\sigma^4 + O(\sigma^5)\Big)$$
$$\times \frac{1}{\sigma}\Big\{1 + \Big(H_0 + H_1\sigma + H_2\sigma^2 + O(\sigma^3)\Big)\sigma^2\Big\}$$
$$= \pm\boldsymbol{X}_s + \frac{1}{2}\boldsymbol{X}_{ss}\sigma \pm \frac{1}{6}\boldsymbol{X}_{sss}\sigma^2 + \frac{1}{24}\boldsymbol{X}_4\sigma^3 \pm \frac{1}{120}\boldsymbol{X}_5\sigma^4 + O(\sigma^5)$$
$$\pm H_0\boldsymbol{X}_s\sigma^2 + \frac{1}{2}H_0\boldsymbol{X}_{ss}\sigma^3 \pm \frac{1}{6}H_0\boldsymbol{X}_{sss}\sigma^4$$
$$\pm H_1\boldsymbol{X}_s\sigma^3 + \frac{1}{2}H_1\boldsymbol{X}_{ss}\sigma^4$$
$$\pm H_2\boldsymbol{X}_s\sigma^4$$
$$= \pm\boldsymbol{T} - \frac{1}{2}\kappa\boldsymbol{N}\sigma \pm \boldsymbol{Y}_2\sigma^2 - \boldsymbol{Y}_3\sigma^3 \pm \boldsymbol{Y}_4\sigma^4 + O(\sigma^5)$$
$$= \begin{cases}\boldsymbol{t}_{i+1} \\ -\boldsymbol{t}_i\end{cases}$$

ここで，

$$\boldsymbol{Y}_2 = \frac{1}{6}\boldsymbol{X}_{sss} + H_0\boldsymbol{X}_s$$
$$= -\frac{1}{6}\Big(\kappa_s\boldsymbol{N} + \kappa^2\boldsymbol{T}\Big) + \frac{1}{24}\kappa^2\boldsymbol{T}$$

$$= -\frac{1}{6}\kappa_s \boldsymbol{N} - \frac{1}{8}\kappa^2 \boldsymbol{T},$$

$$\boldsymbol{Y}_3 = -\frac{1}{24}\boldsymbol{X}_4 - \frac{1}{2}H_0 \boldsymbol{X}_{ss} \mp H_1 \boldsymbol{X}_s$$

$$= \frac{1}{24}\Big((\kappa_{ss} - \kappa^3)\boldsymbol{N} + 3\kappa\kappa_s \boldsymbol{T}\Big) + \frac{1}{2\cdot 24}\kappa^3 \boldsymbol{N} - \frac{1}{24}\kappa\kappa_s \boldsymbol{T}$$

$$= \frac{1}{48}\Big(2\kappa_{ss} - \kappa^3\Big)\boldsymbol{N} + \frac{1}{12}\kappa\kappa_s \boldsymbol{T},$$

$$\boldsymbol{Y}_4 = \frac{1}{120}\boldsymbol{X}_5 + \frac{1}{6}H_0 \boldsymbol{X}_{sss} \pm \frac{1}{2}H_1 \boldsymbol{X}_{ss} + H_2 \boldsymbol{X}_s$$

$$= -\frac{1}{120}\Big((\kappa_{sss} - 6\kappa^2 \kappa_s)\boldsymbol{N} + (4\kappa\kappa_{ss} + 3\kappa_s^2 - \kappa^4)\boldsymbol{T}\Big)$$

$$\quad - \frac{1}{6\cdot 24}\kappa^2\Big(\kappa_s \boldsymbol{N} + \kappa^2 \boldsymbol{T}\Big) - \frac{1}{2\cdot 24}\kappa^2 \kappa_s \boldsymbol{N}$$

$$\quad + \Big(\frac{1}{80}\kappa\kappa_{ss} + \frac{1}{90}\kappa_s^2 + \frac{7}{8\cdot 720}\kappa^4\Big)\boldsymbol{T}$$

$$= \Big(-\frac{1}{120}\kappa_{sss} + \frac{1}{45}\kappa^2 \kappa_s\Big)\boldsymbol{N} + \Big(-\frac{1}{48}\kappa\kappa_{ss} - \frac{1}{72}\kappa_s^2 + \frac{1}{384}\kappa^4\Big)\boldsymbol{T}.$$

よって,

$$\boldsymbol{t}_i = -\frac{\boldsymbol{X}_{i-1} - \boldsymbol{X}_i}{|\boldsymbol{X}_{i-1} - \boldsymbol{X}_i|} = \boldsymbol{T} + \frac{1}{2}\kappa\boldsymbol{N}\sigma + \boldsymbol{Y}_2 \sigma^2 + \boldsymbol{Y}_3 \sigma^3 + \boldsymbol{Y}_4 \sigma^4 + O(\sigma^5),$$

$$\boldsymbol{t}_{i+1} = \frac{\boldsymbol{X}_{i+1} - \boldsymbol{X}_i}{|\boldsymbol{X}_{i+1} - \boldsymbol{X}_i|} = \boldsymbol{T} - \frac{1}{2}\kappa\boldsymbol{N}\sigma + \boldsymbol{Y}_2 \sigma^2 - \boldsymbol{Y}_3 \sigma^3 + \boldsymbol{Y}_4 \sigma^4 + O(\sigma^5)$$

より,

$$\boldsymbol{T}_i = \frac{\boldsymbol{t}_i + \boldsymbol{t}_{i+1}}{2\cos_i} = \frac{1}{\cos_i}\Big(\boldsymbol{T} + \boldsymbol{Y}_2 \sigma^2 + \boldsymbol{Y}_4 \sigma^4 + O(\sigma^5)\Big).$$

また,

$$\boldsymbol{t}_i \cdot \boldsymbol{t}_{i+1} = 1 + \boldsymbol{Y}_2 \cdot \boldsymbol{T}\sigma^2 + \boldsymbol{Y}_3 \cdot \boldsymbol{T}\sigma^3 + \boldsymbol{Y}_4 \cdot \boldsymbol{T}\sigma^4$$

$$\quad - \frac{1}{4}\kappa^2 \sigma^2 - \frac{1}{2}\kappa\boldsymbol{Y}_2 \cdot \boldsymbol{N}\sigma^3 - \frac{1}{2}\kappa\boldsymbol{Y}_3 \cdot \boldsymbol{N}\sigma^4$$

$$\quad + \boldsymbol{Y}_2 \cdot \boldsymbol{T}\sigma^2 + \frac{1}{2}\kappa\boldsymbol{Y}_2 \cdot \boldsymbol{N}\sigma^3 + |\boldsymbol{Y}_2|^2 \sigma^4$$

$$\quad - \boldsymbol{Y}_3 \cdot \boldsymbol{T}\sigma^3 - \frac{1}{2}\kappa\boldsymbol{Y}_3 \cdot \boldsymbol{N}\sigma^4 + \boldsymbol{Y}_4 \cdot \boldsymbol{T}\sigma^4 + O(\sigma^5)$$

$$= 1 - C\sigma^2.$$

ここで, $C = C_0 + C_2 \sigma^2 + O(\sigma^3)$ で,

$$C_0 = \frac{1}{4}\kappa^2 - 2\boldsymbol{Y}_2 \cdot \boldsymbol{T} = \frac{1}{2}\kappa^2,$$
$$C_2 = -|\boldsymbol{Y}_2|^2 + \kappa \boldsymbol{Y}_3 \cdot \boldsymbol{N} - 2\boldsymbol{Y}_4 \cdot \boldsymbol{T} = \frac{1}{12}\kappa\kappa_{ss} - \frac{1}{24}\kappa^4$$

とした.

これより, $\boldsymbol{t}_i \cdot \boldsymbol{t}_{i+1} = \cos\phi_i = 2\cos_i^2 - 1 = 1 - 2\sin_i^2$ だから,

$$\cos_i^2 = 1 - \frac{C}{2}\sigma^2, \quad \sin_i^2 = \frac{C}{2}\sigma^2$$

である. $\phi_i \in (-\pi, \pi)$ であるから, $\cos_i = \cos(\phi_i/2) > 0$ なので,

$$\frac{1}{\cos_i} = \left(1 - \frac{C}{2}\sigma^2\right)^{-1/2}$$
$$= 1 + \frac{1}{4}C_0\sigma^2 + \left(\frac{1}{4}C_2 + \frac{3}{32}C_0^2\right)\sigma^4 + O(\sigma^5)$$
$$= 1 + \frac{1}{8}\kappa^2\sigma^2 + \left(\frac{1}{48}\kappa\kappa_{ss} + \frac{5}{384}\kappa^4\right)\sigma^4 + O(\sigma^5)$$

となる. ゆえに,

$$\begin{aligned}
\boldsymbol{T}_i &= \left\{1 + \frac{1}{8}\kappa^2\sigma^2 + \left(\frac{1}{48}\kappa\kappa_{ss} + \frac{5}{384}\kappa^4\right)\sigma^4 + O(\sigma^5)\right\} \\
&\quad \times \left\{\boldsymbol{T} + \left(-\frac{1}{6}\kappa_s\boldsymbol{N} - \frac{1}{8}\kappa^2\boldsymbol{T}\right)\sigma^2 \right. \\
&\qquad + \left(-\frac{1}{120}\kappa_{sss} + \frac{1}{45}\kappa^2\kappa_s\right)\boldsymbol{N}\sigma^4 \\
&\qquad \left. + \left(-\frac{1}{48}\kappa\kappa_{ss} - \frac{1}{72}\kappa_s^2 + \frac{1}{384}\kappa^4\right)\boldsymbol{T}\sigma^4 + O(\sigma^5)\right\} \\
&= \boldsymbol{T} + \left(-\frac{1}{6}\kappa_s\boldsymbol{N} - \frac{1}{8}\kappa^2\boldsymbol{T}\right)\sigma^2 \\
&\quad + \left(-\frac{1}{120}\kappa_{sss} + \frac{1}{45}\kappa^2\kappa_s\right)\boldsymbol{N}\sigma^4 \\
&\quad + \left(-\frac{1}{48}\kappa\kappa_{ss} - \frac{1}{72}\kappa_s^2 + \frac{1}{384}\kappa^4\right)\boldsymbol{T}\sigma^4 + O(\sigma^5) \\
&\quad + \frac{1}{8}\kappa^2\boldsymbol{T}\sigma^2 + \frac{1}{8}\left(-\frac{1}{6}\kappa_s\boldsymbol{N} - \frac{1}{8}\kappa^2\boldsymbol{T}\right)\kappa^2\sigma^4 + \left(\frac{1}{48}\kappa\kappa_{ss} + \frac{5}{384}\kappa^4\right)\boldsymbol{T}\sigma^4 \\
&= \boldsymbol{T} - \frac{1}{6}\kappa_s\boldsymbol{N}\sigma^2 + \frac{1}{720}\left\{\left(\kappa^2\kappa_s - 6\kappa_{sss}\right)\boldsymbol{N} - 10\kappa_s^2\boldsymbol{T}\right\}\sigma^4 + O(\sigma^5)
\end{aligned}$$

となる.

また，
$$\sin_i^2 = \frac{1}{4}\kappa^2\sigma^2 + \frac{1}{48}\bigl(2\kappa\kappa_{ss} - \kappa^4\bigr)\sigma^4 + O(\sigma^5)$$
である．ここで，

$$\begin{aligned}
\det(\boldsymbol{t}_i, \boldsymbol{t}_{i+1}) &= \sin\phi_i \\
&= \det\Bigl(\boldsymbol{T} + \frac{1}{2}\kappa\boldsymbol{N}\sigma + \boldsymbol{Y}_2\sigma^2 + \boldsymbol{Y}_3\sigma^3 + \boldsymbol{Y}_4\sigma^4 + O(\sigma^5), \\
&\qquad\quad \boldsymbol{T} - \frac{1}{2}\kappa\boldsymbol{N}\sigma + \boldsymbol{Y}_2\sigma^2 - \boldsymbol{Y}_3\sigma^3 + \boldsymbol{Y}_4\sigma^4 + O(\sigma^5)\Bigr) \\
&= \Bigl\{\kappa + \frac{1}{12}\bigl(\kappa_{ss} - 2\kappa^3\bigr)\sigma^2 + O(\sigma^4)\Bigr\}\sigma
\end{aligned}$$

であり，また $\sin\phi_i = 2\sin_i\cos_i$ と $\cos_i > 0$ より，$\sin\phi_i$ と $\sin_i$ の符号は一致することに注意すると，σ が十分に小さければ，$\sin_i$ と κ の符号は一致する．すなわち，$\sin_i \kappa > 0$ である．よって，

$$\sin_i = \frac{1}{2}\kappa\sigma + \frac{1}{48}\bigl(2\kappa_{ss} - \kappa^3\bigr)\sigma^3 + O(\sigma^4)$$

を得る．これより，

$$\begin{aligned}
\tan_i &= \frac{\sin_i}{\cos_i} \\
&= \Bigl\{1 + \frac{1}{8}\kappa^2\sigma^2 + \Bigl(\frac{1}{48}\kappa\kappa_{ss} + \frac{5}{384}\kappa^4\Bigr)\sigma^4 + O(\sigma^5)\Bigr\} \\
&\quad \times \Bigl\{\frac{1}{2}\kappa\sigma + \frac{1}{48}\bigl(2\kappa_{ss} - \kappa^3\bigr)\sigma^3 + O(\sigma^4)\Bigr\} \\
&= \frac{1}{2}\kappa\sigma + \frac{1}{24}(\kappa_{ss} + \kappa^3)\sigma^3 + O(\sigma^4)
\end{aligned}$$

となる．さらに，

$$\begin{aligned}
\tan_{i\pm 1} &= \frac{1}{2}\kappa(s_i \pm \sigma)\sigma + \frac{1}{24}\bigl(\kappa_{ss}(s_i \pm \sigma) + \kappa(s_i \pm \sigma)^3\bigr)\sigma^3 + O(\sigma^4) \\
&= \frac{1}{2}\Bigl(\kappa \pm \kappa_s\sigma + \frac{1}{2}\kappa_{ss}\sigma^2 + O(\sigma^3)\Bigr)\sigma \\
&\quad + \frac{1}{24}\bigl(\kappa_{ss} + \kappa^3 + O(\sigma)\bigr)\sigma^3 + O(\sigma^4) \\
&= \frac{1}{2}\kappa\sigma \pm \frac{1}{2}\kappa_s\sigma^2 + \frac{1}{24}(7\kappa_{ss} + \kappa^3)\sigma^3 + O(\sigma^4)
\end{aligned}$$

7.3 「曲率」$\kappa_i, K_i, \hat{\kappa}_i$ は曲率の近似か

より,

$$\tan_i + \tan_{i\pm 1} = \kappa\sigma \pm \frac{1}{2}\kappa_s\sigma^2 + \frac{1}{12}(4\kappa_{ss} + \kappa^3)\sigma^3 + O(\sigma^4)$$

がわかる.

以上より,

$$\kappa_i = \frac{\tan_i + \tan_{i-1}}{r_i}$$
$$= \sigma\Big(\kappa - \frac{1}{2}\kappa_s\sigma + \frac{1}{12}(4\kappa_{ss} + \kappa^3)\sigma^2 + O(\sigma^3)\Big)$$
$$\times \frac{1}{\sigma}\Big(1 + \frac{1}{24}\kappa^2\sigma^2 + O(\sigma^3)\Big)$$
$$= \kappa - \frac{1}{2}\kappa_s\sigma + \frac{1}{24}(8\kappa_{ss} + 3\kappa^3)\sigma^2 + O(\sigma^3),$$

$$\kappa_{i+1} = \frac{\tan_{i+1} + \tan_i}{r_{i+1}}$$
$$= \sigma\Big(\kappa + \frac{1}{2}\kappa_s\sigma + \frac{1}{12}(4\kappa_{ss} + \kappa^3)\sigma^2 + O(\sigma^3)\Big)$$
$$\times \frac{1}{\sigma}\Big(1 + \frac{1}{24}\kappa^2\sigma^2 + O(\sigma^3)\Big)$$
$$= \kappa + \frac{1}{2}\kappa_s\sigma + \frac{1}{24}(8\kappa_{ss} + 3\kappa^3)\sigma^2 + O(\sigma^3)$$

から,

$$K_i = \frac{\kappa_i + \kappa_{i+1}}{2\cos_i}$$
$$= \Big(\kappa + \frac{1}{24}(8\kappa_{ss} + 3\kappa^3)\sigma^2 + O(\sigma^3)\Big)\Big(1 + \frac{1}{8}\kappa^2\sigma^2 + O(\sigma^4)\Big)$$
$$= \kappa + \frac{1}{12}(4\kappa_{ss} + 3\kappa^3)\sigma^2 + O(\sigma^3)$$

を得る. また,

$$\hat{\kappa}_i = \frac{2\sin_i}{\hat{r}_i}$$
$$= \sigma\Big(\kappa + \frac{1}{24}(2\kappa_{ss} - \kappa^3)\sigma^2 + O(\sigma^3)\Big) \cdot \frac{1}{\sigma}\Big(1 + \frac{1}{24}\kappa^2\sigma^2 + O(\sigma^4)\Big)$$
$$= \kappa + \frac{1}{12}\kappa_{ss}\sigma^2 + O(\sigma^3)$$

を得る.

第 8 章

動く折れ線の問題

本章の目標は，6.3 節で紹介したさまざまな法線速度のすべてを数値計算できるようにすることである．そのため，まず初めに，重み付き曲率 κ_σ や曲率の 2 階弧長微分 κ_{ss} を離散化する．ただし，ヘレ・ショウ流れの離散化については，さらなる別の技術を用いるので，後の 10.4 節で紹介する．

8.1 準備

6.3.5 項でみたように，κ_σ は界面エネルギー $\mathcal{L}_\sigma$ の第一変分であった．すなわち，$\mathcal{L}_\sigma$ や問 6.8 $_{(\text{p.142})}$ の離散版を考える．また，6.3.8 項，あるいは $(6.17)_{\text{p.138}}$ でみたように，κ_{ss} は弾性エネルギー $\mathcal{E}(6.16)_{\text{p.138}}$ の第一変分を -1 倍して $\kappa^3/2$ を除けば得られた．すなわち，$\mathcal{E}$ や (6.17) の離散版を考える．

異方的関数 σ による Γ 上の全界面エネルギー L_σ と Γ 上の弾性エネルギー E をそれぞれ以下のように定める．

$$L_\sigma(t) = \sum_{i=1}^{N} \sigma(\theta_i) r_i, \tag{8.1}$$

$$E(t) = \frac{1}{2} \sum_{i=1}^{N} \kappa_i^2 r_i. \tag{8.2}$$

準備 1 $(7.15)_{\text{p.163}}$ を変形しておく．第 i 辺 $\Gamma_i = [\boldsymbol{X}_{i-1}, \boldsymbol{X}_i]$ 上の曲率 κ_i を $\boldsymbol{X}_i$ 側と $\boldsymbol{X}_{i-1}$ 側にそれぞれ

$$\kappa_i = \frac{\kappa_i^+ + \kappa_i^-}{2}, \quad \kappa_i^+ = \frac{2\tan_i}{r_i}, \quad \kappa_i^- = \frac{2\tan_{i-1}}{r_i}$$

のように分解し，Γ_i 上での曲率重み付き平均を定義する．

$$\langle \kappa \mathsf{F} \rangle_i = \frac{\kappa_i^+ \mathsf{F}_{i+1} + 2\kappa_i \mathsf{F}_i + \kappa_i^- \mathsf{F}_{i-1}}{4}.$$

ここで，$\mathsf{F} = 1$ のとき，$\langle \kappa \rangle_i = \kappa_i$ である．次の表現も便利である．

$$\langle \kappa \mathsf{F} \rangle_i = \frac{\tan_i \mathsf{F}_{i+1} + (\tan_i + \tan_{i-1}) \mathsf{F}_i + \tan_{i-1} \mathsf{F}_{i-1}}{2r_i}.$$

これより，$(7.15)_{\text{p.163}}$ に $V_i = \dfrac{v_i + v_{i+1}}{2\cos_i}$ を代入して，辺々を r_i で割って，

$$\begin{aligned}\frac{\dot{r}_i}{r_i} &= \frac{\tan_i}{2r_i}(v_i + v_{i+1}) + \frac{\tan_{i-1}}{2r_i}(v_i + v_{i-1}) + \frac{W_i \cos_i - W_{i-1} \cos_{i-1}}{r_i} \\ &= \langle \kappa v \rangle_i + \frac{W_i \cos_i - W_{i-1} \cos_{i-1}}{r_i}\end{aligned} \qquad (8.3)$$

を得る．

一般に次の部分和分が成り立つ．

$$\sum_{i=1}^N \mathsf{F}_i \langle \kappa \mathsf{G} \rangle_i r_i = \sum_{i=1}^N \langle \kappa \mathsf{F} \rangle_i \mathsf{G}_i r_i.$$

[問 8.1] これを示せ．

準備 2 $(7.19)_{\text{p.164}}$ を変形しておく．(7.19) に $V_i = \dfrac{v_i + v_{i+1}}{2\cos_i}$ を代入すると，

$$\dot{\theta}_i = -\mathrm{D}_{\mathrm{s}}^{\mathrm{c}} v_i + \frac{W_i \sin_i + W_{i-1} \sin_{i-1}}{r_i} \qquad (8.4)$$

となる．ここで，Γ_i 上の 1 階中心差分を

$$\mathrm{D}_{\mathrm{s}}^{\mathrm{c}} \mathsf{F}_i = \frac{\mathsf{F}_{i+1} - \mathsf{F}_{i-1}}{2r_i} \qquad (\mathsf{F}_i \text{ on } \Gamma_i)$$

と定義する（c は central difference（中心差分）の頭文字）．

一般に次の部分和分が成り立つ．

$$\sum_{i=1}^N \mathsf{F}_i (\mathrm{D}_{\mathrm{s}}^{\mathrm{c}} \mathsf{G}_i) r_i = -\sum_{i=1}^N (\mathrm{D}_{\mathrm{s}}^{\mathrm{c}} \mathsf{F}_i) \mathsf{G}_i r_i.$$

[問 8.2] これを示せ．

8.1.1 全界面エネルギー L_σ の時間微分

異方的関数 $\sigma(\theta)$ は滑らかであるとする. $(8.1)_{\text{p.181}}$ を時間微分すると, (8.3) と (8.4) より, 部分和分を用いて,

$$\dot{L}_\sigma(t) = \sum_{i=1}^{N} \left(\sigma'(\theta_i)\dot{\theta}_i r_i + \sigma(\theta_i)\dot{r}_i \right)$$

$$= \sum_{i=1}^{N} \Big(\sigma'(\theta_i)(-\mathrm{D}_{\mathrm{s}}^{\mathrm{c}} v_i)r_i + \sigma'(\theta_i)(W_i\mathsf{sin}_i + W_{i-1}\mathsf{sin}_{i-1})$$
$$+ \sigma(\theta_i)\langle\kappa v\rangle_i r_i + \sigma(\theta_i)(W_i\mathsf{cos}_i - W_{i-1}\mathsf{cos}_{i-1}) \Big)$$

$$= \sum_{i=1}^{N} (\kappa_\sigma)_i v_i r_i + \mathrm{err}_{L_\sigma}$$

となる. ここで, $(\kappa_\sigma)_i$ は重み付き「曲率」

$$(\kappa_\sigma)_i = (\mathrm{D}_{\mathrm{s}}^{\mathrm{c}}\,\sigma'(\theta_i)) + \langle\kappa\sigma(\theta)\rangle_i = \frac{\sigma'(\theta_{i+1}) - \sigma'(\theta_{i-1})}{2(\mathsf{tan}_i + \mathsf{tan}_{i-1})}\kappa_i + \langle\kappa\sigma(\theta)\rangle_i \tag{8.5}$$

で, err_{L_σ} は誤差項

$$\mathrm{err}_{L_\sigma} = \sum_{i=1}^{N} \varepsilon_i W_i \mathsf{cos}_i, \quad \varepsilon_i = (\sigma'(\theta_i) + \sigma'(\theta_{i+1}))\mathsf{tan}_i - (\sigma(\theta_{i+1}) - \sigma(\theta_i)) \tag{8.6}$$

である. 見かけの印象に反するかもしれないが, 次の問から示唆されるように,

$$(\kappa_\sigma)_i \approx (\sigma''(\theta_i) + \sigma(\theta_i))\kappa_i, \quad \varepsilon_i \approx 0$$

である.

[問 8.3] $\phi_i = \phi_{i-1} = \phi \neq 0$ とする. $\phi \to 0$ のとき, $\kappa_i = O(1)$ として, 以下の極限をそれぞれ示せ.

$$(\kappa_\sigma)_i \to (\sigma''(\theta_i) + \sigma(\theta_i))\kappa_i, \quad \varepsilon_i \to 0.$$

✔ 注 8.1 第 i 辺 Γ_i 上の代表接線速度を w_i とし，接線速度 W_i との間に，V_i と v_i の関係と類似の次の関係があるとする．

$$W_i = \frac{w_i + w_{i+1}}{2\cos_i}. \tag{8.7}$$

実用上，W_i は w_i を用いずに直接与えるが，w_i を用いると，$(8.3)_{\text{p.182}}$ と $(8.4)_{\text{p.182}}$ が $(6.4)_{\text{p.136}}$ と $(6.7)_{\text{p.136}}$ に対応していることがわかる．実際，

$$\frac{W_i\cos_i - W_{i-1}\cos_{i-1}}{r_i} = \mathrm{D}_\mathrm{s}^\mathrm{c} w_i$$

より，(8.3) から，

$$\frac{\dot{r}_i}{r_i} = \langle \kappa v \rangle_i + \mathrm{D}_\mathrm{s}^\mathrm{c} w_i \quad \approx \quad (6.4): \frac{\dot{g}}{g} = \kappa V + W_s$$

がわかり，

$$\frac{W_i\sin_i + W_{i-1}\sin_{i-1}}{r_i} = \langle \kappa w \rangle_i$$

から，

$$\dot{\theta}_i = -\mathrm{D}_\mathrm{s}^\mathrm{c} v_i + \langle \kappa w \rangle_i \quad \approx \quad (6.7): \dot{\theta} = -V_s + \kappa W.$$

以下，式変形に w_i を用いるが，$\boldsymbol{X}_i$ の時間発展方程式 $(7.9)_{\text{p.160}}$ を解くことが目的であるので，実用上は W_i の値がわかれば十分である．

8.1.2 弾性エネルギー E の時間微分

曲率 κ_i の時間微分

$$\dot{\kappa}_i = \frac{(\tan_i)\dot{}+(\tan_{i-1})\dot{}}{r_i} - \kappa_i \frac{\dot{r}_i}{r_i} \tag{8.8}$$

より，$(8.2)_{\text{p.181}}$ の時間微分は，

$$\dot{E}(t) = \sum_{i=1}^N \kappa_i \dot{\kappa}_i r_i + \frac{1}{2}\sum_{i=1}^N \kappa_i^2 \dot{r}_i$$

$$= \sum_{i=1}^N \kappa_i \Big((\tan_i)\dot{} + (\tan_{i-1})\dot{}\Big) - \frac{1}{2}\sum_{i=1}^N \kappa_i^2 \dot{r}_i$$

$$= \sum_{i=1}^{N} (\kappa_i + \kappa_{i+1})(\tan_i)\dot{} - \frac{1}{2}\sum_{i=1}^{N} \kappa_i^2 \Big(\langle \kappa v\rangle_i + \mathrm{D}_\mathrm{s}^\mathrm{c}\, w_i\Big) r_i$$

$$= \sum_{i=1}^{N} (\kappa_i + \kappa_{i+1})\frac{\dot{\theta}_{i+1} - \dot{\theta}_i}{2\cos_i^2} - \frac{1}{2}\sum_{i=1}^{N} \langle \kappa^3\rangle_i v_i r_i + \frac{1}{2}\sum_{i=1}^{N} (\mathrm{D}_\mathrm{s}^\mathrm{c}\,\kappa_i^2) w_i r_i$$

$$= \sum_{i=1}^{N} \left(\frac{\kappa_{i-1}+\kappa_i}{2\cos_{i-1}^2} - \frac{\kappa_i + \kappa_{i+1}}{2\cos_i^2} \right)\dot{\theta}_i - \frac{1}{2}\sum_{i=1}^{N} \langle \kappa^3\rangle_i v_i r_i$$

$$+ \sum_{i=1}^{N} \frac{\kappa_{i+1}+\kappa_{i-1}}{2}(\mathrm{D}_\mathrm{s}^\mathrm{c}\,\kappa_i) w_i r_i.$$

ここで，Γ_i の隣接する辺上の「曲率」の平均を κ_i の近似としてみたてて，

$$\kappa_i^\mathrm{a} = \frac{\kappa_{i+1}+\kappa_{i-1}}{2}$$

とおき（a は approximation（近似）の頭文字），Γ_i 上の $\mathrm{D}_\mathrm{s}^\mathrm{c}$ でない 1 階差分——これを 1 階弧長差分と呼ぼう——を

$$\mathrm{D}_\mathrm{s}\,\mathsf{F}_i = \frac{1}{r_i}\left(\frac{\mathsf{F}_i+\mathsf{F}_{i+1}}{2\cos_i^2} - \frac{\mathsf{F}_{i-1}+\mathsf{F}_i}{2\cos_{i-1}^2}\right) \qquad (\mathsf{F}_i \text{ on } \Gamma_i) \tag{8.9}$$

とおくと，

$$\dot{E}(t) = -\sum_{i=1}^{N} (\mathrm{D}_\mathrm{s}\,\kappa_i)\Big(-\mathrm{D}_\mathrm{s}^\mathrm{c}\,v_i + \langle \kappa w\rangle_i\Big) r_i - \frac{1}{2}\sum_{i=1}^{N}\langle \kappa^3\rangle_i v_i r_i$$

$$+ \sum_{i=1}^{N} \kappa_i^\mathrm{a}(\mathrm{D}_\mathrm{s}^\mathrm{c}\,\kappa_i) w_i r_i$$

$$= -\sum_{i=1}^{N}\Big(\mathrm{D}_\mathrm{s}^\mathrm{c}\,(\mathrm{D}_\mathrm{s}\,\kappa_i) + \frac{1}{2}\langle\kappa^3\rangle_i\Big) v_i r_i + \mathrm{err}_E. \tag{8.10}$$

ここで，

$$\mathrm{err}_E = \sum_{i=1}^{N}\Big(\kappa_i^\mathrm{a}(\mathrm{D}_\mathrm{s}^\mathrm{c}\,\kappa_i) - \langle\kappa(\mathrm{D}_\mathrm{s}\,\kappa)\rangle_i\Big) w_i r_i \tag{8.11}$$

とした．$w_i r_i$ の係数は $\kappa\kappa_s$ の二種類の離散化の差となっており，ほぼ 0 となること，すなわち，$\mathrm{err}_E \approx 0$ が期待される．

誤差項が $\mathrm{err}_E = 0$ のときの $\dot{E}$ の式 (8.10) と, 連続版 $\mathcal{E}$ の時間発展方程式 $(6.17)_{\mathrm{p.138}}$ を見比べて,

$$\mathrm{D}_{\mathrm{s}}^{\mathrm{c}}\left(\mathrm{D}_{\mathrm{s}}\,\kappa_i\right) \approx \kappa_{ss}, \quad \langle \kappa^3 \rangle_i \approx \kappa^3$$

と対応させる. これより, Γ_i 上の2階差分——これを2階弧長差分と呼ぼう——を

$$\mathrm{D}_{\mathrm{ss}}\,\mathsf{F}_i = \mathrm{D}_{\mathrm{s}}^{\mathrm{c}}\left(\mathrm{D}_{\mathrm{s}}\,\mathsf{F}_i\right) \qquad (\mathsf{F}_i \text{ on } \Gamma_i) \tag{8.12}$$

と定義する.

✔ **注 8.2** 1階弧長差分 D_{s} は以下のように現れる. Γ_i 上の $\mathrm{D}_{\mathrm{s}}^{\mathrm{c}}$ でも D_{s} でもない1階差分——これを1階辺上差分と呼ぼう——を

$$\mathrm{D}_{\mathrm{s}}^{\mathrm{e}}\,\mathsf{F}_i = \frac{\mathsf{F}_i - \mathsf{F}_{i-1}}{r_i} \qquad (\mathsf{F}_i \text{ on } \hat{\Gamma}_i) \tag{8.13}$$

とすると (e は edge (辺) の頭文字),

$$\boldsymbol{t}_i = \mathrm{D}_{\mathrm{s}}^{\mathrm{e}}\,\boldsymbol{X}_i \quad \approx \quad \boldsymbol{T} = \boldsymbol{X}_s$$

である. 頂点 $\boldsymbol{X}_i$ における「接線」$\boldsymbol{T}_i$ は, $(7.5)_{\mathrm{p.160}}$ の $\boldsymbol{T}_i = \dfrac{\boldsymbol{t}_i + \boldsymbol{t}_{i+1}}{2\cos_i}$ であり, また, 関係式 $(7.1)_{\mathrm{p.159}}$ から,

$$\frac{\boldsymbol{T}_i}{\cos_i} = \boldsymbol{t}_i - \tan_i \boldsymbol{n}_i, \quad \frac{\boldsymbol{T}_{i-1}}{\cos_{i-1}} = \boldsymbol{t}_i + \tan_{i-1} \boldsymbol{n}_i$$

に注意すると,

$$\mathrm{D}_{\mathrm{s}}\left(\mathrm{D}_{\mathrm{s}}^{\mathrm{e}}\,\boldsymbol{X}_i\right) = \frac{1}{r_i}\left(\frac{\boldsymbol{t}_i + \boldsymbol{t}_{i+1}}{2\cos_i^2} - \frac{\boldsymbol{t}_i + \boldsymbol{t}_{i-1}}{2\cos_{i-1}^2}\right) = \frac{1}{r_i}\left(\frac{\boldsymbol{T}_i}{\cos_i} - \frac{\boldsymbol{T}_{i-1}}{\cos_{i-1}}\right)$$

から,

$$\mathrm{D}_{\mathrm{s}}\left(\mathrm{D}_{\mathrm{s}}^{\mathrm{e}}\,\boldsymbol{X}_i\right) = -\kappa_i \boldsymbol{n}_i \quad \approx \quad \boldsymbol{X}_{ss} = -\kappa \boldsymbol{N}$$

がわかる.

また, 1階弧長差分 D_{s} に類似の1階差分——これを1階双対差分と呼ぼう——を

$$\mathrm{D}_{\mathrm{s}}^{\mathrm{d}}\,\mathsf{F}_i = \frac{1}{r_i}\left(\frac{\mathsf{F}_{i+1} - \mathsf{F}_i}{2\cos_i^2} + \frac{\mathsf{F}_i - \mathsf{F}_{i-1}}{2\cos_{i-1}^2}\right) \qquad (\mathsf{F}_i \text{ on } \Gamma_i)$$

8.1 準備

とすると（d は dual（双対）の頭文字），二つの 2 階差分は部分和分を通して，

$$\sum_{i=1}^{N} \mathsf{F}_i (\mathrm{D_s}\, \mathsf{G}_i) r_i = -\sum_{i=1}^{N} (\mathrm{D_s^d}\, \mathsf{F}_i) \mathsf{G}_i r_i$$

という関係にあり，ほとんど差がないことが示唆される．実際，

$$\mathrm{D_s}\, \mathsf{F}_i - \mathrm{D_s^d}\, \mathsf{F}_i = \mathsf{F}_i (\mathrm{D_s^e}\, \tan_i^2)$$

から，$\phi_i \equiv \phi$ のとき，$\mathrm{D_s}\, \mathsf{F}_i = \mathrm{D_s^d}\, \mathsf{F}_i = \dfrac{1}{\cos^2(\phi/2)} \mathrm{D_s^c}\, \mathsf{F}_i$ である．

次のような部分和分も示唆的である．

$$\sum_{i=1}^{N} \mathsf{F}_i (\mathrm{D_{ss}}\, \mathsf{G}_i) r_i = -\sum_{i=1}^{N} (\mathrm{D_s^c}\, \mathsf{F}_i)(\mathrm{D_s}\, \mathsf{G}_i) r_i = \sum_{i=1}^{N} (\mathrm{D_{ss}^d}\, \mathsf{F}_i) \mathsf{G}_i r_i. \tag{8.14}$$

ここで，2 階弧長差分 $\mathrm{D_{ss}}$ に類似の 2 階差分——これを 2 階双対差分と呼ぼう——を

$$\mathrm{D_{ss}^d}\, \mathsf{F}_i = \mathrm{D_s^d}\, (\mathrm{D_s^c}\, \mathsf{F}_i) \qquad (\mathsf{F}_i\ \text{on}\ \Gamma_i)$$

とした．これより，$(8.8)_{\mathrm{p}.184}$ から次を得る．

$$\begin{aligned}
\dot{\kappa}_i &= \mathrm{D_s^d}\, \dot{\theta}_i - \kappa_i \frac{\dot{r}_i}{r_i} \\
&= -\mathrm{D_{ss}^d}\, v_i + \mathrm{D_s^d}\, \langle \kappa w \rangle_i - \kappa_i \Big(\langle \kappa v \rangle_i + \mathrm{D_s^c}\, w_i \Big) \\
&= -\Big(\mathrm{D_{ss}^d}\, v_i + \kappa_i \langle \kappa v \rangle_i \Big) + \mathrm{D_s^d}\, \langle \kappa w \rangle_i - \kappa_i \mathrm{D_s^c}\, w_i
\end{aligned} \tag{8.15}$$

これは，$\kappa_s W = (\kappa W)_s - \kappa W_s$ とした $(6.8)_{\mathrm{p}.137}$ の離散版といえよう．

✔ **注 8.3** 誤差項 err_E は，W_i を用いて

$$\begin{aligned}
\mathrm{err}_E &= \sum_{i=1}^{N} \Big(\frac{\kappa_{i+1}^2 - \kappa_i^2}{2} \mathsf{cos}_i - (\mathrm{D_s}\, \kappa_i + \mathrm{D_s}\, \kappa_{i+1}) \mathsf{sin}_i \Big) W_i \\
&= \sum_{i=1}^{N} \Big(\frac{\kappa_{i+1}^2 - \kappa_i^2}{2 \hat{r}_i} \mathsf{cos}_i - \frac{\mathrm{D_s}\, \kappa_i + \mathrm{D_s}\, \kappa_{i+1}}{2} \hat{\kappa}_i \Big) W_i \hat{r}_i \\
&= \sum_{i=1}^{N} \Big(K_i (\hat{\mathrm{D}}_\mathrm{s}^{\mathrm{v}}\, \kappa_i) - \hat{\kappa}_i \frac{\mathrm{D_s}\, \kappa_i + \mathrm{D_s}\, \kappa_{i+1}}{2 \mathsf{cos}_i^2} \Big) W_i \mathsf{cos}_i^2 \hat{r}_i
\end{aligned}$$

のようにも表現できる．ここで，$\hat{\Gamma}_i$ 上の 1 階差分——これを 1 階頂点差分と呼ぼう——を

$$\hat{\mathsf{D}}_{\mathrm{s}}^{\mathrm{v}}\mathsf{F}_i = \frac{\mathsf{F}_{i+1} - \mathsf{F}_i}{\hat{r}_i} \qquad (\mathsf{F}_i \text{ on } \Gamma_i) \tag{8.16}$$

と定義した（v は vertex（頂点）の頭文字）．目を凝らしてみると，$W_i \cos_i^2 \hat{r}_i$ の係数は，$\kappa\kappa_s$ の二種類の離散化の差になっており，$(8.11)_{\mathrm{p.185}}$ と同様に，$\mathrm{err}_E \approx 0$ が期待される．

準備が整ったので，いよいよ 6.3 節で紹介した連続問題のさまざまな法線速度 V に対応する離散版の法線速度 $\{v_i\}$ を列記しよう．ただし，ヘレ・ショウ問題については後述する（10.4 節）．

8.2 さまざまな法線速度 $\{v_i\}$

$\boldsymbol{X}_i$ の時間発展方程式 $(7.9)_{\mathrm{p.160}}$ における法線速度 V_i を，第 i 辺 Γ_i 上の代表法線速度を v_i として，関係式 $(7.13)_{\mathrm{p.161}}$

$$V_i = \frac{v_i + v_{i+1}}{2\cos_i}$$

から求める．したがって，個別問題は以下でみるようなさまざまな v_i によって与えられる．接線速度 W_i の与え方とその効果については次節で述べるが，本章の各節（特に，各問）では $W_i = 0$ を仮定する．

8.2.1 アイコナール方程式 $v_i = V_c$

連続版（6.3.1 項）に対応して，

$$v_i = V_c \quad (i = 1, 2, \ldots, N)$$

とする．

[問 8.4] 問 $6.4_{\mathrm{(p.140)}}$ の離散版は成り立つか．例えば，解折れ線 $\Gamma(t)$ が半径 $R(t)$ の円に外接する正 N 角形であった場合の解折れ線の挙動を調べよ．また，$\Gamma(t)$ が半径 $R(t)$ の円に内接する正 N 角形であった場合についても調べよ．

8.2.2 古典的曲率流方程式 $v_i = -\kappa_i$

連続版(6.3.2項)に対応して,

$$v_i = -\kappa_i \quad (i = 1, 2, \ldots, N) \tag{8.17}$$

とする.

$v_i = -\kappa_i$ は,「曲率」κ_i の定義から L の離散版勾配流方程式である.

$$\dot{L} = \sum_{i=1}^{N} \kappa_i v_i r_i = -\sum_{i=1}^{N} \kappa_i^2 r_i \le 0.$$

また,もし誤差項が $\text{err}_A = 0$ ならば,連続版の $\dot{A} = -2\pi$ の離散版も次の意味で成り立つ.

$$\dot{A} = \sum_{i=1}^{N} v_i r_i = -\sum_{i=1}^{N} \kappa_i r_i = -2 \sum_{i=1}^{N} \tan_i = -2\Pi_N \quad \text{if } \text{err}_A = 0.$$

ここで,

$$\Pi_N = \sum_{i=1}^{N} \tan_i \approx \sum_{i=1}^{N} \frac{\phi_i}{2} = \pi$$

である.ただし,$\Pi_N = \Pi_N(t)$ である.

[問 8.5] 問 6.5 (p.140) の離散版は成り立つか.例えば,任意の正 N 角形は自己相似解折れ線となることを示せ.

8.2.3 古典的面積保存曲率流方程式 $v_i = \langle \kappa \rangle - \kappa_i$

連続版(6.3.3項)に対応して,

$$v_i = \langle \kappa \rangle - \kappa_i \quad (i = 1, 2, \ldots, N)$$

とする.

$\dot{A} = 0$ のもとでの L の勾配流方程式である.ここで,$\langle \mathsf{F} \rangle$ は,Γ_i 上の値 F_i に対する折れ線 Γ 全体における平均で,

$$\langle \mathsf{F} \rangle = \frac{1}{L} \sum_{i=1}^{N} \mathsf{F}_i r_i \quad (\mathsf{F}_i \text{ on } \Gamma_i)$$

と定義する.$F_i = \kappa_i$ の場合は

$$\langle \kappa \rangle = \frac{1}{L} \sum_{i=1}^{N} \kappa_i r_i = \frac{2\Pi_N}{L}$$

である(Γがジョルダン曲線の場合).

[**問 8.6**] 問 $6.6_{\text{(p.141)}}$ の離散版は成り立つか.すなわち,誤差項が $\text{err}_A = 0$ のとき,$\dot{A} = 0$, $\dot{L} \leq 0$ を示せ.

8.2.4 重み付き曲率流方程式 $v_i = -(\kappa_\sigma)_i$

連続版(6.3.5 項)に対応して,$(8.5)_{\text{p.183}}$ の $(\kappa_\sigma)_i$ を用いて,

$$v_i = -(\kappa_\sigma)_i \quad (i = 1, 2, \ldots, N)$$

とする.

8.1.1 項の $(\kappa_\sigma)_i$ の定義の仕方から,誤差項 $(8.6)_{\text{p.183}}$ が $\text{err}_{L_\sigma} = 0$ のとき,$\dot{L}_\sigma \leq 0$ が成り立つ.

8.2.5 正べき曲率流方程式 $v_i = -|\kappa_i|^{p-1}\kappa_i$

連続版(6.3.6 項)に対応して,

$$v_i = -|\kappa_i|^{p-1}\kappa_i \quad (p > 0; \ i = 1, 2, \ldots, N)$$

とする.

問 6.9 $(2)_{\text{(p.142)}}$ で調べたように,$p = 1/3$ のとき,楕円は自己相似解であった.この離散版が成り立つかどうかはわからない.アフィン折れ線曲率流方程式 $(7.20)_{\text{p.168}}$ との関連はあるのだろうか.

[**問 8.7**] 問 6.9 $(1)_{\text{(p.142)}}$ の離散版は成り立つか.例えば,任意の正 N 角形は自己相似解折れ線となることを示せ.

8.2.6 ウィルモア流方程式,蔵本 - シバシンスキー方程式,表面拡散流方程式

連続版のウィルモア流方程式（6.3.8 項）に対応して,

$$v_i = \mathrm{D_{ss}}\,\kappa_i + \frac{1}{2}\langle \kappa^3 \rangle_i \quad (i = 1, 2, \ldots, N) \tag{8.18}$$

とする.

(8.18) は誤差項が $\mathrm{err}_E = 0$ のときの $(8.10)_{\mathrm{p.185}}$ と 2 階弧長差分 $(8.12)_{\mathrm{p.186}}$ から得られる E の勾配流方程式である.よって,$\mathrm{err}_E = 0$ のとき $\dot{E} \leq 0$ である.

$V = \kappa$ は逆向き曲率流方程式と呼ばれ,逆向き熱方程式 $u_t = -u_{xx}$ のように不安定（あるいは, ill-posed）である.同様に離散版逆向き曲率流方程式 $v_i = \kappa_i$ も不安定であるが,離散版ウィルモア流方程式を用いて安定化させることができる.すなわち,$\delta > 0$ として,$-L + \delta E$ の勾配流方程式として,逆向き曲率流の弾性エネルギーによる正則化方程式を得る.

$$v_i = \kappa_i + \delta\Big(\mathrm{D_{ss}}\,\kappa_i + \frac{1}{2}\langle \kappa^3 \rangle_i\Big) \quad (i = 1, 2, \ldots, N). \tag{8.19}$$

[問 **8.8**] (8.19) の v_i に対して,$\mathrm{err}_E = 0$ のとき,$-\dot{L} + \delta \dot{E} \leq 0$ を示せ.

上の正則化のアイディアは [72] によるものであるが,この考え方の観点から,蔵本 - シバシンスキー方程式（6.3.11 項, 9.3 節）やその離散版

$$v_i = V_c + (\alpha_{\mathrm{eff}} - 1)\kappa_i + \delta \mathrm{D_{ss}}\,\kappa_i \quad (i = 1, 2, \ldots, N) \tag{8.20}$$

を眺めると,$\alpha_{\mathrm{eff}} > 1$ のときに燃焼前線の不安定化が $\delta > 0$ による項で制御されるという構造になっていることがわかる.

蔵本 - シバシンスキー方程式 (8.20) において,δ の項だけを抜き出した方程式

$$v_i = \mathrm{D_{ss}}\,\kappa_i \quad (i = 1, 2, \ldots, N)$$

は,連続版（6.3.4 項）に対する離散版表面拡散流方程式で,離散版ウィルモア流方程式 (8.18) から $\langle \kappa^3 \rangle_i$ の項を抜かして作ったものである.

[問 **8.9**] 問 $6.7_{\mathrm{(p.141)}}$ の離散版は成り立つか.すなわち,誤差項が $\mathrm{err}_A = 0$ のとき $\dot{A} = 0$ を,$\phi_i \equiv \phi$ のとき $\dot{L} \leq 0$ をそれぞれ示せ.

8.3　接線速度 $\{W_i\}$ の決定：漸近的一様配置法と曲率調整型配置

前節で，さまざまな v_i を与えて個別問題を特徴付けた．これより，関係式 $(7.13)_{\text{p.161}}$ から $\boldsymbol{X}_i$ の時間発展方程式 $(7.9)_{\text{p.160}}$ における法線速度 V_i が決まった．本節では，接線速度 W_i を与える．理論上は $W_i \equiv 0$ でもかまわないが，通常，数値計算はすぐに破綻する．実際，接線速度を用いなかった場合は，図 8.1 のような形で分点の過度の集中が起こり，すぐに数値計算が破綻する．接線速度（あるいはそれに類する操作）を利用しないと，多くの場合，このようにすぐに破綻する．

そこで，二種類の方法を紹介する．一つは数値的にも安定となる方法で，一様配置法という．もう一つは限られた点を効率よく分布させる方法で，曲率調整型配置法という．後者は具体的には，曲率の絶対値が大きいところ（鋭く曲がっている部分）には点を多く配置し，小さいところ（比較的平坦な部分）には点を（相対的に）少なく配置する．

8.3.1　漸近的一様配置法

数値的に安定な計算するために，点と点がぶつからないようにすることが多い．たとえば，$\dot{\boldsymbol{X}}_i$ の式 $(7.9)_{\text{p.160}}$ において $W_i \equiv 0$ として計算すると，経験上，さまざまな数値的な不安定現象が起こる．これは折れ線の頂点が極端に集中したり極端に離れたりすることに起因する．そこで，隣接 5 点 $\boldsymbol{X}_i, \boldsymbol{X}_{i\pm1}, \boldsymbol{X}_{i\pm2}$ の平均を新たな $\boldsymbol{X}_i$ とする 5 点移動平均法，隣接点が近づきすぎたら（磁石の反発のように）遠ざける方法，隣接 3 点 $\boldsymbol{X}_i, \boldsymbol{X}_{i\pm1}$ を通る円を定めて $\boldsymbol{X}_i$ を円弧に沿って両隣接点 $\boldsymbol{X}_{i\pm1}$ の真ん中に再配置する方法，など人為的に頂点が密集しすぎないような点の再配置の操作がしばしばなされていたが，当然ながらこれらは解くべき偏微分方程式の離散化とは無関係の操作である．後述するように，1990 年代に入り，安定な数値計算をするための点の再配置に相当する非自明な接線速度 W を利用した方法が開発されてきた．その根拠は，接線速度 W はその形状には影響しないという命題である（[20, Proposition 2.4]．[137, 8.5 節] に解説と証明がある）．もちろん，この命題は連続版の滑らかな曲線の

8.3 接線速度 $\{W_i\}$ の決定：漸近的一様配置法と曲率調整型配置

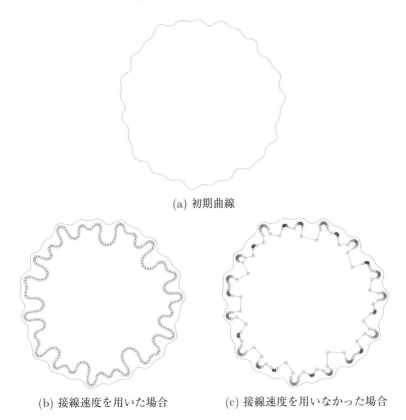

(a) 初期曲線

(b) 接線速度を用いた場合　　(c) 接線速度を用いなかった場合

図 **8.1** 初期曲線 (a) は，後述する図 10.4 (p.268) に等しい．(b) は境界要素法（一定要素）と以下で述べる曲率調整型配置法を組み合わせた近似解法を用いて，$(10.18)_{\text{p.268}}$ を数値計算したときの図である [136]．その後の時間発展は図 10.7 (p.270) をみよ．基本解近似解法 (MFS) による数値計算の詳細については後述する（10.5 節）．

場合に限るが，点の数 N がある程度大きければ，接線速度はほとんど形状に変化をもたらさない．（上で三つほど述べた人為的な点の再配置方法も何らかの意味で接線速度を利用しているはずであるが，詳しくはわかっていない．）

頂点の配置が一様になるような接線速度 W_i を以下に述べるが，その前に，その効果を視覚的に実感しよう．図 8.2 は，次のようにパラメータ表示されたカッシーニ曲線 C 上の一様でない配置の点を，接線速度のみを使って一様にしたものである．

$$\boldsymbol{C}(u) = r(2\pi u)\begin{pmatrix}\cos(2\pi u)\\ \sin(2\pi u)\end{pmatrix} \quad (u \in [0,1]),$$

$$r(p) = \sqrt{c_1\cos(2p) + \sqrt{c_1^2\cos^2(2p) + c_2}} \quad (c_1 = 10,\ c_2 = 1).$$

具体的には，初期折れ線の第 i 頂点を $\boldsymbol{X}_i^0 = \boldsymbol{C}(i/N)$ とし，時間発展方程式 $\dot{\boldsymbol{X}}_i(t) = W_i(t)\boldsymbol{T}_i(t)\ (\boldsymbol{X}_i(0) = \boldsymbol{X}_i^0)$ をオイラー法で解いたものである．ここで，法線速度は $V_i \equiv 0$ として用いず，接線速度 W_i を（後述する）一様配置法にした．スキームは $\boldsymbol{X}_i^m \approx \boldsymbol{X}_i(t_m)\ (t_m = m\tau)$ を第 i 頂点として，次のようになる．

$$\frac{\boldsymbol{X}_i^{m+1} - \boldsymbol{X}_i^m}{\tau} = W_i^m \boldsymbol{T}_i^m \quad (i = 1, 2, \ldots, N;\ m = 0, 1, 2, \ldots, M-1).$$

頂点数は $N = 80$ で，時間刻みは $\tau = 0.001$ とし，後述する一様配置法の中の緩和係数を $\omega = 10$ とした．一様配置になっているか否かを判定する誤差を $\epsilon_m = 1 - \mathrm{ratio}^m \geq 0$ とし，$\epsilon_m > 10^{-11}$ である限り計算を繰り返した．ここで，

$$\mathrm{ratio}^m = \frac{\min_{1 \leq i \leq N} r_i^m}{\max_{1 \leq i \leq N} r_i^m}$$

は最小辺と最大辺の長さの比である．結果，$M = 2627$ が最後の時間ステップとなった．面積 A^m，周長 L^m，比 ϵ^m の最初と最後のデータは表 8.1 の通りである．

表 8.1 面積，周長，誤差の最初と最後のデータ

m	A^m	L^m	ϵ^m
0	20.233022003629269	22.963229258609623	0.979394712994913
M	20.246797498174981	22.971859680943261	$9.99300642 \times 10^{-12}$

面積と周長の相対誤差はそれぞれ

$$\left|\frac{A^0 - A^M}{A^0}\right| = 0.07\,\%,\quad \left|\frac{L^0 - L^M}{L^0}\right| = 0.04\,\%$$

8.3 接線速度 $\{W_i\}$ の決定：漸近的一様配置法と曲率調整型配置

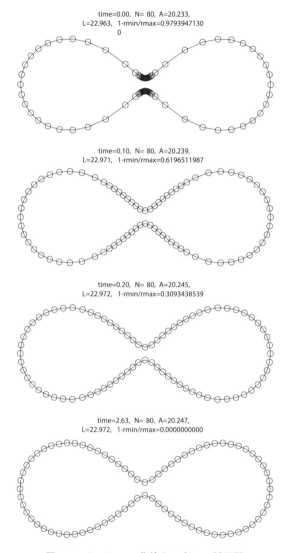

図 8.2 カッシーニ曲線上の点の一様配置

であるから,ほとんど変化していない.

漸近的一様配置法による接線速度 W_i

すべての $i = 1, 2, \ldots, N$ について,$r_i \to \dfrac{L}{N}$ $(t \to T_{\max})$ となるように,

$$r_i - \frac{L}{N} = \eta_i e^{-f(t)} \qquad \left(\sum_{i=1}^{N} \eta_i = 0, \quad \lim_{t \to T_{\max}} f(t) = \infty \right)$$

を仮定する.両辺を微分して,$\omega(t) = \dot{f}(t)$ とおくと,

$$\dot{r}_i = \frac{\dot{L}}{N} + \left(\frac{L}{N} - r_i\right)\omega(t), \quad \int_0^{T_{\max}} \omega(t)\,dt = \infty \quad (i = 1, 2, \ldots, N) \quad (8.21)$$

を得る.ここで,$\dot{r}_i = V_i \mathsf{sin}_i + V_{i-1} \mathsf{sin}_{i-1} + W_i \mathsf{cos}_i - W_{i-1} \mathsf{cos}_{i-1}$ であるから,接線速度の方程式を得る.

$$W_i \mathsf{cos}_i - W_{i-1} \mathsf{cos}_{i-1} = \frac{\dot{L}}{N} - V_i \mathsf{sin}_i - V_{i-1} \mathsf{sin}_{i-1} + \left(\frac{L}{N} - r_i\right)\omega. \tag{8.22}$$

この方程式に零平均条件

$$\sum_{i=1}^{N} W_i = 0 \tag{8.23}$$

を加えて N 本の $\{W_i\}_{i=1}^{N}$ に関する方程式を得る.

これは,以下のように解くことができる.

$$W_i = \frac{\Psi_i + c}{\mathsf{cos}_i} \quad (i = 1, 2, \ldots, N). \tag{8.24}$$

ここで,

8.3 接線速度 $\{W_i\}$ の決定：漸近的一様配置法と曲率調整型配置　　197

$$\psi_i = \begin{cases} 0 & (i=1), \\ \dfrac{\dot L}{N} - V_i \text{sin}_i - V_{i-1}\text{sin}_{i-1} + \left(\dfrac{L}{N} - r_i\right)\omega & (i=2,3,\ldots,N), \end{cases}$$

$$\Psi_i = \psi_1 + \psi_2 + \cdots + \psi_i \quad (i=1,2,\ldots,N),$$

$$c = -\frac{\sum_{i=1}^{N} \Psi_i/\text{cos}_i}{\sum_{i=1}^{N}(1/\text{cos}_i)},$$

$$\dot L = \sum_{i=1}^{N} \kappa_i v_i r_i, \quad V_i = \frac{v_i + v_{i+1}}{2\,\text{cos}_i} \quad (i=1,2,\ldots,N)$$

である．

✔ 注 8.4　頂点の分布が一様配置であれば，$W_i = \dfrac{v_{i+1}-v_i}{2\,\text{sin}_i}$ でなくても，面積の時間変化 $\dot A$ の式における誤差項 err_A ($(7.18)_{\text{p.163}}$) が零になる．

8.3.2　漸近的曲率調整型配置法

接線速度の方程式 (8.22) は，(8.21) に $\dot r_i$ の式 $(7.15)_{\text{p.163}}$ を代入して得られたものである．このような考えのもととなった連続版を導出しよう．見通しをよくするために，いったん，$\omega = 0$ として「漸近的」をなくして考える．このとき，$\dot r_i = \dot L/N$ に $\dot r_i = (\langle \kappa v\rangle_i + \text{D}_{\text{s}}^{\text{c}} w_i)r_i$ と $\dot L = \sum_{i=1}^{N}\kappa_i v_i r_i$ を代入して，

$$(\langle \kappa v\rangle_i + \text{D}_{\text{s}}^{\text{c}} w_i)r_i = \frac{1}{N}\sum_{i=1}^{N}\kappa_i v_i r_i$$

を得る．初期配置が一様 $r_i(0) \equiv L(0)/N$ とすると，$\dot r_i = \dot L/N$ から時刻 t においても一様であるから，$Nr_i(t) \equiv L(t)$ より，

$$\text{D}_{\text{s}}^{\text{c}} w_i = \langle \kappa v\rangle - \langle \kappa v\rangle_i, \quad \langle \kappa v\rangle = \frac{1}{L}\sum_{i=1}^{N}\kappa_i v_i r_i$$

がわかる．対応する連続版の式は

$$W_s = \langle \kappa V\rangle - \kappa V, \quad \langle \kappa V\rangle = \frac{1}{\mathcal{L}}\int_{\mathcal{C}} \kappa V\,ds \tag{8.25}$$

であるが，これは相対的局所長

$$\rho(u,t) = \frac{g(u,t)}{\mathcal{L}(t)}$$

が保存する式である $((6.20)_{\text{p.147}})$. すなわち, 相対的局所長の初期値が $\rho(u, 0) \equiv 1$ であれば, $\rho(u, t) \equiv 1$ である.

局所長 $g(u, t)$ が u に依存しない定数 $l(t)$ とすると, $\mathcal{L}(t) = \int_0^1 g(u, t)\, du = l(t)$ より, $l(t)$ は周長に他ならない. よって, $\rho(u, t) \equiv 1$ である. パラメータ u のサンプル点を $u_i = i/N$ $(i = 1, 2, \ldots, N)$ のようにとり, 頂点 $\boldsymbol{X}(u_i, t)$ と $\boldsymbol{X}(u_{i+1}, t)$ の間の弧長が, ちょうど周長 $\mathcal{L}$ の $1/N$ 倍であれば, 曲線に沿った分点が一様に配置されていることになる. すなわち,

$$s(u_{i+1}, t) - s(u_i, t) = \int_{u_i}^{u_{i+1}} g(u, t)\, du = \frac{\mathcal{L}(t)}{N}$$

となっていればよいが, これは $\rho(u, t) \equiv 1$ が成立していればつねに成り立つ. したがって, 初期分点が一様に配置されている状態 $\rho(u, 0) \equiv 1$ であれば, 相対的局所長保存流方程式 (8.25) のもとで, 分点は一様配置され続ける. このことは, 分点の集中を避けるため, 安定な数値計算を提供する.

Kimura [56, 57] は, $V = -\kappa$ の場合に, 上述した観点からの一様配置法を提案した. すなわち, (8.25) の離散化と, (これだけでは W は一意に定まらないので) W の曲線に沿ったある種の平均が 0 である条件を満たすものを提案した.

Hou, Lowengrub and Shelley [44] は, 特に $V = -\kappa$ に対して, 初期値を $\rho(u, 0) \equiv 1$ とし, 条件 $\rho(u, t) \equiv 1$ を直接用いて (8.25) を導いた. これは, Mikula & Ševčovič [71] によっても独立に提案されている. 論文 [44, Appendix 2] において, 著者らは (8.25) の一般化として次式を紹介している.

$$\frac{(\varphi(\kappa)W)_s}{\varphi(\kappa)} = \frac{\langle f \rangle}{\langle \varphi(\kappa) \rangle} - \frac{f}{\varphi(\kappa)}, \tag{8.26}$$

$$f = \varphi(\kappa)\kappa V - \varphi'(\kappa)\left(V_{ss} + \kappa^2 V\right). \tag{8.27}$$

ここで, φ は与えられた形状関数であり, 曲率の大きさ $|\kappa|$ を制御する役割を担っている. 典型的には, 非負の偶関数 $\varphi(-\kappa) = \varphi(\kappa) > 0$ $(\kappa \neq 0)$ で, $\kappa > 0$ について単調非減少であるとする. 例えば,

$$\varphi(\kappa) = 1 - \varepsilon + \varepsilon\sqrt{1 - \varepsilon + \varepsilon\kappa^2}, \quad \varepsilon \in [0, 1] \tag{8.28}$$

8.3 接線速度 $\{W_i\}$ の決定：漸近的一様配置法と曲率調整型配置

のように与えられる．極限値は

$\varepsilon \to +0$ のとき，$\varphi \to 1$,

$\varepsilon \to 1-0$ のとき，$\varphi \to |\kappa|$

となる．前者のときは一様配置接線速度の満たす式 (8.25) に他ならず，後者のときはクリスタライン接線速度 $W = \dfrac{V_s}{\kappa}$ に対応する [134]．なお，この離散版は，$\mathrm{err}_A = 0$ とするための $W_i = \dfrac{v_{i+1} - v_i}{2\sin_i}$ とする方法である (7.1 節)．実際，$\hat{\mathrm{D}}_s^\mathrm{v}$ を $\hat{\Gamma}_i$ 上の 1 階頂点差分 $(8.16)_\mathrm{p.188}$ として，

$$W_i = \frac{\hat{\mathrm{D}}_s^\mathrm{v} v_i}{\hat{\kappa}_i} \quad \approx \quad W = \frac{V_s}{\kappa}$$

という対応になっている．$\varepsilon = 1$ のときの $\varphi(\kappa) = |\kappa|$ は $\kappa = 0$ で微分可能でないので，実用上の曲率調整型接線速度は $\varepsilon \in (0,1)$ の場合である．

(8.26) は以下の計算から導出される．一般化された相対的局所長を

$$\rho_\varphi(u,t) = \rho(u,t)\frac{\varphi(\kappa(u,t))}{\langle\varphi(\kappa(\cdot,t))\rangle}, \quad \langle\varphi(\kappa(\cdot,t))\rangle = \frac{1}{\mathcal{L}(t)}\int_{\mathcal{C}(t)}\varphi(\kappa(u,t))\,ds$$

とおく．このとき，保存条件 $\dot{\rho}_\varphi(u,t) \equiv 0$ から，(8.26)–(8.27) が導かれる．

[問 **8.10**]　(8.26)–(8.27) を示せ．

(8.26)–(8.27) をさらに推し進めて，いわば漸近的曲率調整型配置法が提案された [108]．これは次のように極限曲線の形状に応じて分点を配置する方法である．

$$\frac{(\varphi(\kappa)W)_s}{\varphi(\kappa)} = \frac{\langle f\rangle}{\langle\varphi(\kappa)\rangle} - \frac{f}{\varphi(\kappa)} + \left(\rho_\varphi^{-1} - 1\right)\omega(t). \tag{8.29}$$

ここで，f は (8.27) で定義された関数である．もし $\varphi \equiv 1$ ならば，

$$W_s = \langle\kappa V\rangle - \kappa V + \left(\rho^{-1} - 1\right)\omega(t)$$

となるが，この離散版はすでに $(8.22)_\mathrm{p.196}$ で与えたものである．また $\omega = 0$ ならば，(8.26) に他ならない．ここで，$\omega \in L_{loc}^1[0, T_{\max})$ は緩和関数で $\displaystyle\lim_{t \to T_{\max} - 0}\int_0^t \omega(\xi)\,d\xi = \infty$ を満たす．

[問 8.11]　(8.29) を，常微分方程式

$$\dot{\rho}_\varphi = (1 - \rho_\varphi)\omega(t)$$

から導け．ここで，この常微分方程式は以下の式を時間微分することによって得られる．

$$\rho_\varphi(u,t) = 1 + \eta(u)e^{-\mu(t)}, \quad \int_0^1 \eta(u)\,du = 0,$$
$$\mu(t) = \int_0^t \omega(\xi)\,d\xi \to \infty \quad (t \to T_{\max} - 0).$$

漸近的曲率調整型配置法による接線速度 W_i

本節の最後に，漸近的曲率調整型配置法 (8.29) を離散化する方法を紹介しよう．離散版ではないので，$\varphi \equiv 1$ のとき，(8.22)$_{\text{p.196}}$ にならないが，目的は点の粗密を「曲率」で制御することであるので，実用上は問題にならない．整合性を求めるならば，ρ_φ の離散版を考えて，連続版と同様に推論すればよいだろう．

ここでは，7.2.6 項で述べた FFV の考え方を用いて (8.29) を離散化する．Γ_i 上で一定の「曲率」はさまざまで，以下では代表して k_i と表す．想定しているのは，

$$k_i = \begin{cases} \kappa_i & (7.7)_{\text{p.160}} \\ \kappa_i^{(F)} & (7.21)_{\text{p.170}} \end{cases}$$

のいずれかである．また，$\hat{\Gamma}_i$ 上で一定の「曲率」もさまざまで，以下代表して $\hat{k}_i$ と表す．想定しているのは，

$$\hat{k}_i = \begin{cases} K_i & (7.14)_{\text{p.162}} \\ \hat{\kappa}_i & (7.8)_{\text{p.160}} \\ \hat{\kappa}_i^{(F)} & (7.22)_{\text{p.171}} \\ (k_i + k_{i+1})/2 & (単純な平均) \end{cases}$$

のいずれかである．

8.3 接線速度 $\{W_i\}$ の決定：漸近的一様配置法と曲率調整型配置

$(8.29)_{\text{p.199}}$ を次のように変形しておき，$(8.27)_{\text{p.198}}$ を再度併記する．

$$(\varphi(\kappa)W)_s = \frac{\langle f \rangle}{\langle \varphi(\kappa) \rangle}\varphi(\kappa) - f + \left(\frac{\mathcal{L}}{g}\langle \varphi(\kappa) \rangle - \varphi(\kappa)\right)\omega, \tag{8.30}$$

$$f = \varphi(\kappa)\kappa V - \varphi'(\kappa)\left(V_{ss} + \kappa^2 V\right). \tag{8.27}$$

FFV の手法で，(8.30) の両辺を Γ_i 上で積分すると，

$$\int_{\Gamma_i} (\text{左辺})\, ds$$
$$= \int_{\Gamma_i} (\varphi(\kappa)W)_s\, ds = [\varphi(\kappa)W]_{\boldsymbol{X}_{i-1}}^{\boldsymbol{X}_i} = \varphi(\hat{k}_i)W_i - \varphi(\hat{k}_{i-1})W_{i-1},$$

$$\int_{\Gamma_i} (\text{右辺})\, ds$$
$$= \frac{\langle f \rangle}{\langle \varphi(k) \rangle}\int_{\Gamma_i}\varphi(\kappa)\, ds - \int_{\Gamma_i} f\, ds + \left(L\langle \varphi(k)\rangle \int_{\Gamma_i}\frac{1}{g}ds - \int_{\Gamma_i}\varphi(\kappa)\, ds\right)\omega$$
$$= \frac{\langle f \rangle}{\langle \varphi(k) \rangle}\varphi(k_i)r_i - f_i r_i + \left(L\langle \varphi(k)\rangle\frac{1}{Nr_i}r_i - \varphi(k_i)r_i\right)\omega$$
$$= \varphi(k_i)r_i\left(\frac{\langle f \rangle}{\langle \varphi(k) \rangle} - \frac{f_i}{\varphi(k_i)} + \left(\frac{L}{Nr_i}\frac{\langle \varphi(k) \rangle}{\varphi(k_i)} - 1\right)\omega\right),$$

$$\langle f \rangle = \frac{1}{L}\sum_{i=1}^{N} f_i r_i, \quad \langle \varphi(k) \rangle = \frac{1}{L}\sum_{i=1}^{N}\varphi(k_i)r_i$$

となり，まとめると，

$$\varphi(\hat{k}_i)W_i - \varphi(\hat{k}_{i-1})W_{i-1}$$
$$= \varphi(k_i)r_i\left(\frac{\langle f \rangle}{\langle \varphi(k) \rangle} - \frac{f_i}{\varphi(k_i)} + \left(\frac{L}{Nr_i}\frac{\langle \varphi(k) \rangle}{\varphi(k_i)} - 1\right)\omega\right) \tag{8.31}$$

である．ここで，$\mathrm{D}_{\mathrm{s}}^{\mathrm{e}}$ を Γ_i 上の 1 階辺上差分 $(8.13)_{\text{p.186}}$，$\hat{\mathrm{D}}_{\mathrm{s}}^{\mathrm{v}}$ を $\hat{\Gamma}_i$ 上の 1 階頂点差分 $(8.16)_{\text{p.188}}$ として，

$$f_i = \varphi(k_i)k_i v_i - \varphi'(k_i)\underline{\left(\mathrm{D}_{\mathrm{s}}^{\mathrm{e}}(\hat{\mathrm{D}}_{\mathrm{s}}^{\mathrm{v}} v_i) + k_i^2 v_i\right)}$$

とおいた．(ただし，$V_{ss} + \kappa^2 V$ の離散化として $k_i = \kappa_i$ を採用したとき，下線部の代わりに $(8.15)_{\text{p.187}}$ の $\mathrm{D}_{\mathrm{ss}}^{\mathrm{d}} v_i + \kappa_i \langle \kappa v \rangle_i$ を使う方法も考えられる．)

$(8.29)_{\text{p.199}}$ と比較するために,

$$\rho_{\varphi_i} = \rho_i \frac{\varphi(k_i)}{\langle \varphi(k) \rangle}, \quad \rho_i = \frac{Nr_i}{L}$$

とおけば,

$$\frac{\mathrm{D}_{\mathrm{s}}^{\mathrm{e}}(\varphi(\hat{k}_i)W_i)}{\varphi(k_i)} = \frac{\langle f \rangle}{\langle \varphi(k) \rangle} - \frac{f_i}{\varphi(k_i)} + \left(\rho_{\varphi_i}^{-1} - 1\right)\omega$$

となって, (8.29) の離散化がなされたことがわかる.

(8.31) だけでは $\{W_i\}_{i=1}^N$ が定まらないので,零平均条件 $\langle \varphi(\hat{k})W \rangle = 0$ を課す.すなわち,条件

$$\sum_{i=1}^N \varphi(\hat{k}_i)W_i \hat{r}_i = 0$$

を (8.31) に付与して, $\{W_i\}_{i=1}^N$ についての N 個の連立一次方程式を得る.

8.3.3　開曲線に対する一様配置と曲率調整型配置の比較

漸近的一様配置法と漸近的曲率調整型配置法は,開曲線に対しても有効である.適用は簡単なので省略し,両者の象徴的な数値例を紹介するにとどめる.図 8.3 をみると,一様配置は点を均等に配置しているのに対して,曲率調整型配置は曲率の（絶対値の）大きさに応じて点配置の粗密が調整されていることがよくわかる（両者の分点数は同じである）．図版は Miroslav Kolář 氏（ミロツラフ・コラージュ（チェコ工科大学））によるご提供.

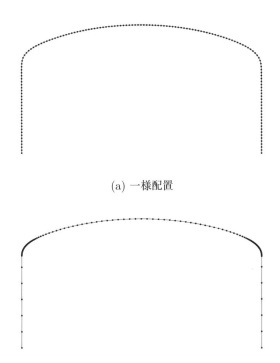

(a) 一様配置

(b) 曲率調整型配置

図 **8.3** 開曲線に対する配置法の比較

8.4 アルゴリズム（線の方法）

第 i 頂点 $\boldsymbol{X}_i$ における「法線」速度 $\{V_i\}_{i=1}^N$ と「接線」速度 $\{W_i\}_{i=1}^N$ は，いろいろな量から定義され得る．しかし通常は周長，面積，「曲率」，接線角度などから決まる量で，いままでみてきたように，これらはすべて $\{\boldsymbol{X}_i\}_{i=1}^N$ から算出できる．

結局，発展方程式 $(7.9)_{\mathrm{p.160}}$ は次のようにまとめることができる．

$$\dot{\boldsymbol{X}}(t) = \boldsymbol{F}(\boldsymbol{X}(t)),$$

$$\begin{cases} \boldsymbol{X}(t) = (\boldsymbol{X}_1(t), \boldsymbol{X}_2(t), \ldots, \boldsymbol{X}_N(t)) \in \mathbb{R}^{2 \times N}, \\ \boldsymbol{F} = (\boldsymbol{F}_1, \boldsymbol{F}_2, \ldots, \boldsymbol{F}_N) : \mathbb{R}^{2 \times N} \to \mathbb{R}^{2 \times N}; \ \boldsymbol{X} \mapsto \boldsymbol{F}(\boldsymbol{X}). \end{cases}$$

これを例えば次のように4次のルンゲ・クッタ法を用いて時間について離散化する．初期値として，

$$m = 0; \quad \boldsymbol{X}^m = (\boldsymbol{X}_1^m, \boldsymbol{X}_2^m, \ldots, \boldsymbol{X}_N^m) \in \mathbb{R}^{2 \times N}$$

を与える．時間刻みを τ として，$m = 0, 1, 2, \ldots$ について，以下のように逐次計算する．

$$\boldsymbol{X}^{m+1} = \boldsymbol{X}^m + \frac{1}{6}(\boldsymbol{K}_1 + 2\boldsymbol{K}_2 + 2\boldsymbol{K}_3 + \boldsymbol{K}_4)\tau,$$
$$\boldsymbol{K}_1 = \boldsymbol{F}(\boldsymbol{X}^m),$$
$$\boldsymbol{K}_2 = \boldsymbol{F}(\boldsymbol{X}^m + \boldsymbol{K}_1\tau/2),$$
$$\boldsymbol{K}_3 = \boldsymbol{F}(\boldsymbol{X}^m + \boldsymbol{K}_2\tau/2),$$
$$\boldsymbol{K}_4 = \boldsymbol{F}(\boldsymbol{X}^m + \boldsymbol{K}_3\tau).$$

オイラー法だったら，もっと簡単に

$$\boldsymbol{X}^{m+1} = \boldsymbol{X}^m + \boldsymbol{F}(\boldsymbol{X}^m)\tau$$

である．

これらの方法は，もとの偏微分方程式 $(6.2)_{\text{p.134}}$ を数値的に解くという立場からみると，まず空間についてのみ離散化した常微分方程式系 $(7.9)_{\text{p.160}}$ を求めて，それを常微分方程式の解法であるルンゲ・クッタ法やオイラー法で解くのであるから，いわゆる**線の方法**と呼ばれる方法となっている．線の方法の名称の由来は，図 $5.4_{\text{(p.120)}}$ にあるように「線」ができるイメージから付けられたのであろう．常微分方程式系 $(7.9)_{\text{p.160}}$ の時間微分を，$\{\boldsymbol{X}_i^m\}$ についての線形部分のみ陰的にする半陰的離散化を施して解く方法も知られている．

8.5 数値スキームの実例：蔵本 - シバシンスキー方程式

本節では，蔵本 - シバシンスキー方程式（6.3.11 項）

$$V = V_c + (\alpha_{\text{eff}} - 1)\kappa + \delta\kappa_{ss}$$

8.5 数値スキームの実例：蔵本 - シバシンスキー方程式

に対する一様配置を用いた数値スキームの実例を論文 [38] から紹介する．蔵本 - シバシンスキー方程式は，法線速度に定数項 V_c，曲率 κ，および曲率の 2 階弧長微分 κ_{ss} の三つを含んでいるので，数値スキームを考えるにはよいサンプル問題である．

空間離散化

頂点数を N とし，必要な諸量を以下の順に $i = 1, 2, \ldots, N$ について計算していくとよい．

START 初期ジョルダン折れ線 $\Gamma(0) : \{\boldsymbol{X}_i(0)\}$

Step 1 辺 $\{r_i\}$ と接線ベクトル $\{\boldsymbol{t}_i\}$

$$r_i = |\boldsymbol{X}_i - \boldsymbol{X}_{i-1}|, \quad \boldsymbol{t}_i = \frac{\boldsymbol{X}_i - \boldsymbol{X}_{i-1}}{r_i}$$

Step 2 外角 $\{\phi_i\}$，「接線」ベクトル $\{\boldsymbol{T}_i\}$，「法線」ベクトル $\{\boldsymbol{N}_i\}$

$$\phi_i = \operatorname{sgn}(D_i) \arccos(\boldsymbol{t}_i \cdot \boldsymbol{t}_{i+1}), \quad D_i = \det(\boldsymbol{t}_i, \boldsymbol{t}_{i+1}),$$

$$\operatorname{cos}_i = \cos(\phi_i/2), \quad \boldsymbol{T}_i = \frac{\boldsymbol{t}_i + \boldsymbol{t}_{i+1}}{2\operatorname{cos}_i}, \quad \boldsymbol{N}_i = -\boldsymbol{T}_i^\perp$$

Step 3 周長 L，「曲率」 $\{\kappa_i\}$

$$L = \sum_{i=1}^{N} r_i, \quad \operatorname{sin}_i = \sin(\phi_i/2), \quad \operatorname{tan}_i = \frac{\operatorname{sin}_i}{\operatorname{cos}_i},$$

$$\kappa_i = \frac{\operatorname{tan}_i + \operatorname{tan}_{i-1}}{r_i}$$

Step 4 「曲率」の 2 階弧長微分 $\{\mathrm{D}_{\mathrm{ss}} \kappa_i\}$

$$\mathrm{D}_{\mathrm{s}} \kappa_i = \frac{1}{r_i} \left(\frac{\kappa_i + \kappa_{i+1}}{2\operatorname{cos}_i^2} - \frac{\kappa_{i-1} + \kappa_i}{2\operatorname{cos}_{i-1}^2} \right),$$

$$\mathrm{D}_{\mathrm{ss}} \kappa_i = \frac{\mathrm{D}_{\mathrm{s}} \kappa_{i+1} - \mathrm{D}_{\mathrm{s}} \kappa_{i-1}}{2 r_i}$$

Step 5 代表法線速度 $\{v_i\}$，法線速度 $\{V_i\}$

$$v_i = V_c + (\alpha_{\mathrm{eff}} - 1)\kappa_i + \delta \mathrm{D}_{\mathrm{ss}} \kappa_i,$$

$$V_i = \frac{v_i + v_{i+1}}{2\operatorname{cos}_i}$$

Step 6 周長の時間微分 $\dot{L}$, 接線速度 $\{W_i\}$ (ω は後で決定)

$$\dot{L} = \sum_{j=1}^{N} \kappa_j v_j r_j,$$

$$\begin{cases} \psi_1 = 0, \\ \psi_i = \dfrac{\dot{L}}{N} - V_i \mathsf{sin}_i - V_{i-1} \mathsf{sin}_{i-1} + \left(\dfrac{L}{N} - r_i\right)\omega \\ \qquad\qquad\qquad (j = 2, 3, \ldots, N), \end{cases}$$

$$\Psi_i = \sum_{j=1}^{i} \psi_j, \quad c = -\dfrac{\sum_{j=1}^{N} \Psi_j/\mathsf{cos}_j}{\sum_{j=1}^{N} 1/\mathsf{cos}_j},$$

$$W_i = \dfrac{\Psi_i + c}{\mathsf{cos}_i}$$

<u>GOAL</u>　時間発展方程式 $\dot{\boldsymbol{X}}_i(t) = V_i \boldsymbol{N}_i + W_i \boldsymbol{T}_i$ のまとめ

$$\dot{\boldsymbol{X}} = \boldsymbol{F}(\boldsymbol{X}) \quad (\boldsymbol{X} = (\boldsymbol{X}_1, \boldsymbol{X}_2, \ldots, \boldsymbol{X}_N) \in \mathbb{R}^{2\times N}),$$

$$\begin{cases} \boldsymbol{F} = (\boldsymbol{F}_1, \boldsymbol{F}_2, \ldots, \boldsymbol{F}_N) : \mathbb{R}^{2\times N} \to \mathbb{R}^{2\times N}, \\ \mathbb{R}^{2\times N} \ni \boldsymbol{X} \mapsto \boldsymbol{F}_i(\boldsymbol{X}) \in \mathbb{R}^2 \quad (i = 1, 2, \ldots, N) \end{cases}$$

時間離散化

<u>START</u> のジョルダン折れ線 $\Gamma^0 = \Gamma(0)$ を初期値として，<u>GOAL</u> の常微分方程式系を古典的な 4 次のルンゲ - クッタ法（8.4 節）で解いて，Γ^m から Γ^{m+1} を求める．ここで，第 m 時刻 $t_m = \sum_{j=0}^{m-1} \tau_j$ におけるジョルダン折れ線の対応は $\Gamma^m \approx \Gamma(t_m)$ である $(m = 1, 2, \ldots)$．L^m を Γ^m の周長とし，時間刻み τ_m を $\tau_m = c_0 (L^m/N)^2$ のように毎ステップ m で変化させる $(m = 0, 1, 2, \ldots)$．係数 c_0 は $\tau_0 = c_0(L^0/N)^2 = 10^{-3}$, あるいは $\tau_0 = 10^{-4}$ として，後述の計算のように決定する．

蔵本 - シバシンスキー方程式は時々刻々と変形する燃焼前線のモデルであり，燃焼領域が拡がっていくことから周長は時間とともに増加する．このとき，二つの方法が考えられる．一つは，頂点数 N を初めから十分に大きくとっておく方法で，もう一つは，計算をしながら，点を適切に挿入して，頂点数 N

を拡がりとともに増やしていく方法である．後者は，計算速度の効率はよいが，下手な挿入をすると精度が落ちることは容易に想像できる．そこで，論文 [38] では，周長が倍の長さになったら，次の方法で点を挿入して，頂点数 N も倍に増やすという方針にした．

5 次曲線を使った点の挿入法

$\boldsymbol{X}_{i-1}$ と $\boldsymbol{X}_i$ を結ぶ 5 次曲線 $\boldsymbol{y}(u) = \sum_{j=0}^{5} \boldsymbol{a}_j u^j$ ($u \in [0,1]$) の係数 $\{\boldsymbol{a}_j\}_{j=0}^{5}$ を，次の条件を満たすように決定する．

$$\begin{cases} \boldsymbol{y}(0) = \boldsymbol{X}_{i-1}, \quad \boldsymbol{y}(1) = \boldsymbol{X}_i, \quad \boldsymbol{y}'(0) = \boldsymbol{T}_{i-1}, \quad \boldsymbol{y}'(1) = \boldsymbol{T}_i, \\ \boldsymbol{y}''(0) = -\hat{\kappa}_{i-1} \boldsymbol{N}_{i-1}, \quad \boldsymbol{y}''(1) = -\hat{\kappa}_i \boldsymbol{N}_i. \end{cases}$$

そして，$\boldsymbol{X}_{i-1}$ と $\boldsymbol{X}_i$ の間に新たな「中点」として，次の点 $\boldsymbol{y}(1/2)$ を挿入する．

$$\boldsymbol{y}(1/2) = \frac{\boldsymbol{X}_{i-1} + \boldsymbol{X}_i}{2} + \frac{5(\boldsymbol{T}_{i-1} - \boldsymbol{T}_i)}{32} - \frac{\hat{\kappa}_{i-1} \boldsymbol{N}_{i-1} + \hat{\kappa}_i \boldsymbol{N}_i}{64}.$$

挿入する点を実験的に，本当の中点 $\bar{\boldsymbol{X}}_i$ にしたり，2 次，3 次，4 次曲線，円弧などを用いて算出した「中点」にしたりするなど，さまざまに試行したが，上の 5 次曲線が「最もよい挿入法」であった．（上の条件だけからは，6 次以上の曲線を一意に決定することはできない．）「最もよい」という意味は，N を増やしていく場合と，N を初めから大きい値に固定した場合のそれぞれで計算したとき，解折れ線の距離（ハウスドルフの距離）が最も小さくなるという意味である．この意味で 5 次曲線を使った点挿入法が最もよいという結果が得られた．

この点挿入法により，計算速度は抜群に速くなる（約 10 倍！）．実際，$m_1 > m_0$ に対して，$L^{m_1} \approx 2L^{m_0}$ ならば，上の方法で新しく N 点挿入し，新しい時間刻みを

$$\tau_{m_1} = c_0(L^{m_1}/2N) \approx c_0(L^{m_0}/N) = \tau_{m_0}$$

とする．この時間刻みを使って，Step 6 の緩和パラメータを $\omega = \dfrac{0.1}{\tau_m}$ と設定した．

数値計算結果

蔵本 - シバシンスキー方程式におけるパラメータは，$\alpha_{\text{eff}} \gtrsim 1$ がモデルとしても現実的なパラメータである．さらに曲線は燃焼前線であるから，曲線が自己接触（衝突）したらつなぎ替えが起こるべきである．しかし，ここでは，不安定な界面を追跡するテスト問題として，非現実的な極めて大きいパラメータ $\alpha_{\text{eff}} = 6$ の場合を考える．短径 $5 \times$ 長径 6 の縦長の楕円を初期曲線とすると，不安定性を助長する $\alpha_{\text{eff}} = 6$ の場合，時刻 $t = 8$ で自己交差が起こる（図 8.4 (a)）．

固定した N と増加させる N の比較を検討しよう．まず，固定した N で $t = 8$ まで計算すると，$N \geq 300$ ならば，概ねどの曲線も同じであることが観察された（図 8.4 (b)）．

そこで，図 8.4 (c), (d) において，$N = 400$ に固定した場合と N を 100 から 400 に増加した場合を比較し，点を挿入した影響を調べた．図 8.4 (c) では N 固定（実線）と N 増加（○）の差は目視ではほとんど確認できないが，特に不安定化が大きい自己交差している部分を拡大すると，N 固定（●）と N 増加（○）のわずかな差が観察される（図 8.4 (d)）．しかし，点挿入法だと計算時間が $1/10$ 以下になることと，非現実的な不安定条件 $\alpha_{\text{eff}} = 6$ のもとでの「悪い」結果であったことを考慮すると，点挿入法は，実際的には効率的な方法といえよう．

図 8.5 (a) は膨張円である．実際，$\Gamma(t)$ が半径 $R(t)$ に外接する正 N 角形だったならば，問 8.4$_{\text{(p.188)}}$ と同じく (8.20)$_{\text{p.191}}$ から，$\dot{R}(t) = V_c + (\alpha_{\text{eff}} - 1)/R(t)$ を得る．これは連続版の問 6.14$_{\text{(p.145)}}$ と同じ結果である．

図 8.5 (b) はノイズを加えた膨張円である．与えられた曲線 $\boldsymbol{X}(u)$ に対して，5％のノイズを加えた折れ線 $\{\boldsymbol{X}_i\}_{i=1}^N$ を次のように作った．

$$\boldsymbol{X}_i = \boldsymbol{X}(u_i) + \rho_i \begin{pmatrix} \cos\theta_i \\ \sin\theta_i \end{pmatrix},$$

$$u_i = i/N, \quad \rho_i = \frac{\tilde{r}_i + \tilde{r}_{i+1}}{2} \times 5\% \times \text{rand}_1,$$

$$\tilde{r}_i = |\boldsymbol{X}(u_i) - \boldsymbol{X}(u_{i-1})|, \quad \theta_i = 2\pi \times \text{rand}_2.$$

ここで，rand_j は区間 $[0, 1]$ 内の乱数（$j = 1, 2$）．すなわち，第 i 頂点 $\boldsymbol{X}_i$ は，中

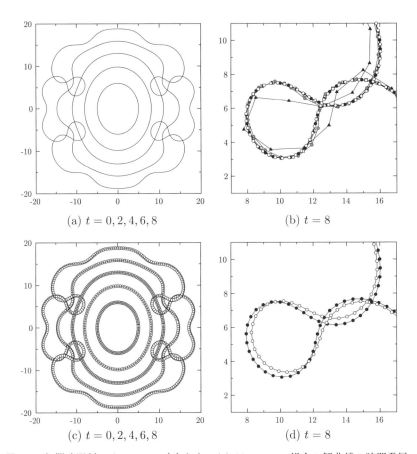

図 8.4 初期時間刻みは $\tau_0 = 10^{-4}$ とした．(a) $N = 400$ の場合の解曲線の時間発展．(b) 拡大図 ($N = 100$(▲), 200(◎), 300(□), 400(●), 500(○))．(c) 実線：N 固定．○：N 増加（点挿入）．(d) ●：N 固定．○：N 増加（点挿入）

心 $X(u_i)$ で半径 ρ_i の小さな円周上の点である．

図 8.5 (c),(d) では膨張曲線が描かれている．図 8.5 (d) と図 8.7 (d) を比較すると，ここで提案している蔵本 – シバシンスキー方程式を用いたスキームが，すす燃焼前線のモデルにも対応していることを示唆している（[52] も参照）．実際，6.3.11 項で述べたように，蔵本 – シバシンスキー方程式は本来，主としてガスの燃焼における未燃焼領域と既燃焼領域の境界面の挙動を表す方程式であったが，次の項目で述べるように，床面付近に置いた薄い紙の燃焼に対

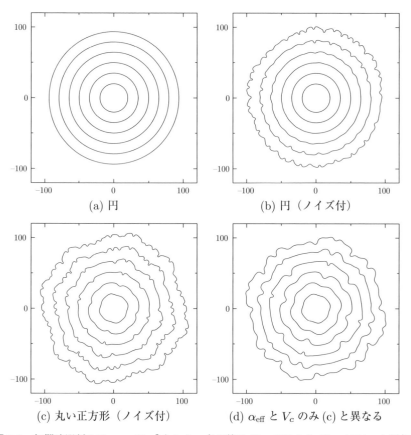

図 8.5 初期時間刻みは $\tau_0 = 10^{-3}$ とした．点の数は $N = 256$ から $N = 1024$ へと増加．(a)–(c) は時刻 $t = 0, 8, 16, \ldots, 40$ のとき，(d) は時刻 $t = 0, 45, 90, \ldots, 225$ のときのスナップショット．初期曲線とパラメータは以下の通り．
(a) 初期曲線：円 ($\boldsymbol{X} = 20\boldsymbol{N}$)．パラメータ：$\alpha_{\text{eff}} = 3$, $V_c = 1.8$, $\delta = 4$.
(b) 初期曲線：円 ($\boldsymbol{X} = 20\boldsymbol{N}$) に 5%のノイズを付与．パラメータ：(a) と同じ．
(c) 初期曲線：丸い正方形 ($\boldsymbol{X} = R(u)\boldsymbol{N}$, $R(u) = 20(1 + 0.04\sin(4\pi u) + 0.02\sin(16\pi u))$) に 5%のノイズを付与．パラメータ：(a) と同じ．
(d) 初期曲線：(c) と同じ．パラメータ：$\alpha_{\text{eff}} = 1.7$, $V_c = 0.3$, $\delta = 4$.

しても，同方程式が有効であることがわかってきたのである [38, 37].

すす燃焼実験

紙のすす燃焼の実験として，図 8.6 のような装置を用意する．

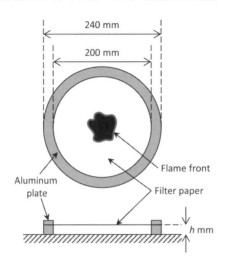

図 8.6　論文 [37, Fig.1 (a)] より引用

この装置では，0.2 mm の厚さをもつ紙（フィルター）を床面から h mm 離して，床面と平行になるように，スペーサーとおもし代わりの二つの円環状のアルミに（ピンと張って）挟んでいる（円環の内径は 200 mm）．スペーサー代わりのアルミの厚さは 3 mm なので，紙は床面から $h = 3$ mm 離れていることになる．紙の真ん中に着火すると，燃焼前線は中心部から外側に向かって燃え拡がるが，床面付近の紙の熱の損失から，ガス領域の炎はとても弱く，現象としては（無炎の）すす燃焼に近くなる．図 8.7 は，既燃領域の三つの実験画像と 25 秒おきのすす燃焼前線の輪郭を重ねた図である．実験画像からは，すす燃焼に内在する不安定性による波状前線が形成されていることがわかる．

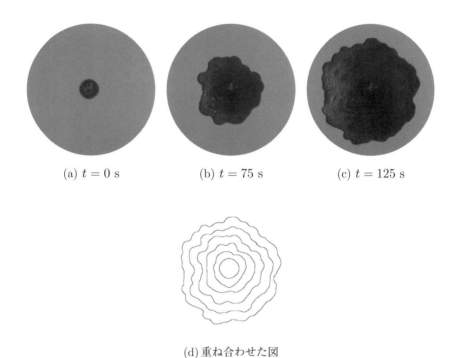

(a) $t = 0$ s　　(b) $t = 75$ s　　(c) $t = 125$ s

(d) 重ね合わせた図

図 **8.7**　すす燃焼に内在する不安定性による波状前線の形成．(a)–(c) 各時刻におけるフィルターのすす燃焼実験画像．(d) 各時刻 $t = 0, 25, 50, \ldots, 125$ s における，実験画像から輪郭抽出されたすす燃焼前線の時間発展を重ね合わせた図（フリーソフトウェア ImageJ を用いた）

第 9 章

間接法やグラフによる表現

前章までは，図 9.1 の曲線 (a) を折れ線 (b) で近似する「直接法」を扱ってきた．本章では，それと対比する「間接法」を考える．

図 9.1 (c) の点線は曲線 (a) である．点線で囲まれた灰色部分で正，その外で負である曲面（補助関数）を考えると，その 0 等高線は点線（曲線 (a)）に他ならない．(c) において各正方格子の辺上の零点を順に結んでいくと (c) の折れ線（実線）が得られる．本章では，曲線を補助関数を用いて間接的に近似する方法について，標準的なレベルセットの方法とアレン - カーン方程式を用いた方法を紹介する．また，グラフを用いた方法についても言及し，特に蔵本 - シバシンスキー方程式のグラフと閉曲線のそれぞれの時間発展方程式のあるスケールにおける同値性を示すオーダーの計算方法についても述べる．

9.1　レベルセットの方法：等高線による動く曲線の表現

曲面の切り口の曲線を平面上に描いていく方法は，日常生活においてもよく使われている（図 9.2）．例えば登山地図などでよく見られる等高線や天気図の等気圧線は山や気圧関数などの曲面をいくつかの高さで輪切りにしている．

一般に時間変化する関数 $z = F(\boldsymbol{x}, t)$, $\boldsymbol{x} = (x, y)$ に対して $z = 0$ のときの 0 等高線がジョルダン曲線 $\mathcal{C}(t)$ をなし，$\mathcal{C}(t)$ で囲まれた内部領域 $\mathcal{D}(t)$ では $F(\boldsymbol{x}, t)$ が正，（必要ならば $\mathcal{C}(t)$ の近傍に限定した）外部領域では $F(\boldsymbol{x}, t)$ が負となるようなものを考える（図 9.3）．関数 F の 0 等高線が u で媒介変数表示

第9章 間接法やグラフによる表現

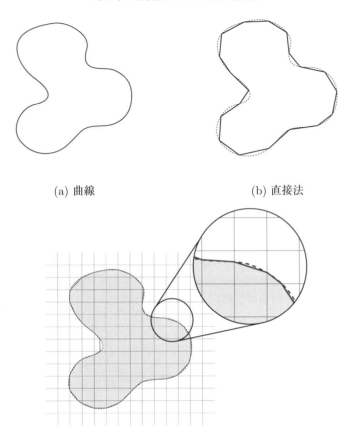

(a) 曲線

(b) 直接法

(c) 間接法

図 9.1 直接法と間接法

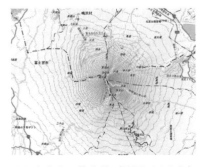

(a) 富士山の等高線（地図プリより）

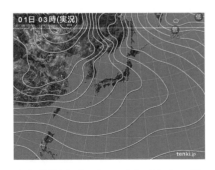

(b) 天気図（tenki.jp より (2019.1.1)）

図 9.2 曲面の高さを曲線で表した例

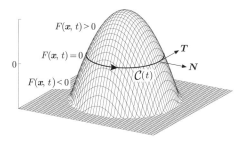

図 **9.3** 曲面の 0 等高線

されたジョルダン曲線 $\mathcal{C}(t): \boldsymbol{X}(u,t) = (x(u,t), y(u,t))$ をなすとき,

$$F(\boldsymbol{X}(u,t), t) = 0 \tag{9.1}$$

である．つまり，$\boldsymbol{X}(u,t)$ は関数 F のレベル 0 の集合である．このような視点で曲線，特に動く曲線を捉えて解析する方法を**等高面の方法**（**レベルセットの方法**，Level Set Method）と呼ぶ．前章まで紹介してきた方法は動く曲線を折れ線近似してそれを直接操作するので**直接法**と呼ばれるのに対して，レベルセットの方法による近似法は動く曲線を離散化された曲面のあるレベルの集合として近似してそれを間接的に操作するので**間接法**と呼ばれる．

等高面の方法は，図 9.4 のように，二つの領域が時間発展し，接触・合併して一つの領域になるような（あるいは，その逆に一つの領域がちぎれて複数の領域に分割されるような），いわゆる位相変化と呼ばれる現象に対して，特に強みを発揮する．

実際，等高面の方法によって時間的に追跡するものは関数 $z = F(\boldsymbol{x}, t)$ によって表される曲面であって，領域の境界 $\mathcal{C}(t)$ を直接的に追跡するのではない．したがって，図 9.4 のような位相変化に対して，曲線をつなぎ替えるなどの作業をする必要はなく，単に関数 $z = F(\boldsymbol{x}, t)$ を $z = 0$ でスライスした 0 等高線の集合のみを追跡するだけでよい．このことは，図 9.5 から十分に示唆されるであろう．等高面の方法についてのより詳細は，例えば論説 [31, 33] や入門的成書 [34]，あるいは幅広い非線形問題を俯瞰した労作 [87] を，また，直接法と間接法の一般的なメリットとデメリットの比較については，例えば [137]の 8.1 節を参照されたい．

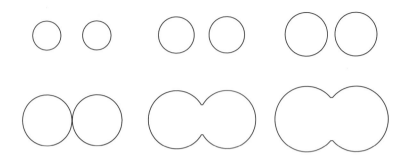

図 9.4 位相変化（左から右，上から下）

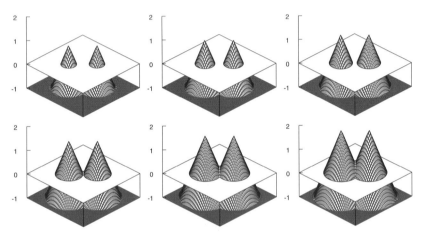

図 9.5 位相変化（図 9.4）に対応する曲面の時間発展（左から右，上から下）

関数 F の時間発展方程式，特に古典的曲率流方程式 $V = -\kappa$（6.3.2 項）に対応する関数 F の時間発展方程式を導出しよう．簡単のため，関数 $\mathsf{F}(u,t)$ や $\mathsf{F}(\boldsymbol{x},t)$, $\boldsymbol{x}=(x,y)$ に対して，偏微分の記号を

$$\mathsf{F}'(u,t) = \frac{\partial \mathsf{F}}{\partial u}(u,t), \quad \dot{\mathsf{F}}(u,t) = \frac{\partial \mathsf{F}}{\partial t}(u,t), \quad \mathsf{F}_s(u,t) = \frac{1}{g(u,t)}\mathsf{F}'(u,t),$$

$$\mathsf{F}_x(\boldsymbol{x},t) = \frac{\partial \mathsf{F}}{\partial x}(\boldsymbol{x},t), \quad \mathsf{F}_y(\boldsymbol{x},t) = \frac{\partial \mathsf{F}}{\partial y}(\boldsymbol{x},t),$$

$$\mathsf{F}_t(\boldsymbol{x},t) = \frac{\partial \mathsf{F}}{\partial t}(\boldsymbol{x},t), \quad \nabla\mathsf{F}(\boldsymbol{x},t) = \begin{pmatrix} \mathsf{F}_x(\boldsymbol{x},t) \\ \mathsf{F}_y(\boldsymbol{x},t) \end{pmatrix},$$

$$\mathsf{F}_{xx}(\boldsymbol{x},t) = \frac{\partial \mathsf{F}_x}{\partial x}(\boldsymbol{x},t), \quad \mathsf{F}_{yx}(\boldsymbol{x},t) = \frac{\partial \mathsf{F}_y}{\partial x}(\boldsymbol{x},t),$$
$$\mathsf{F}_{xy}(\boldsymbol{x},t) = \frac{\partial \mathsf{F}_x}{\partial y}(\boldsymbol{x},t), \quad \mathsf{F}_{yy}(\boldsymbol{x},t) = \frac{\partial \mathsf{F}_y}{\partial y}(\boldsymbol{x},t)$$

と定める．ここで，$g(u,t)$ は $\mathcal{C}(t)$ の局所長で，F_s は形式的な弧長微分である．以下，ジョルダン曲線 $\mathcal{C}(t)$ は正則な C^2 級曲線であるとする．

外向き単位法線ベクトル

(9.1)$_{\text{p.215}}$ の両辺を s で微分すると，すなわち，u で微分して $g(u,t)$ で割ると，

$$\nabla F(\boldsymbol{X}(u,t),t) \cdot \boldsymbol{X}_s(u,t) = \nabla F(\boldsymbol{X}(u,t),t) \cdot \boldsymbol{T}(u,t) = 0$$

である．よって，$\nabla F(\boldsymbol{X}(u,t),t) \perp \boldsymbol{T}(u,t)$ より，$\nabla F(\boldsymbol{X}(u,t),t)$ は $\boldsymbol{N}(u,t)$ に平行か反平行であるから，

$$\frac{\nabla F(\boldsymbol{X}(u,t),t)}{|\nabla F(\boldsymbol{X}(u,t),t)|} \cdot \boldsymbol{N}(u,t) = 1 \quad \text{あるいは} \quad \frac{\nabla F(\boldsymbol{X}(u,t),t)}{|\nabla F(\boldsymbol{X}(u,t),t)|} \cdot \boldsymbol{N}(u,t) = -1$$

が成り立つ．いま，$\varepsilon > 0$ を十分小さくとれば，

$$F(\boldsymbol{X}(u,t) + \varepsilon \boldsymbol{N}(u,t), t) < 0$$

であるから，$F(\boldsymbol{X}(u,t),t) = 0$ より，

$$\nabla F(\boldsymbol{X}(u,t),t) \cdot \boldsymbol{N}(u,t) = \lim_{\varepsilon \to +0} \frac{F(\boldsymbol{X}(u,t) + \varepsilon \boldsymbol{N}(u,t), t) - F(\boldsymbol{X}(u,t),t)}{\varepsilon} \leq 0$$

がわかる．よって，$\dfrac{\nabla F(\boldsymbol{X}(u,t),t)}{|\nabla F(\boldsymbol{X}(u,t),t)|} \cdot \boldsymbol{N}(u,t) = -1$ を得るので，単位ベクトル $\widehat{\boldsymbol{N}}(\boldsymbol{x},t)$ を

$$\widehat{\boldsymbol{N}}(\boldsymbol{x},t) = -\frac{\nabla F(\boldsymbol{x},t)}{|\nabla F(\boldsymbol{x},t)|}$$

と定義すると，ジョルダン曲線 $\mathcal{C}(t)$ 上で，$\widehat{\boldsymbol{N}}$ は外向き単位法線ベクトル $\boldsymbol{N}$ に一致する．

$$\boldsymbol{N}(u,t) = \widehat{\boldsymbol{N}}(\boldsymbol{X}(u,t),t) = -\frac{\nabla F(\boldsymbol{X}(u,t),t)}{|\nabla F(\boldsymbol{X}(u,t),t)|}$$

となる．

曲率

$\boldsymbol{N}(u,t) = \widehat{\boldsymbol{N}}(\boldsymbol{X}(u,t),t)$ の両辺を s で微分すると，

$$\begin{aligned}
\boldsymbol{N}_s(u,t) &= \kappa(u,t)\boldsymbol{T}(u,t) \\
&= \widehat{\boldsymbol{N}}_x(\boldsymbol{X}(u,t),t)x_s(u,t) + \widehat{\boldsymbol{N}}_y(\boldsymbol{X}(u,t),t)y_s(u,t) \\
&= \widehat{\boldsymbol{N}}_x(\boldsymbol{X}(u,t),t)T_1(u,t) + \widehat{\boldsymbol{N}}_y(\boldsymbol{X}(u,t),t)T_2(u,t)
\end{aligned}$$

となる．ここで，$\boldsymbol{T}(u,t) = \begin{pmatrix} T_1(u,t) \\ T_2(u,t) \end{pmatrix}$ とした．よって，

$$\begin{aligned}
\kappa(u,t) &= \boldsymbol{N}_s(u,t) \cdot \boldsymbol{T}(u,t) \\
&= \widehat{\boldsymbol{N}}_x(\boldsymbol{X}(u,t),t) \cdot \boldsymbol{T}(u,t)T_1(u,t) + \widehat{\boldsymbol{N}}_y(\boldsymbol{X}(u,t),t) \cdot \boldsymbol{T}(u,t)T_2(u,t)
\end{aligned} \tag{9.2}$$

がわかる．

一方，$\widehat{\boldsymbol{N}}$ の単位性から，

$$\widehat{\boldsymbol{N}}(\boldsymbol{X}(u,t),t) \cdot \widehat{\boldsymbol{N}}(\boldsymbol{X}(u,t),t) = 1$$

である．この両辺を u で微分すると，

$$\begin{aligned}
\widehat{\boldsymbol{N}}_x(\boldsymbol{X}(u,t),t) \cdot \widehat{\boldsymbol{N}}(\boldsymbol{X}(u,t),t) &= \widehat{\boldsymbol{N}}_x(\boldsymbol{X}(u,t),t) \cdot \boldsymbol{N}(u,t) = 0, \\
\widehat{\boldsymbol{N}}_y(\boldsymbol{X}(u,t),t) \cdot \widehat{\boldsymbol{N}}(\boldsymbol{X}(u,t),t) &= \widehat{\boldsymbol{N}}_y(\boldsymbol{X}(u,t),t) \cdot \boldsymbol{N}(u,t) = 0
\end{aligned}$$

がわかる．よって，法線ベクトルを $\widehat{\boldsymbol{N}}(\boldsymbol{X}(u,t),t) = \begin{pmatrix} \widehat{N}_1(\boldsymbol{X}(u,t),t) \\ \widehat{N}_2(\boldsymbol{X}(u,t),t) \end{pmatrix}$ とおくと，$\boldsymbol{N}(u,t) = \begin{pmatrix} T_2(u,t) \\ -T_1(u,t) \end{pmatrix}$ より，

$$\begin{aligned}
\widehat{N}_{1x}(\boldsymbol{X}(u,t),t)T_2(u,t) - \widehat{N}_{2x}(\boldsymbol{X}(u,t),t)T_1(u,t) &= 0, \\
\widehat{N}_{1y}(\boldsymbol{X}(u,t),t)T_2(u,t) - \widehat{N}_{2y}(\boldsymbol{X}(u,t),t)T_1(u,t) &= 0
\end{aligned} \tag{9.3}$$

となる．

以上より，(9.2) から，

$$\kappa(u,t) = \operatorname{div} \widehat{\boldsymbol{N}}(\boldsymbol{X}(u,t),t) \tag{9.4}$$

を得る．

[問 9.1]　(9.4) を示せ．

法線速度

$F(\boldsymbol{X}(u,t),t) = 0$ の両辺を t で微分すると，

$$\nabla F(\boldsymbol{X}(u,t),t) \cdot \dot{\boldsymbol{X}}(u,t) + F_t(\boldsymbol{X}(u,t),t) = 0$$

を得る．よって，$\mathcal{C}(t)$ の外向き法線速度 $V(u,t)$ は

$$\begin{aligned}
V(u,t) &= \dot{\boldsymbol{X}}(u,t) \cdot \boldsymbol{N}(u,t) \\
&= \dot{\boldsymbol{X}}(u,t) \cdot \widehat{\boldsymbol{N}}(\boldsymbol{X}(u,t),t) \\
&= -\dot{\boldsymbol{X}}(u,t) \cdot \frac{\nabla F(\boldsymbol{X}(u,t),t)}{|\nabla F(\boldsymbol{X}(u,t),t)|} \\
&= \frac{F_t(\boldsymbol{X}(u,t),t)}{|\nabla F(\boldsymbol{X}(u,t),t)|}
\end{aligned}$$

となる．

以上をまとめると，関数 F の 0 等高線 $F(\boldsymbol{X}(u,t),t) = 0$ がジョルダン曲線 $\mathcal{C}(t) : \boldsymbol{X}(u,t)$ であり，$\mathcal{C}(t)$ で囲まれた内部領域 $\mathcal{D}(t)$ では $F > 0$ で，$\mathcal{C}(t)$ の近傍の外部領域では $F < 0$ とするとき，$\boldsymbol{x} = \boldsymbol{X}(u,t)$ において，

$$\begin{aligned}
\boldsymbol{N}(u,t) &= -\frac{\nabla F(\boldsymbol{x},t)}{|\nabla F(\boldsymbol{x},t)|}, \\
\kappa(u,t) &= -\operatorname{div}\left(\frac{\nabla F(\boldsymbol{x},t)}{|\nabla F(\boldsymbol{x},t)|}\right), \\
V(u,t) &= \frac{F_t(\boldsymbol{x},t)}{|\nabla F(\boldsymbol{x},t)|}
\end{aligned}$$

となることがわかった．形式的な導出は以上の通りであるが，等しい 0 等高線をもつ F 以外の関数の時間発展を追跡しても同じ曲線 $\mathcal{C}(t)$ の時間発展を追跡

することができるか，$|\nabla F| = 0$ になった場合は解の意味も含めてどのような扱いが適切なのかなど，さまざまな疑問が浮かぶことと思う．詳細は前掲書を参照されたい．

◆ **例 9.1** 関数

$$F(\boldsymbol{x}, t) = 1 - t - |\boldsymbol{x}|^2$$

の 0 等高線は，半径 $\sqrt{1-t}$ の円である．したがって，

$$\boldsymbol{X}(u,t) = \sqrt{1-t} \begin{pmatrix} \cos(2\pi u) \\ \sin(2\pi u) \end{pmatrix}, \quad u \in [0,1], \quad t \in [0,1)$$

のようにパラメータ表示することができる．よって，

$$\boldsymbol{X}'(u,t) = 2\pi\sqrt{1-t} \begin{pmatrix} -\sin(2\pi u) \\ \cos(2\pi u) \end{pmatrix}, \quad g(u,t) = 2\pi\sqrt{1-t},$$

$$\boldsymbol{T}(u,t) = \begin{pmatrix} -\sin(2\pi u) \\ \cos(2\pi u) \end{pmatrix}, \quad \boldsymbol{N}(u,t) = \begin{pmatrix} \cos(2\pi u) \\ \sin(2\pi u) \end{pmatrix},$$

$$\boldsymbol{N}_s(u,t) = \frac{2\pi}{g(u,t)} \boldsymbol{T}(u,t), \quad \dot{\boldsymbol{X}}(u,t) = \frac{-1}{2\sqrt{1-t}} \boldsymbol{N}(u,t)$$

より，

$$\kappa(u,t) = \boldsymbol{N}_s(u,t) \cdot \boldsymbol{T}(u,t) = \frac{1}{\sqrt{1-t}},$$

$$V(u,t) = \dot{\boldsymbol{X}}(u,t) \cdot \boldsymbol{N}(u,t) = \frac{-1}{2\sqrt{1-t}}$$

がわかる．

一方，

$$\nabla F(\boldsymbol{x},t) = -2 \begin{pmatrix} x \\ y \end{pmatrix}, \quad |\nabla F(\boldsymbol{x},t)| = 2\sqrt{x^2 + y^2}, \quad F_t(\boldsymbol{x},t) = -1$$

より，

9.1 レベルセットの方法：等高線による動く曲線の表現　　221

$$\widehat{\boldsymbol{N}}(\boldsymbol{x},t) = -\frac{\nabla F(\boldsymbol{x},t)}{|\nabla F(\boldsymbol{x},t)|} = \frac{1}{\sqrt{x^2+y^2}}\begin{pmatrix}x\\y\end{pmatrix},$$

$$\operatorname{div}\widehat{\boldsymbol{N}}(\boldsymbol{x},t) = \frac{1}{\sqrt{x^2+y^2}},$$

$$\frac{F_t(\boldsymbol{x},t)}{|\nabla F(\boldsymbol{x},t)|} = \frac{-1}{2\sqrt{x^2+y^2}}$$

である．これより，0等高線 $F(\boldsymbol{X}(u,t),t)=0$ 上で，

$$\widehat{\boldsymbol{N}}(\boldsymbol{X}(u,t),t) = \frac{1}{|\boldsymbol{X}(u,t)|}\boldsymbol{X}(u,t) = \begin{pmatrix}\cos(2\pi u)\\\sin(2\pi u)\end{pmatrix},$$

$$\operatorname{div}\widehat{\boldsymbol{N}}(\boldsymbol{X}(u,t),t) = \frac{1}{|\boldsymbol{X}(u,t)|} = \frac{1}{\sqrt{1-t}},$$

$$\frac{F_t(\boldsymbol{X}(u,t),t)}{|\nabla F(\boldsymbol{X}(u,t),t)|} = \frac{-1}{2|\boldsymbol{X}(u,t)|} = \frac{-1}{2\sqrt{1-t}}$$

となって，それぞれ $\boldsymbol{N}(u,t)$, $\kappa(u,t)$, $V(u,t)$ と一致する．

◆ 例 9.2　古典的曲率流方程式 $V=-\kappa$（6.3.2 項）の解曲線 $\mathcal{C}(t)$ の時間発展を追跡するには，対応する関数 F の時間発展方程式

$$F_t(\boldsymbol{x},t) = |\nabla F(\boldsymbol{x},t)|\operatorname{div}\left(\frac{\nabla F(\boldsymbol{x},t)}{|\nabla F(\boldsymbol{x},t)|}\right) \tag{9.5}$$

の 0 等高線を追跡すればよいことがわかる．

例 9.2 の数値計算例

Chen, Giga, Hitaka and Honma [12] の提案したスキームに従って，(9.5) を離散化し，数値計算を実行してみよう．$|\nabla F(\boldsymbol{x},t)|=0$ のとき計算が破綻する可能性があるので，離散化の前にパラメータ $\delta>0$ と $\sigma\geq 1$ を固定し，(9.5) を次のように正則化しておく．

$$F_t(\boldsymbol{x},t) = |\nabla F(\boldsymbol{x},t)|\operatorname{div}\left(\frac{\nabla F(\boldsymbol{x},t)}{\left(|\nabla F(\boldsymbol{x},t)|^\sigma+\delta\right)^{1/\sigma}}\right), \tag{9.6}$$

このとき，$F(\boldsymbol{x},0)=F^0(\boldsymbol{x})$ を初期値とする (9.6) の（粘性）解は，$\delta\to +0$ のとき，同じ関数を初期値とする (9.5) の（粘性）解に収束することが知られて

いる（十分大きな $|\boldsymbol{x}|$ に対して，$F(\boldsymbol{x},t)$ は負の値をとるとする）．したがって，十分小さい $\delta > 0$ に対して，(9.6) の離散化を考えることにする．xy 平面において，$h_1 > 0$ を x 方向の空間刻み，$h_2 > 0$ を y 方向の空間刻みとし，$\tau > 0$ を時間刻みとする．格子点 $\boldsymbol{x}_{i,j} = (ih_1, jh_2)$ $(i, j = 0, \pm 1, \pm 2, \ldots)$ 上における時刻 $t_m = m\tau$ $(m = 0, 1, 2, \ldots)$ での値 $F(\boldsymbol{x}_{i,j}, t_m)$ の近似値を $F_{i,j}^m$ とし，$F_{i,j}^0 = F^0(\boldsymbol{x}_{i,j})$ を与えられた初期値として，(9.6) を次のように離散化する．

$$\mathrm{D}_\tau F_{i,j}^m = G_{i,j}^m \sum_{k=1}^{2} \mathrm{D}_k \left(\frac{\mathrm{D}_k F_{i,j}^m}{\left((G_{i,j}^m)^\sigma + \delta\right)^{1/\sigma}} \right). \tag{9.7}$$

ここで，時間差分を $\mathrm{D}_\tau \mathsf{F}^m = \dfrac{\mathsf{F}^{m+1} - \mathsf{F}^m}{\tau}$ とし，x と y についての1階中心差分，前進差分，後退差分をそれぞれ

$$\mathrm{D}_1 \mathsf{F}_{i,j} = \frac{\mathsf{F}_{i+\frac{1}{2},j} - \mathsf{F}_{i-\frac{1}{2},j}}{h_1}, \quad \mathrm{D}_2 \mathsf{F}_{i,j} = \frac{\mathsf{F}_{i,j+\frac{1}{2}} - \mathsf{F}_{i,j-\frac{1}{2}}}{h_2},$$

$$\mathrm{D}_1^\pm \mathsf{F}_{i,j} = \pm \frac{\mathsf{F}_{i\pm 1,j} - \mathsf{F}_{i,j}}{h_1}, \quad \mathrm{D}_2^\pm \mathsf{F}_{i,j} = \pm \frac{\mathsf{F}_{i,j\pm 1} - \mathsf{F}_{i,j}}{h_2}$$

とする．また，$|\nabla F(x_i, y_j, t_m)|$ の離散化と格子中間点における近似値をそれぞれ

$$G_{i,j}^m = \frac{1}{2} \left(\sum_{k=1}^{2} \left(|\mathrm{D}_k^+ F_{i,j}^m| + |\mathrm{D}_k^- F_{i,j}^m| \right)^2 \right)^{1/2},$$

$$G_{i\pm\frac{1}{2},j}^m = \frac{1}{2}\left(G_{i\pm 1,j}^m + G_{i,j}^m \right), \quad G_{i,j\pm\frac{1}{2}}^m = \frac{1}{2}\left(G_{i,j\pm 1}^m + G_{i,j}^m \right)$$

とする．

[問 **9.2**] パラメータを $\delta > 0$，$\sigma \geq 1$ とする．$\theta \in [0,1]$ に対して，$F_{i,j}^{m+\theta} = (1-\theta)F_{i,j}^m + \theta F_{i,j}^{m+1}$ とおき，次のような $(9.7)_{\text{p.222}}$ の陰的離散化を考える（$\theta = 0$ のときは陽的）．

$$\mathrm{D}_\tau F_{i,j}^m = G_{i,j}^m \sum_{k=1}^{2} \mathrm{D}_k \left(\frac{\mathrm{D}_k F_{i,j}^{m+\theta}}{\left((G_{i,j}^m)^\sigma + \delta\right)^{1/\sigma}} \right) \quad \begin{pmatrix} i, j = 0, \pm 1, \pm 2, \ldots \\ m = 0, 1, 2, \ldots \end{pmatrix}, \tag{9.8}$$

$$F_{i,j}^0 = F^0(\boldsymbol{x}_{i,j}) \qquad (i, j = 0, \pm 1, \pm 2, \ldots). \tag{9.9}$$

このとき，$\theta = 1$ あるいは

$$4\tau\Big(\frac{1}{h_1^2} + \frac{1}{h_2^2}\Big) \leq \frac{1}{1-\theta} \quad (0 \leq \theta < 1)$$

とすれば，上のスキームは $\|F^m\|_\infty \leq \|F^0\|_\infty$ を満たす意味で安定であることを示せ．ここで，$\|F^m\|_\infty = \sup_{i,j} |F^m_{i,j}|$ である．

(9.7) の数値計算を試みよう．全平面では計算できないので，正方領域 $\Omega = [-1,1]^2 \subset \mathbb{R}^2$ 上で，ノイマン境界条件を課して計算することにする．すなわち，N を分割数，$h = 2/N$ を x と y の両方向の空間刻み，$\tau = 0.1h^2$ を時間刻み，格子点を $\bm{x}_{i,j} = (-1+ih, -1+jh)$ $(i,j = 0,1,\ldots,N)$ とする．関数 $F^0(\bm{x})$ $(\bm{x} = (x,y))$ を

$$F^0(\bm{x}) = \max\Big\{-1, \frac{1}{2}\Big(1 + 50\cos^7(3\theta(\bm{x}))\sin^7(3\theta(\bm{x}))\Big)^2 - 2|\bm{x}|^2\Big\},$$

$$\theta(\bm{x}) = \begin{cases} \arctan(y/x) & (x > 0) \\ \pi + \arctan(y/x) & (x < 0) \\ \pi\,\mathrm{sgn}(y)/2 & (x = 0) \end{cases} \tag{9.10}$$

のように定め，初期値を $F^0_{i,j} = F^0(\bm{x}_{i,j})$ とする．図 9.6 に曲面 $z = F^0(\bm{x})$ の様子とその 0 等高線を描いた（z 方向は鉛直上向き）[1]．

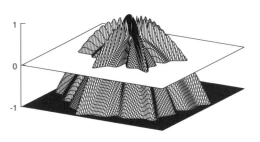 

(a) 初期曲面 $z = F^0(\bm{x})$ と平面 $z = 0$ \qquad (b) 0 等高線

図 **9.6** 曲面と 0 等高線

---

[1] この素敵な関数は，Miroslav Kolář 氏（ミロツラフ・コラージュ（チェコ工科大学））によるご教示．

上の初期値から始めて，$m = 0, 1, 2, \ldots$ に対して，差分方程式 (9.7)$_{\text{p.222}}$ をノイマン境界条件下で $i, j = 0, 1, \ldots, N$ に対して解いていく．ただし，(9.7) の計算において，空間添え字番号 l が，$l < 0$ となったときは $l := -l$ とし，$l > N$ となったときは $l := 2N - l$ とする（ノイマン境界条件）．

図 9.7 と図 9.8 とは，パラメータを $N = 100$, $\delta = 2^{-50}$, $\sigma = 2$ としたときの数値解の時間発展の様子である ($0 \leq t_m \leq 0.1$)．6.3.2 項で述べた古典的曲率流方程式 $V = -\kappa$ の既存の結果に違わず，円に近づいていく．

9.2 グラフによる動く曲線の表現

曲線 $\mathcal{C}(t)$ がグラフ $y = f(x, t)$ で表現されているとき，

$$F(\boldsymbol{x}, t) = y - f(x, t), \quad \boldsymbol{x} = (x, y)$$

とおくと，曲線 $\mathcal{C}(t)$ は関数 F の 0 等高線．グラフより上側は $F > 0$ で，グラフより下側は $F < 0$ となる（図 9.9$_{\text{(p.227)}}$）．

このとき，

$$\nabla F(\boldsymbol{x}, t) = \begin{pmatrix} -f'(x, t) \\ 1 \end{pmatrix}, \quad |\nabla F(\boldsymbol{x}, t)| = \sqrt{1 + f'(x, t)^2},$$

$$F_t(\boldsymbol{x}, t) = -\dot{f}(x, t)$$

である．ここで，$\dfrac{\partial f}{\partial x}(x, t) = f'(x, t)$, $\dfrac{\partial f}{\partial t}(x, t) = \dot{f}(x, t)$ とおいた．

これより，単位ベクトル $\widehat{\boldsymbol{N}}(\boldsymbol{x}, t)$ とその発散は，

$$\widehat{\boldsymbol{N}}(\boldsymbol{x}, t) = \frac{1}{\sqrt{1 + f'(x, t)^2}} \begin{pmatrix} f'(x, t) \\ -1 \end{pmatrix},$$

$$\operatorname{div} \widehat{\boldsymbol{N}}(\boldsymbol{x}, t) = \frac{f''(x, t)}{(1 + f'(x, t)^2)^{3/2}}$$

となる．

曲線 $\mathcal{C}(t)$ は，$\boldsymbol{X}(x, t) = \begin{pmatrix} x \\ f(x, t) \end{pmatrix}$ であるから，単位法線ベクトル，曲率，法線速度は，それぞれ

9.2 グラフによる動く曲線の表現

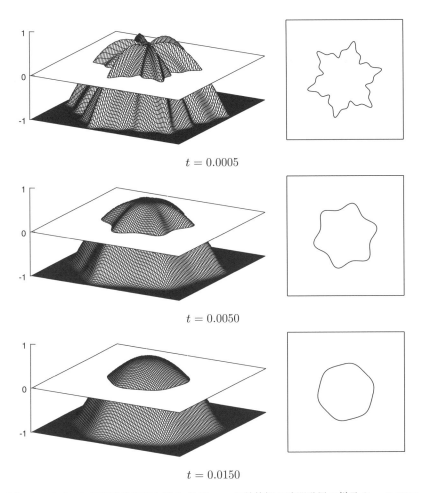

$t = 0.0005$

$t = 0.0050$

$t = 0.0150$

図 9.7 ノイマン境界条件下における $(9.7)_{\text{p.222}}$ の数値解の時間発展の様子 ($t = 0.0005$, 0.0050, 0.0150)

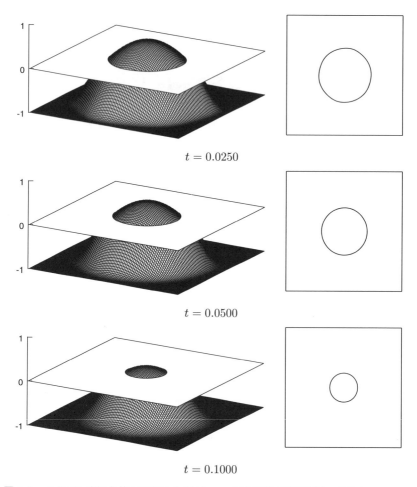

図 **9.8** ノイマン境界条件下における $(9.7)_{\text{p.222}}$ の数値解の時間発展の様子 ($t = 0.0250$, 0.0500, 0.1000)

9.2 グラフによる動く曲線の表現

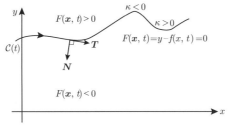

図 **9.9** グラフ $y = f(x, t)$

$$\boldsymbol{N}(x,t) = \widehat{\boldsymbol{N}}(\boldsymbol{X}(x,t),t) = \frac{1}{g(x,t)} \begin{pmatrix} f'(x,t) \\ -1 \end{pmatrix},$$

$$\kappa(x,t) = \operatorname{div} \widehat{\boldsymbol{N}}(\boldsymbol{X}(x,t),t) = \frac{f''(x,t)}{g(x,t)^3}, \tag{9.11}$$

$$V(x,t) = \dot{\boldsymbol{X}}(x,t) \cdot \boldsymbol{N}(x,t) = \frac{F_t(\boldsymbol{X}(x,t),t)}{|\nabla F(\boldsymbol{X}(x,t),t)|} = -\frac{\dot{f}(x,t)}{g(x,t)} \tag{9.12}$$

となる．ここで，

$$g(x,t) = \sqrt{1 + f'(x,t)^2}$$

とおいた．

◆ **例 9.3**（降下する放物線） $f(x,t) = x^2 - t$ とする．このとき，

$$\dot{f}(x,t) = -1, \quad f'(x,t) = 2x$$

より，

$$g(x,t) = \sqrt{1 + 4x^2},$$

$$\boldsymbol{N}(x,t) = \frac{1}{g(x,t)} \begin{pmatrix} 2x \\ -1 \end{pmatrix}, \quad \kappa(x,t) = \frac{2}{g(x,t)^3}, \quad V(x,t) = \frac{1}{g(x,t)}$$

となる．特に $x = 0$ のとき，

$$\boldsymbol{N}(0,t) = \begin{pmatrix} 0 \\ -1 \end{pmatrix}, \quad \kappa(0,t) = 2, \quad V(0,t) = 1$$

なので，頂点は y 軸上を速度 1 で鉛直下向きに降下する．

◆ **例 9.4** 古典的曲率流方程式 $V(x,t) = -\kappa(x,t)$ (6.3.2 項) に対応するグラフの時間発展方程式は,

$$-\frac{\dot{f}(x,t)}{g(x,t)} = -\frac{f''(x,t)}{g(x,t)^3}, \quad g(x,t) = \sqrt{1 + f'(x,t)^2}$$

から,

$$\dot{f}(x,t) = \frac{f''(x,t)}{1 + f'(x,t)^2} \tag{9.13}$$

である.これは,次のように勾配流として特徴付けられる.区間を $[a,b]$ とすると,グラフの全長は,

$$\mathcal{L}(t) = \int_a^b g(x,t)\,dx, \quad g(x,t) = \sqrt{1 + f'(x,t)^2}$$

となる.

よって,

$$\begin{aligned}
\dot{\mathcal{L}}(t) &= \int_a^b \dot{g}(x,t)\,dx \\
&= \int_a^b \frac{f'(x,t)}{g(x,t)} \dot{f}'(x,t)\,dx \\
&= \left[\frac{f'(x,t)}{g(x,t)} \dot{f}(x,t)\right]_a^b - \int_a^b \left(\frac{f'(x,t)}{g(x,t)}\right)' \dot{f}(x,t)\,dx \\
&= -\int_a^b \kappa(x,t) \dot{f}(x,t)\,dx \\
&= \int_a^b \kappa(x,t) V(x,t) g(x,t)\,dx
\end{aligned}$$

を得る.ここで,

ノイマン境界条件: $f'(a,t) = 0, \quad f'(b,t) = 0$

ディリクレ境界条件: $f(a,t) = $ 定数, $\quad f(b,t) = $ 定数

周期境界条件: $f(a,t) = f(b,t), \quad f'(a,t) = f'(b,t)$

のいずれかを課せば,

$$\left[\frac{f'(x,t)}{g(x,t)} \dot{f}(x,t)\right]_a^b = 0$$

となることを使った. 周期境界条件は図 9.10 のイメージである. ただし, 円柱の幾何学的湾曲は考慮しない.

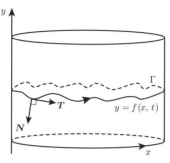

図 **9.10** 周期境界条件のイメージ図

また, 弧長 s を
$$s(x,t) = \int_a^x g(\xi, t)\, d\xi$$
とすると, $\mathcal{L}(t) = s(b,t)$ で, $s'(x,t) = g(x,t)$ であるから, 形式的に
$$\int_{\mathcal{C}(t)} \mathsf{F}(x,t)\, ds = \int_a^b \mathsf{F}(x,t) g(x,t)\, dx, \quad ds = g(x,t)\, dx$$
と書くことにすると,
$$\mathcal{L}(t) = \int_{\mathcal{C}(t)} ds = \int_a^b g(x,t)\, dx$$
となって,
$$\dot{\mathcal{L}}(t) = \int_{\mathcal{C}(t)} \kappa(x,t) V(x,t)\, ds$$
がわかる.

CBS 不等式と相加相乗平均から,
$$\int_{\mathcal{C}(t)} \kappa(x,t) V(x,t)\, ds \leq \sqrt{\int_{\mathcal{C}(t)} \kappa(x,t)^2\, ds} \sqrt{\int_{\mathcal{C}(t)} V(x,t)^2\, ds}$$
$$\leq \frac{1}{2} \left(\int_{\mathcal{C}(t)} \kappa(x,t)^2\, ds + \int_{\mathcal{C}(t)} V(x,t)^2\, ds \right)$$

がわかり，二つの等号成立条件

$$V(x,t) = c(t)\kappa(x,t), \quad \int_{\mathcal{C}(t)} \kappa(x,t)^2 \, ds = \int_{\mathcal{C}(t)} V(x,t)^2 \, ds$$

から，$c(t) = \pm 1$ を得る．よって，

$$V(x,t) = -\kappa(x,t)$$

のとき，

$$\dot{\mathcal{L}}(t) = -\int_{\mathcal{C}(t)} \kappa(x,t)^2 \, ds$$

となり，上の等号成立条件を満たす意味で，$\mathcal{L}(t)$ が最も急に減少する．すなわち，6.3.2項と同様，$(9.13)_{\text{p.228}}$ は $\mathcal{L}(t)$ の勾配流方程式である．

◆ 例9.5（アイコナール方程式） $y = f(x,t)$ と二つの直線 $x = a$, $x = b$ で囲まれる部分の面積は，

$$A(t) = \int_a^b f(x,t) \, dx$$

であるから，

$$\dot{A}(t) = \int_a^b \dot{f}(x,t) \, dx = -\int_{\mathcal{C}(t)} V(x,t) \, ds$$

となり，$A(t)$ が最も急に減少する方程式として，アイコナール方程式

$$V(x,t) = 1$$

を得る．（閉曲線の場合のアイコナール方程式と符号が逆であるが，それについては次の注を参照．）

✔ 注9.6 関数 $y = f(x,t)$ のグラフが，十分大きな定数 C に対して $C > f(x,t)$ を満たしているとする．このとき，$y = C$, $y = f(x,t)$ と二つの直線 $x = a$, $x = b$ で囲まれる部分の面積は

$$A(t) = \int_a^b (C - f(x,t)) \, dx$$

であるから，

$$\dot{A}(t) = -\int_a^b \dot{f}(x,t)\,dx = \int_{\mathcal{C}(t)} V(x,t)\,ds$$

となり，$A(t)$ が最も急に減少する方程式として，アイコナール方程式

$$V(x,t) = -1$$

を得る．

◆ 例 9.7（ウィルモア流方程式）　弾性エネルギー

$$\mathcal{E}(t) = \frac{1}{2}\int_{\mathcal{C}(t)} \kappa(x,t)^2\,ds = \frac{1}{2}\int_a^b \kappa(x,t)^2 g(x,t)\,dx$$

の時間微分は，適切な境界条件のもとで，

$$\begin{aligned}
\dot{\mathcal{E}}(t) &= \frac{1}{2}\int_a^b \left(2\kappa(x,t)\dot{\kappa}(x,t)g(x,t) + \kappa(x,t)^2\dot{g}(x,t)\right)dx \\
&= \left[\frac{\kappa(x,t)}{g(x,t)^2}\dot{f}'(x,t)\right]_a^b - \left[\left(\frac{\kappa(x,t)}{g(x,t)^2}\right)'\dot{f}(x,t)\right]_a^b \\
&\quad - \frac{5}{2}\left[\kappa(x,t)^2\frac{f'(x,t)}{g(x,t)}\dot{f}(x,t)\right]_a^b \\
&\quad + \int_a^b \left(\left(\frac{\kappa(x,t)}{g(x,t)^2}\right)'' + \frac{5}{2}\left(\kappa(x,t)^2\frac{f'(x,t)}{g(x,t)}\right)'\right)\dot{f}(x,t)\,dx \\
&= \int_a^b \left(\frac{\kappa''(x,t)}{g(x,t)^2} - \kappa(x,t)\kappa'(x,t)\frac{f'(x,t)}{g(x,t)} + \frac{1}{2}\kappa(x,t)^3\right)\dot{f}(x,t)\,dx
\end{aligned}$$

となる．ここで，形式的に $\mathsf{F}_s(x,t) = \dfrac{1}{g(x,t)}\mathsf{F}'(x,t)$ と書くことにすると，

$$\kappa_{ss}(x,t) = \frac{1}{g(x,t)}\left(\frac{1}{g(x,t)}\kappa'(x,t)\right)' = \frac{\kappa''(x,t)}{g(x,t)^2} - \kappa(x,t)\kappa'(x,t)\frac{f'(x,t)}{g(x,t)}$$

となり，

$$\begin{aligned}
\dot{\mathcal{E}}(t) &= \int_a^b \left(\kappa_{ss}(x,t) + \frac{1}{2}\kappa(x,t)^3\right)\dot{f}(x,t)\,dx \\
&= -\int_{\mathcal{C}(t)}\left(\kappa_{ss}(x,t) + \frac{1}{2}\kappa(x,t)^3\right)V(x,t)\,ds
\end{aligned}$$

を得る．こうして，ウィルモア流方程式

$$V(x,t) = \kappa_{ss}(x,t) + \frac{1}{2}\kappa(x,t)^3 \tag{9.14}$$

が導かれる．

曲率の 2 階弧長微分は，$g(x,t) = \sqrt{1 + f'(x,t)^2}$ として，

$$\begin{aligned}\kappa_{ss}(x,t) &= \frac{f''''(x,t)}{g(x,t)^5} \\ &\quad - \frac{10 f'(x,t) f''(x,t) f'''(x,t)}{g(x,t)^7} - \frac{3(1 - 5f'(x,t)^2) f''(x,t)^3}{g(x,t)^9}\end{aligned} \tag{9.15}$$

と表されるので，(9.14) を $f(x,t)$ だけで表現すると，

$$\begin{aligned}\dot{f}(x,t) &= -\frac{f''''(x,t)}{g(x,t)^4} \\ &\quad + \frac{10 f'(x,t) f''(x,t) f'''(x,t)}{g(x,t)^6} + \frac{5(1 - 6f'(x,t)^2) f''(x,t)^3}{2 g(x,t)^8}\end{aligned}$$

となる．

9.3　蔵本 – シバシンスキー方程式のスケール変換

6.3.11 項で紹介したように，閉曲線に対する蔵本 – シバシンスキー方程式は，

$$V = V_c + (\alpha_{\text{eff}} - 1)\kappa + \delta \kappa_{ss} \tag{9.16}$$

であるが，オリジナルの蔵本 – シバシンスキー方程式は，グラフ $y = f(x,t)$ の時間発展方程式

$$\dot{f} + \frac{V_c}{2} f'^2 + (\alpha_{\text{eff}} - 1) f'' + \delta f'''' = 0 \tag{9.17}$$

である（特に，$V_c = 1$, $\delta = 4$ の場合）．

閉曲線 $\mathcal{C}(t)$ に対する蔵本 – シバシンスキー方程式 (9.16) に，κ, V, κ_{ss} のそれぞれのグラフ $y = f(x,t)$ による表現 (9.11)–(9.12)$_{\text{p.227}}$ と (9.15) をそのまま代入しても，(9.17) は導出されない．なぜなら，閉曲線 $\mathcal{C}(t)$ に対する式

(9.16) は一定速度で膨張する項 $V = V_c$ を含んでいるが，グラフ $y = f(x,t)$ は速度 V_c の直線波からのずれを表しているからである．すなわち，グラフ $y = f(x,t) - V_c t$ が閉曲線 $\mathcal{C}(t)$ の一部をなしている．このとき法線速度は

$$V = \frac{V_c - \dot{f}}{g}, \quad g = \sqrt{1 + f'^2}$$

となるから，(9.16) は

$$\dot{f} + V_c(g-1) + (\alpha_{\text{eff}} - 1)g\kappa + \delta g \kappa_{ss} = 0 \tag{9.18}$$

と書くことができる．ここで，κ と κ_{ss} はそれぞれ $f(x,t) - V_c t$ を改めて $f(x,t)$ とおいた関数に対して $(9.11)_{\text{p.227}}$ と (9.15) のように表現されたものである（結局同じ！）．このとき (9.17) は (9.18) をあるスケールでみた方程式であることを示そう．

以下で述べる方法は [38] に基づくものである．そもそも，蔵本 - シバシンスキー方程式 (9.16) はパラメータ α_{eff} が 1 に近いときに有効な方程式である．そこで $\varepsilon = |\alpha_{\text{eff}} - 1| > 0$ を小さなパラメータとして，次のように関数 $f(x,t)$ を関数 $l(\xi, \tau)$ にスケール変換する．

$$f(x,t) = \varepsilon^a l(\xi, \tau), \quad \xi = \varepsilon^b x, \quad \tau = \varepsilon^c t. \tag{9.19}$$

ここで，$a, b, c \geq 0$ とする．これより，$f(x,t) = \varepsilon^a l(\varepsilon^b x, \varepsilon^c t)$ の両辺を偏微分することにより，

$$\begin{aligned} &\dot{f} = \varepsilon^{a+c} l'_\tau, \quad f' = \varepsilon^{a+b} l'_\xi, \quad f'' = \varepsilon^{a+2b} l''_\xi, \\ &f''' = \varepsilon^{a+3b} l'''_\xi, \quad f'''' = \varepsilon^{a+4b} l''''_\xi, \end{aligned} \tag{9.20}$$

を得る．ここで，$l'_\tau = \partial l/\partial \tau$, $l'_\xi = \partial l/\partial \xi$, $l''_\xi = \partial^2 l/\partial \xi^2$, $l'''_\xi = \partial^3 l/\partial \xi^3$, $l''''_\xi = \partial^4 l/\partial \xi^4$ とする．n を 0 でない整数とし，g^n のテイラー展開

$$g^n = 1 + \frac{n}{2}\varepsilon^{2a+2b} l'^2_\xi + O(\varepsilon^{4a+4b}) = 1 + O(\varepsilon^{2a+2b})$$

を用いると，$\alpha_{\text{eff}} - 1 = \text{sgn}(\alpha_{\text{eff}} - 1)\varepsilon$ に注意して，$(9.11)_{\text{p.227}}$ と (9.15) から，(9.18) は

$$\varepsilon^{a+c}l'_\tau + V_c\Big(\frac{1}{2}\varepsilon^{2a+2b}l'^2_\xi + O(\varepsilon^{4a+4b})\Big)$$
$$+ \mathrm{sgn}(\alpha_\mathrm{eff} - 1)\varepsilon\Big(1 + O(\varepsilon^{2a+2b})\Big)\kappa + \delta\Big(1 + O(\varepsilon^{2a+2b})\Big)\kappa_{ss} = 0$$

となる．ここで，

$$\kappa = g^{-3}f''$$
$$= \Big(1 - \frac{3}{2}\varepsilon^{2a+2b}l'^2_\xi + O(\varepsilon^{4a+4b})\Big)\Big(\varepsilon^{a+2b}l''_\xi\Big)$$
$$= \varepsilon^{a+2b}l''_\xi + O(\varepsilon^{3a+4b}),$$
$$\kappa_{ss} = \frac{f''''}{(1+f'^2)^{5/2}} - \frac{10f'f''f'''}{(1+f'^2)^{7/2}} - \frac{3(1-5f'^2)f''^3}{(1+f'^2)^{9/2}}$$
$$= g^{-5}\Big(\varepsilon^{a+4b}l''''_\xi\Big) - 10g^{-7}\Big(\varepsilon^{3a+6b}l'_\xi l''_\xi l'''_\xi\Big)$$
$$- 30g^{-9}\Big(1 - 5\varepsilon^{2a+2b}l'^2_\xi\Big)\Big(\varepsilon^{3a+6b}l'''_\xi\Big)$$
$$= \Big(1 - \frac{5}{2}l'^2_\xi + O(\varepsilon^{4a+4b})\Big)\Big(\varepsilon^{3a+6b}l'''_\xi\Big) + O(\varepsilon^{3a+6b})$$
$$= \varepsilon^{a+4b}l''''_\xi + O(\varepsilon^{3a+6b})$$

である．

以上より，

$$\varepsilon^{a+c}l'_\tau + V_c\Big(\frac{1}{2}\varepsilon^{2a+2b}l'^2_\xi + O(\varepsilon^{4a+4b})\Big)$$
$$+ \mathrm{sgn}(\alpha_\mathrm{eff} - 1)\varepsilon\Big(1 + O(\varepsilon^{2a+2b})\Big)\Big(\varepsilon^{a+2b}l''_\xi + O(\varepsilon^{3a+4b})\Big)$$
$$+ \delta\Big(1 + O(\varepsilon^{2a+2b})\Big)\Big(\varepsilon^{a+4b}l''''_\xi + O(\varepsilon^{3a+6b})\Big)$$
$$= \varepsilon^{a+c}l'_\tau + \frac{V_c}{2}\varepsilon^{2a+2b}l'^2_\xi + O(\varepsilon^{4a+4b})$$
$$+ \mathrm{sgn}(\alpha_\mathrm{eff} - 1)\varepsilon^{a+2b+1}l''_\xi + O(\varepsilon^{3a+4b+1})$$
$$+ \delta\varepsilon^{a+4b}l''''_\xi + O(\varepsilon^{3a+6b})$$
$$= 0$$

を得る．高次オーダー $O(\cdots)$ を除く項のオーダーがすべて等しいとすると，

$$a + c = 2a + 2b = a + 2b + 1 = a + 4b$$

より，
$$a = 1, \quad b = \frac{1}{2}, \quad c = 2 \tag{9.21}$$
がわかり，上の式は
$$\left(l'_\tau + \frac{V_c}{2} l'^2_\xi + \mathrm{sgn}(\alpha_{\mathrm{eff}} - 1) l''_\xi + \delta l''''_\xi\right)\varepsilon^3 + O(\varepsilon^6) = 0$$
となる．高次オーダーの項 $O(\varepsilon^6)$ を無視すると，
$$\varepsilon^3 l'_\tau + \frac{V_c}{2}\left(\varepsilon^{3/2} l'_\xi\right)^2 + \mathrm{sgn}(\alpha_{\mathrm{eff}} - 1)\varepsilon\left(\varepsilon^2 l''_\xi\right) + \delta\varepsilon^4 l''''_\xi = 0$$
となるが，再び $\alpha_{\mathrm{eff}} - 1 = \mathrm{sgn}(\alpha_{\mathrm{eff}} - 1)\varepsilon$ に注意して，$(9.20)_{\mathrm{p.233}}$ を使って関数 l を関数 $f = \varepsilon l$ に戻すと，もともとのスケール (x,t) で，オリジナルの蔵本‐シバシンスキー方程式 $(9.17)_{\mathrm{p.232}}$ を得る．

逆に，(9.17) の解 $f(x,t)$ に対して，曲線 $\mathcal{C}(t)$ の一部がグラフ $h(x,t) = f(x,t) - V_c t$ であるときを考える．すると，その部分の運動を表す式を $\varepsilon = |\alpha_{\mathrm{eff}} - 1|$ で展開したときの主要部は閉曲線の式 $(9.16)_{\mathrm{p.232}}$ になる．このことも，上述の議論とほぼ同様の議論でわかる．

実際，$h' = f'$, $h'' = f''$, ... であるので，
$$V = -\frac{\dot h}{\sqrt{1 + h'^2}} = -\frac{\dot f - V_c}{\sqrt{1 + f'^2}}, \quad g = \sqrt{1 + f'^2}$$
より，$\dot f = V_c - gV$ である．また，(9.17) から，
$$V = V_c\left(\frac{1 + f'^2/2}{g}\right) + (\alpha_{\mathrm{eff}} - 1)\frac{f''}{g} + \delta\frac{f''''}{g}$$
を得る．ここで，
$$f(x,t) = \varepsilon l(\xi,\tau), \quad \xi = \sqrt{\varepsilon}\, x, \quad \tau = \varepsilon^2 t$$
とおくと（$(9.19)_{\mathrm{p.233}}$ で (9.21) としたもの），上述の議論から，
$$\frac{1 + f'^2/2}{g} = \left(1 + \frac{1}{2}\varepsilon^3 l'^2_\xi\right)\left(1 - \frac{1}{2}\varepsilon^3 l'^2_\xi + O(\varepsilon^6)\right) = 1 + O(\varepsilon^6)$$

を得る．また

$$\kappa = \varepsilon^2 l''_\xi + O(\varepsilon^5) = f'' + O(\varepsilon^5)$$
$$g\kappa = \Big(1 + O(\varepsilon^3)\Big)\Big(\varepsilon^2 l''_\xi + O(\varepsilon^5)\Big) = f'' + O(\varepsilon^5)$$

から，$\dfrac{f''}{g} = \kappa + O(\varepsilon^5)$ を得る．同様に，$\kappa_{ss} = \varepsilon^3 l''''_\xi + O(\varepsilon^6) = f'''' + O(\varepsilon^6)$ から，$\dfrac{f''''}{g} = \kappa_{ss} + O(\varepsilon^6)$ を得る．これより，$\alpha_{\text{eff}} - 1 = \text{sgn}(\alpha_{\text{eff}} - 1)\varepsilon,\ \varepsilon = |\alpha_{\text{eff}} - 1|$ に注意すれば，

$$\begin{aligned}
V &= V_c\Big(\frac{1 + f'^2/2}{g}\Big) + (\alpha_{\text{eff}} - 1)\frac{f''}{g} + \delta\frac{f''''}{g} \\
&= V_c + \text{sgn}(\alpha_{\text{eff}} - 1)\varepsilon\kappa + \delta\kappa_{ss} + O(\varepsilon^6) \\
&= V_c + (\alpha_{\text{eff}} - 1)\kappa + \delta\kappa_{ss} + O(\varepsilon^6)
\end{aligned}$$

となり，高次オーダーの項 $O(\varepsilon^6)$ を無視した主要部として閉曲線の式 $(9.16)_{\text{p.232}}$ を得る．

同種のオーダーの議論がなされているフランケル‐シバシンスキー [26, (4.4)] においても，

$$\kappa \sim f'' \sim (\alpha_{\text{eff}} - 1)^2, \quad \kappa_{ss} \sim f'''' \sim (\alpha_{\text{eff}} - 1)^3$$

を課しており，これらが上述の議論と違わないことはすでにみてきた通りである．

以上をまとめると，オリジナルの蔵本‐シバシンスキー方程式 $(9.17)_{\text{p.232}}$ と閉曲線版の式 $(9.16)_{\text{p.232}}$ は，$|\alpha_{\text{eff}} - 1|$ が十分に小さいとしたときに，時空間のあるスケールにおいては同値な方程式であることがわかった．

9.4 特異極限法：アレン‐カーン方程式による動く曲線の表現

$\Omega \subset \mathbb{R}^2$ を有界な領域，境界 $\partial\Omega$ は滑らかであるとする．Ω において，未知関数を $u = u(\boldsymbol{x}, t),\ \boldsymbol{x} = (x, y)$ とする次の偏微分方程式を考える．

9.4 特異極限法：アレン‐カーン方程式による動く曲線の表現

$$u_t = \triangle u + f(u), \quad \boldsymbol{x} \in \Omega, \quad t \in (0, T).$$

ここで，$\mathsf{F}_t = \partial \mathsf{F}/\partial t$，$\mathsf{F}_x = \partial \mathsf{F}/\partial x$，$\mathsf{F}_{xx} = \partial \mathsf{F}_x/\partial x$，$\mathsf{F}_y = \partial \mathsf{F}/\partial y$，$\mathsf{F}_{yy} = \partial \mathsf{F}_y/\partial y$，$\triangle \mathsf{F} = \mathsf{F}_{xx} + \mathsf{F}_{yy}$ とした．すなわち，上の偏微分方程式は，第5章でみた熱方程式（拡散方程式）の2次元版 $u_t = \triangle u$ に反応項 $f(u)$ を加えた形である．また，後に登場するが，本節では u の代わりに p を閉曲線のパラメータに用いることにする．

反応項 f はいろいろなものが考えられるが，特に

$$f(u) = (u - a)(1 - u^2), \quad |a| < 1$$

であった場合の次の偏微分方程式の初期値境界値問題

$$\begin{cases} u_t = \triangle u + f(u), & \boldsymbol{x} \in \Omega, \quad t \in (0, T) \\ \dfrac{\partial u}{\partial \boldsymbol{n}} = 0, & \boldsymbol{x} \in \partial\Omega, \quad t \in (0, T) \\ u(\boldsymbol{x}, 0) = u^0(\boldsymbol{x}), & \boldsymbol{x} \in \Omega \end{cases}$$

を考える．この偏微分方程式を，提唱者の名前を冠してアレン‐カーン (**Allen-Cahn**) 方程式という．

アレン‐カーン方程式から形式的に拡散項 $\triangle u$ を取り去ると，

$$u'(t) = f(u(t)) = (u(t) - a)(1 - u(t)^2) \tag{9.22}$$

となるが，この常微分方程式の解の挙動が，アレン‐カーン方程式の解の挙動を理解するうえでの足がかりとなる．まず，(9.22) において，$u(t) = \pm 1$，a は時間に依存しない平衡解（アレン‐カーン方程式の定数定常解）である．例えば，$a = 0$ のとき，f のグラフは図 9.11 (a) のようになるが，もし $u(t) < -1$ あるいは $0 < u(t) < 1$ ならば $f(u(t)) > 0$ なので $u'(t) > 0$ となって，図中の右向き矢印のように，-1 あるいは 1 に向かって増加する．また，もし $-1 < u(t) < 0$ あるいは $u(t) > 1$ ならば $f(u(t)) < 0$ なので $u'(t) < 0$ となって，図中の左向き矢印のように，-1 あるいは 1 に向かって減少する．$a \neq 0$ ($|a| < 1$) のときも同様である（図 9.11 (b)）．

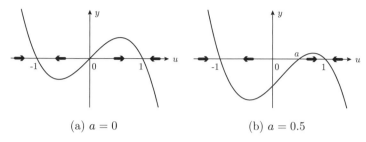

図 **9.11** $y = f(u)$ のグラフ

このことから，$u = \pm 1$ は安定な平衡点で，$u = a$ は不安定な平衡点であることがわかる．したがって，アレン‐カーン方程式においても，拡散項 $\triangle u$ に比べて反応項 $f(u)$ の影響が大きい場合は，$u > a$ ならば 1 に，$u < a$ ならば -1 に近づくであろうことが示唆される．

$F(u) = \dfrac{1}{4}(1 - u^2)^2$ とおくと，F は反応項 $f(u) = u(1 - u^2)$ の負の原始関数，すなわち，$F'(u) = -f(u)$ である．このとき，アレン‐カーン方程式は，界面エネルギーと内部エネルギーの和であるエネルギー汎関数

$$J(u) = \iint_\Omega \left(\frac{1}{2}|\nabla u|^2 + F(u) \right) dxdy$$

の L^2 勾配流として得られる．

[問 **9.3**] ノイマン境界条件のもとで，$J(u)$ の L^2 勾配流としてアレン‐カーン方程式が得られることを示せ．

アレン‐カーン方程式は，鉄とアルミニウムの 2 元合金の相分離過程，あるいは界面形成過程を表す方程式として導入された [2, 102]．解 $u(\boldsymbol{x}, t)$ は，場所と時間に依存する秩序変数 (order parameter) と呼ばれる合金の相状態を表すパラメータで，例えば，u が 1 に近いとき固相，-1 に近いとき液相に対応し，双方ともに安定な状態（低温）であるとする．一方，a を温度に依存する定数とし，u が a に近いとき無秩序な状態（高温）に対応している．こうして，u の値によって状態変化の様子を表すことができる．

反応項の影響が拡散項よりも大きいときに，解 u はどのような挙動を示すのだろうか．このことをみるために，$\varepsilon > 0$ として，次のように関数 $u(x, y, t)$ か

9.4 特異極限法：アレン‐カーン方程式による動く曲線の表現

ら関数 $\vartheta(\xi,\eta,\tau)$ にスケール変換する．

$$\vartheta(\xi,\eta,\tau) = u(x,y,t), \quad \xi = \varepsilon x, \quad \eta = \varepsilon y, \quad \tau = \varepsilon^2 t,$$

これより，

$$u_t(x,y,t) = \varepsilon^2 \vartheta_\tau(\xi,\eta,\tau),$$
$$\triangle u(x,y,t) = \varepsilon^2 \bigl(\vartheta_{\xi\xi}(\xi,\eta,\tau) + \vartheta_{\eta\eta}(\xi,\eta,\tau)\bigr),$$
$$f(u(x,y,t)) = f(\vartheta(\xi,\eta,\tau))$$

となるので，アレン‐カーン方程式は

$$\vartheta_\tau(\xi,\eta,\tau) = \vartheta_{\xi\xi}(\xi,\eta,\tau) + \vartheta_{\eta\eta}(\xi,\eta,\tau) + \frac{1}{\varepsilon^2} f(\vartheta(\xi,\eta,\tau))$$

と書き換えられる．変数 $(\xi,\eta,\tau,\vartheta)$ をすべてもとの変数 (x,y,t,u) に書き直すと，見かけ上，もとのアレン‐カーン方程式の反応項が $1/\varepsilon^2$ 倍されただけの方程式

$$u_t = \triangle u + \frac{1}{\varepsilon^2} f(u) \tag{9.23}$$

を得る．

もし ε が非常に小さかったら $(0 < \varepsilon \ll 1)$，反応項の影響が拡散項よりも大きくなるので，上の考察より，$u > a$ ならば 1 に，$u < a$ ならば -1 に近づくこと，そして，ε が小さければ小さいほどその近づく速度が速くなることが予想される．

この予想を数値シミュレーションで観察しよう．以下，$a = 0$ とする．9.1 節の例 9.2 (p.221) の数値計算と同じく，計算領域を正方形 $\Omega = [-1,1]^2 \subset \mathbb{R}^2$ とし，N を分割数，$h = 2/N$ を x と y の両方向の空間刻み，$\tau = 0.1 h^2$ を時間刻み，格子点を $\boldsymbol{x}_{i,j} = (-1 + ih, -1 + jh)$ $(i, j = 0, 1, \ldots, N)$ とする．格子点 $\boldsymbol{x}_{i,j}$ における時刻 $t_m = m\tau$ での値 $u(\boldsymbol{x}_{i,j}, t_m)$ の近似値を $u_{i,j}^m$ とおく $(m = 0, 1, 2, \ldots)$．(9.23) を素朴に次のように陽的に離散化する．

$$\mathrm{D}_\tau u_{i,j}^m = \frac{u_{i+1,j}^m - 2u_{i,j}^m + u_{i-1,j}^m}{h^2} + \frac{u_{i,j+1}^m - 2u_{i,j}^m + u_{i,j-1}^m}{h^2} + \frac{1}{\varepsilon^2} f(u_{i,j}^m). \tag{9.24}$$

初期関数 $u^0(\boldsymbol{x})$ として,9.1 節のサンプル関数 $(9.10)_{\text{p.223}}$ と同じ関数を用いる $(u^0(\boldsymbol{x}) = F^0(\boldsymbol{x}))$.図 9.12 にその図を再掲するが,図 9.6 (b) $_{(\text{p.223})}$ と異なり,0 等高線付近の色を黒色に近くし,±1 付近の色を白色に近くしている.

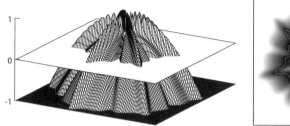 

(a) 初期曲面 $z = u^0(\boldsymbol{x})$ と平面 $z = 0$ (b) 0 等高線付近を黒色にした図

図 **9.12**　曲面と等高線のグラデーション

時間ステップ $m = 0, 1, 2, \ldots$ に対して,差分方程式 (9.24) をノイマン境界条件下で $i, j = 0, 1, \ldots, N$ に対して解いていく.ただし,(9.24) の計算において,空間添え字番号 l が,$l < 0$ となったときは $l := -l$ とし,$l > N$ となったときは $l := 2N - l$ とする(ノイマン境界条件).

図 9.13〜図 9.15 は,$N = 100$ とし,パラメータ $\varepsilon = 0.1, 0.02, 0.01$ のそれぞれに対する数値解の時間発展を描いたものである $(0 \leq t_m \leq 0.1)$.

9.4 特異極限法：アレン–カーン方程式による動く曲線の表現　　　241

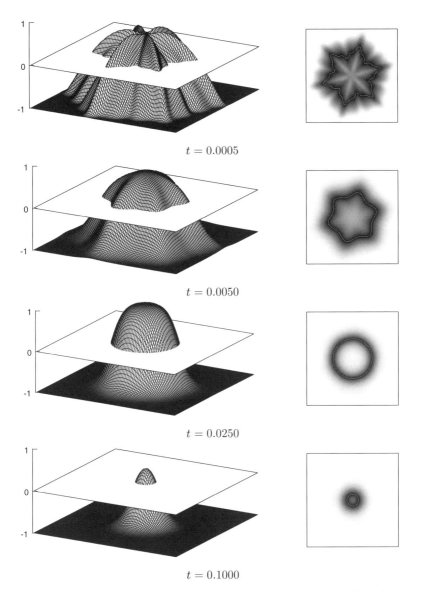

$t = 0.0005$

$t = 0.0050$

$t = 0.0250$

$t = 0.1000$

図 9.13 ノイマン境界条件下における $(9.24)_{\text{p.239}}$ の数値解の時間発展の様子（$\varepsilon = 0.1$ のとき）

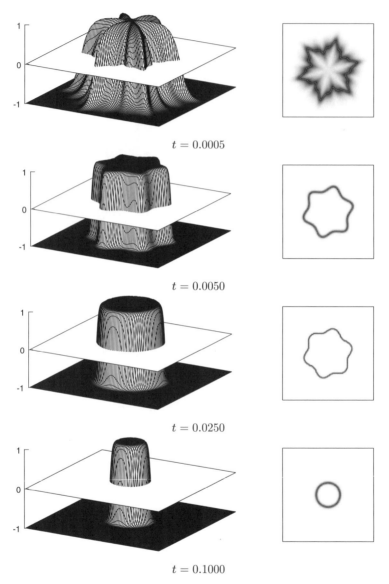

図 **9.14** ノイマン境界条件下における $(9.24)_{\text{p.239}}$ の数値解の時間発展の様子（$\varepsilon = 0.02$ のとき）

9.4 特異極限法:アレン–カーン方程式による動く曲線の表現 243

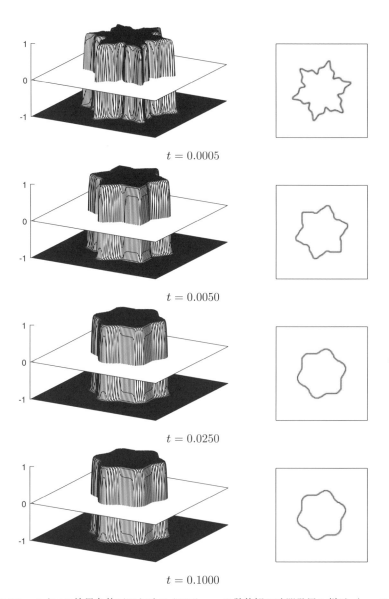

$t = 0.0005$

$t = 0.0050$

$t = 0.0250$

$t = 0.1000$

図 **9.15** ノイマン境界条件下における $(9.24)_{\mathrm{p.239}}$ の数値解の時間発展の様子($\varepsilon = 0.01$ のとき)

$\varepsilon = 0.01$ のとき，$t > 0$ となった直後に 0 等高線とその付近の黒色がほぼ一致しているようにみえる．このことから，ε の値が小さいと，相分離と界面形成が直ちに起こることが示唆される．一方，$\varepsilon = 0.1$ のとき，時間が経っても 0 等高線に沿った付近の黒色の帯の幅は広いままである．このことから，ε の値が大きいと，顕著な相分離はみられず，界面形成も漠然としていることが予想される．また，$\varepsilon = 0.1 \to 0.02 \to 0.01$ の変化をみると，0 等高線が丸くなり円に近づく速さは，ε の大きさに依存していることが観察される．すなわち，$\varepsilon \to +0$ のとき，$+1$ の相から -1 の相へ遷移する層（遷移層）の幅は ε に依存したオーダーであろう．

以上の考察から，次の問題を考える．遷移層の中に含まれる 0 等高線（界面）はどのように動くのか？

符号付き距離関数

以後，u の代わりに p を閉曲線のパラメータに用いて，0 等高線をジョルダン曲線 $\mathcal{C}(t) : \boldsymbol{X}(p,t)$ とし ($p \in \mathbb{S}^1 = [0,1] \subset \mathbb{R}/\mathbb{Z}$)，時間区間 $[0,T)$ において $\mathcal{C}(t)$ は滑らかであると仮定する．$\boldsymbol{x} \in \mathbb{R}^2$ と $\mathcal{C}(t)$ の距離を

$$\mathrm{dist}(\boldsymbol{x}, \mathcal{C}(t)) = \min_{p \in \mathbb{S}^1} |\boldsymbol{x} - \boldsymbol{X}(p,t)|$$

と定義する．また，$\mathcal{C}(t)$ の δ 近傍を

$$\mathcal{N}_\delta(\mathcal{C}(t)) = \left\{ \boldsymbol{x} \in \mathbb{R}^2;\ \mathrm{dist}(\boldsymbol{x}, \mathcal{C}(t)) < \delta \right\}$$

と定義する．このとき，$\delta > 0$ を十分小さくとれば，任意の $t \in [0,T)$ と任意の $\boldsymbol{x} \in \mathcal{N}_\delta(\mathcal{C}(t))$ に対して，

$$\boldsymbol{x} = \boldsymbol{X}(p,t) + q\boldsymbol{N}(p,t)$$

となる $p \in \mathbb{S}^1$ と $q \in \mathbb{R}$ をとることができる（$\boldsymbol{N}(p,t)$ は $\mathcal{C}(t)$ の $\boldsymbol{X}(p,t)$ における外向き単位法線ベクトル）．これより，$\mathcal{D}(t)$ を $\mathcal{C}(t)$ で囲まれた領域として，p, q をそれぞれ $\boldsymbol{x}$ と t の関数として，$p = P(\boldsymbol{x}, t)$ および

9.4 特異極限法：アレン - カーン方程式による動く曲線の表現

$$q = Q(\boldsymbol{x}, t) = \begin{cases} \mathrm{dist}(\boldsymbol{x}, \mathcal{C}(t)), & \boldsymbol{x} \in \mathbb{R}^2 \setminus \overline{\mathcal{D}(t)} \\ 0, & \boldsymbol{x} \in \mathcal{C}(t) \\ -\mathrm{dist}(\boldsymbol{x}, \mathcal{C}(t)), & \boldsymbol{x} \in \mathcal{D}(t) \end{cases}$$

と表すことができる．よって，

$$\boldsymbol{x} = \boldsymbol{X}(P(\boldsymbol{x}, t), t) + Q(\boldsymbol{x}, t) \boldsymbol{N}(P(\boldsymbol{x}, t), t) \tag{9.25}$$

となる．

任意の $\boldsymbol{e} \in \mathbb{R}^2$ に対して，(9.25) の $\boldsymbol{e}$ 方向微分を求める．$\mu \in \mathbb{R}$ に対して，$|\mu|$ が十分に小さいならば，$\boldsymbol{x} + \mu \boldsymbol{e} \in \mathcal{N}_\delta(\mathcal{C}(t))$ が成り立つから，

$$\boldsymbol{x} + \mu \boldsymbol{e} = \boldsymbol{X}(P(\boldsymbol{x} + \mu \boldsymbol{e}, t), t) + Q(\boldsymbol{x} + \mu \boldsymbol{e}, t) \boldsymbol{N}(P(\boldsymbol{x} + \mu \boldsymbol{e}, t), t)$$

を得る．この両辺を μ で微分して，$\mu = 0$ を代入すると，

$$\begin{aligned}\boldsymbol{e} = {} & \boldsymbol{X}'(p, t)(\nabla P(\boldsymbol{x}, t) \cdot \boldsymbol{e}) + (\nabla Q(\boldsymbol{x}, t) \cdot \boldsymbol{e}) \boldsymbol{N}(p, t) \\ & + Q(\boldsymbol{x}, t) \boldsymbol{N}'(p, t)(\nabla P(\boldsymbol{x}, t) \cdot \boldsymbol{e}), \quad p = P(\boldsymbol{x}, t)\end{aligned}$$

となる．こうして，(9.25) の $\boldsymbol{e}$ 方向微分が得られた．さらに，局所長を $g(p, t) = |\boldsymbol{X}(p, t)|$ として，

$$\boldsymbol{N}'(p, t) = g(p, t) \kappa(p, t) \boldsymbol{T}(p, t), \quad \boldsymbol{X}'(p, t) = g(p, t) \boldsymbol{T}(p, t)$$

に注意すれば，以下のように変形できる．

$$\begin{aligned}\boldsymbol{e} = {} & g(p, t)\bigl(1 + \kappa(p, t) Q(\boldsymbol{x}, t)\bigr)\bigl(\nabla P(\boldsymbol{x}, t) \cdot \boldsymbol{e}\bigr) \boldsymbol{T}(p, t) \\ & + (\nabla Q(\boldsymbol{x}, t) \cdot \boldsymbol{e}) \boldsymbol{N}(p, t), \quad p = P(\boldsymbol{x}, t).\end{aligned} \tag{9.26}$$

この式より，ベクトル $\boldsymbol{e}$ の任意性を使って，以下の各式が導出される．

$$\nabla Q(\boldsymbol{x},t) = \boldsymbol{N}(p,t), \quad p = P(\boldsymbol{x},t), \tag{9.27}$$

$$\nabla P(\boldsymbol{x},t) = \frac{1}{g(p,t)\bigl(1+\kappa(p,t)Q(\boldsymbol{x},t)\bigr)}\boldsymbol{T}(p,t), \quad p = P(\boldsymbol{x},t), \tag{9.28}$$

$$\triangle Q(\boldsymbol{x},t) = \frac{\kappa(p,t)}{1+\kappa(p,t)Q(\boldsymbol{x},t)}, \quad p = P(\boldsymbol{x},t), \tag{9.29}$$

$$\triangle P(\boldsymbol{x},t) = -\frac{g_s(p,t)}{g(p,t)^2\bigl(1+\kappa(p,t)Q(\boldsymbol{x},t)\bigr)^2}$$
$$-\frac{\kappa_s(p,t)Q(\boldsymbol{x},t)}{g(p,t)\bigl(1+\kappa(p,t)Q(\boldsymbol{x},t)\bigr)^3}, \quad p = P(\boldsymbol{x},t). \tag{9.30}$$

さらに，(9.25) の両辺を t で微分して，

$$Q_t(\boldsymbol{x},t) = -V(p,t), \quad p = P(\boldsymbol{x},t), \tag{9.31}$$

$$P_t(\boldsymbol{x},t) = \frac{V_s(p,t)Q(\boldsymbol{x},t)}{g(p,t)\bigl(1+\kappa(p,t)Q(\boldsymbol{x},t)\bigr)} - \frac{W(p,t)}{g(p,t)}, \quad p = P(\boldsymbol{x},t) \tag{9.32}$$

を得る.

[問 **9.4**] (9.27)–(9.32) を示せ.

漸近展開

アレン - カーン方程式 $(9.23)_{\mathrm{p.239}}$ の解 $u(\boldsymbol{x},t)$ に対して，次のような変数変換を考える.

$$u(\boldsymbol{x},t) = U(p,q,t), \quad p = P(\boldsymbol{x},t), \quad q = \frac{Q(\boldsymbol{x},t)}{\varepsilon}.$$

u の値が急激に変化する遷移層で囲まれた内部（$-\boldsymbol{N}$ 方向）では $u \approx +1$ で，外部（$\boldsymbol{N}$ 方向）では $u \approx -1$ であることが期待されている．以下，曲線のパラメータ p を止めるごとに，$\pm\boldsymbol{N}$ 方向に遷移層を $1/\varepsilon$ のオーダーで引き延ばして，極限関数を q の関数として表すこと，遷移層に含まれる 0 等高線の動き（速度）を求めることを目標にする．

関数 $u(\boldsymbol{x},t) = U(P(\boldsymbol{x},t), Q(\boldsymbol{x},t)/\varepsilon, t)$ の両辺を t や x で偏微分すると，以下のような偏導関数を得る．

9.4 特異極限法：アレン‐カーン方程式による動く曲線の表現

$$u_t = U_p P_t + U_q \frac{Q_t}{\varepsilon} + U_t,$$

$$u_x = U_p P_x + U_q \frac{Q_x}{\varepsilon},$$

$$u_{xx} = \left(U_{pp} P_x + U_{pq} \frac{Q_x}{\varepsilon}\right) P_x + U_p P_{xx}$$
$$\qquad + \left(U_{qp} P_x + U_{qq} \frac{Q_x}{\varepsilon}\right) \frac{Q_x}{\varepsilon} + U_q \frac{Q_{xx}}{\varepsilon}$$
$$= U_{pp} P_x^2 + \frac{2}{\varepsilon} U_{pq} P_x Q_x + U_p P_{xx} + \frac{1}{\varepsilon^2} U_{qq} Q_x^2 + \frac{1}{\varepsilon} U_q Q_{xx}.$$

y についての偏導関数も同様だから，

$$u_{yy} = U_{pp} P_y^2 + \frac{2}{\varepsilon} U_{pq} P_y Q_y + U_p P_{yy} + \frac{1}{\varepsilon^2} U_{qq} Q_y^2 + \frac{1}{\varepsilon} U_q Q_{yy}$$

となって，これより，$\nabla P \cdot \nabla Q = 0$, $|\nabla Q| = 1$ を使って，

$$\triangle u = U_{pp} |\nabla P|^2 + \frac{2}{\varepsilon} U_{pq} \nabla P \cdot \nabla Q + \frac{1}{\varepsilon^2} U_{qq} |\nabla Q|^2 + U_p \triangle P + \frac{1}{\varepsilon} U_q \triangle Q$$
$$= U_{pp} |\nabla P|^2 + \frac{1}{\varepsilon^2} U_{qq} + U_p \triangle P + \frac{1}{\varepsilon} U_q \triangle Q$$

を得る．これより，変数変換されたアレン‐カーン方程式 $(9.23)_{\text{p.239}}$ は，

$$U_p P_t + U_q \frac{Q_t}{\varepsilon} + U_t = U_{pp} |\nabla P|^2 + \frac{1}{\varepsilon^2} U_{qq} + U_p \triangle P + \frac{1}{\varepsilon} U_q \triangle Q + \frac{1}{\varepsilon^2} f(U)$$

となる．

以後，$\varepsilon > 0$ を十分小さいとし，(9.27)–(9.32) と $P = p$, $Q = \varepsilon q$ を用いて，変数を (p, q, t) にする．このとき，

$$P_t = O(1), \quad Q_t = -V, \quad U_t = O(1), \quad |\nabla P| = O(1), \quad \triangle P = O(1),$$
$$\triangle Q = \frac{\kappa}{1 + \kappa Q} = \kappa \left(1 - \varepsilon \kappa q + O(\varepsilon^2)\right) = \kappa - \varepsilon \kappa^2 q + O(\varepsilon^2)$$

であるから，

$$-U_q \frac{V}{\varepsilon} = \frac{1}{\varepsilon^2} U_{qq} + \frac{1}{\varepsilon} \kappa U_q + \frac{1}{\varepsilon^2} f(U) + O(1)$$

がわかる．ここで，

$$U = U_0 + \varepsilon U_1 + \varepsilon^2 U_2 + \cdots$$

と展開すると，$f(U) = f(U_0) + \varepsilon f'(U_0)U_1 + O(\varepsilon^2)$ であるので，

$$\frac{1}{\varepsilon^2}\Big(U_{0,qq} + f(U_0)\Big) + \frac{1}{\varepsilon}\Big(U_{0,q}(V + \kappa) + U_{1,qq} + f'(U_0)U_1\Big) + O(1) = 0 \tag{9.33}$$

となる．

(9.33) において，$O(\varepsilon^{-2})$ の項が 0 である要請から，

$$U_{0,qq} + f(U_0) = U_{0,qq} + U_0(1 - U_0^2) = 0 \tag{9.34}$$

となる．変数 p, t を固定し，$\varphi(q) = U_0(\cdot, q, \cdot)$ として

$$\varphi'' + \varphi(1 - \varphi^2) = 0 \tag{9.35}$$

を次の条件の下で解く．

$$\lim_{q \to -\infty} \varphi(q) = 1, \quad \lim_{q \to +\infty} \varphi(q) = -1, \quad \varphi(0) = 0, \quad \varphi'(q) \leq 0 \quad (q \in \mathbb{R}).$$

(9.35) の両辺に φ' を掛けると，

$$\varphi''\varphi' + \varphi(1 - \varphi^2)\varphi' = \left(\frac{1}{2}\varphi'^2 - \frac{1}{4}(1 - \varphi^2)^2\right)' = 0$$

となるから，

$$\varphi'^2 - \frac{1}{2}(1 - \varphi^2)^2 = const.$$

を得る．$|q| \to \infty$ のとき $\varphi^2 \to 1$，$\varphi' \to 0$ より，$const. = 0$ がわかる．よって，

$$\varphi'^2 = \frac{1}{2}(1 - \varphi^2)^2$$

となり，$\varphi'(q) \leq 0 \ (q \in \mathbb{R})$ から，

$$\varphi' = -\frac{1}{\sqrt{2}}(1 - \varphi^2)$$

を得る．$\varphi(0) = 0$ の条件のもと，解

$$\varphi(q) = -\tanh\frac{q}{\sqrt{2}}$$

9.4 特異極限法：アレン–カーン方程式による動く曲線の表現

が求まる.

以上より, (9.34) の解が求まった.

$$U_0(p,q,t) = -\tanh\frac{q}{\sqrt{2}}.$$

(9.33) において, $O(\varepsilon^{-1})$ の項が 0 である要請から,

$$U_{1,qq} + f'(U_0)U_1 = -U_{0,q}(V+\kappa), \quad U_0 = -\tanh\frac{q}{\sqrt{2}}$$

となる. 変数 p,t を固定し, $U_1 = U_1(\cdot,q,\cdot)$ とし, 右辺を既知関数 $H(q)$ とおく. $U_{1,qq} + f'(U_0)U_1 = H$ を解いて U_1 を求めるために, (9.34) を両辺 q で偏微分すると,

$$(U_{0,q})_{qq} + f'(U_0)U_{0,q} = 0$$

となる. そこで微分作用素を $\mathscr{L} = \dfrac{d^2}{dq^2} + f'(U_0)$ とおくと,

$$\mathscr{L}U_{0,q} = 0, \quad \mathscr{L}U_1 = H$$

である. 関数 $\mathsf{F}(q), \mathsf{G}(q)$ に対して,

$$(\mathsf{F},\mathsf{G}) = \int_{\mathbb{R}} \mathsf{F}(q)\mathsf{G}(q)\,dq$$

とおくと,

$$(H, U_{0,q}) = (\mathscr{L}U_1, U_{0,q}) = (U_1, \mathscr{L}U_{0,q}) = 0 \tag{9.36}$$

がわかる. よって,

$$(H, U_{0,q}) = -(V+\kappa)\int_{\mathbb{R}} (U_{0,q})^2\,dq = 0$$

である. これより, $V = -\kappa$ を得る. すなわち, 遷移層に含まれる 0 等高線 $\mathcal{C}(t)$ は, 遅い時間スケールでみると古典的曲率流方程式に従って動くことがわかった. 言い換えると, $V = -\kappa$ は遅い時間スケールでみるとみえてくる動きである.

[問 9.5] (9.36) を示せ.

[問 9.6] アレン - カーン方程式 $(9.23)_{\text{p.239}}$ において,反応項が $f(u) = (u - a\varepsilon)(1 - u^2)$ ($|a|\varepsilon < 1$) であったとき,どのような界面方程式が得られるか.($f_0(u) = u(1 - u^2)$ とおいて算出せよ.)

第 10 章

基本解近似解法 (MFS)

前々章（第 8 章）まで図 10.1 における曲線 (a) を折れ線 (b) で直接近似する直接法を扱い，前章で曲面（補助関数）を用いた間接法を扱った．本最終章では，曲線で囲まれた内部も考察対象とする問題を扱い，**基本解近似解法** (the method of fundamental solutions) と呼ばれる，主としてポテンシャル問題に対するメッシュフリーの数値解法（図 10.1 (c)）を紹介する．以下，基本解近似解法を MFS と略す．

10.1 MFS とは

一般に，曲線で囲まれた内部の点における関数の近似値を知るには，素朴に図 10.1 (d) のように平面上にメッシュを作り，各格子点，あるいは格子内の代表点における値を用いればよいだろう．差分法はこのような考えに基づいた方法で，第 4 章や第 5 章で述べた 1 次元の差分解法や前章で紹介した間接法も差分法である．一方，(e) のように内部を形状に応じて（例えば三角形メッシュのような）細かい要素に分割し，その上で補間関数を用いて近似値を求める方法も汎用性が高い方法として実用的にもよく用いられている（有限要素法）．また，(f) のようにメッシュを作る代わりに粒子を散らばらせて，その粒子上で近似値を調べる方法も近年発達が著しい（粒子法）．これらに対比させて述べると，MFS はメッシュも作らず，粒子も使わずに折れ線内部の「任意の点」における関数の近似値を知ることができる方法といえる（図 10.1 (c)）．

252　第10章　基本解近似解法 (MFS)

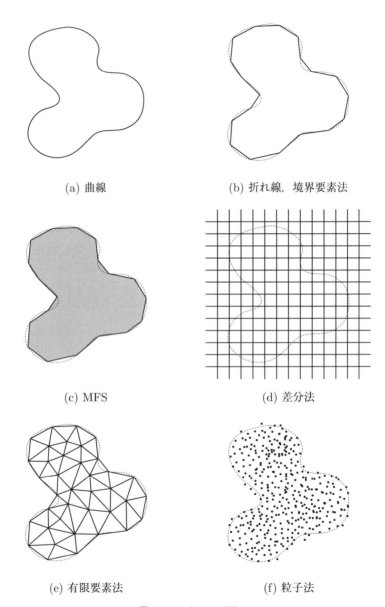

(a) 曲線　　　　　　　　(b) 折れ線，境界要素法

(c) MFS　　　　　　　　(d) 差分法

(e) 有限要素法　　　　　(f) 粒子法

図 10.1　イメージ図

MFS は基本解の線形結合で解を近似するという素朴なアイディアに基づくものであり，日本では伝統的に**代用電荷法** (the charge simulation method, CSM) と呼ばれることも多い．MFS の考え方は非常にシンプルである．2 次元有界領域におけるラプラス問題を例にとれば，領域の境界に有限個（N 個）の近似点（拘束点）をとり，領域の外部に有限個の基本解の**特異点（電荷点）**をとり，境界上の拘束点において，基本解の線形結合が与えられたデータと一致するように，係数を定めるだけである．このとき，近似点や特異点の配置が「適正」ならば，近似解の誤差が a^{-N} ($a > 1$) のように指数的に減少することが知られている [54]．これは，素朴な差分法（図 10.1 (d)），有限要素法（図 10.1 (e)），境界要素法（図 10.1 (b)）などの数値解法による近似解の誤差が，一般的には $N^{-\gamma}$ ($\gamma > 0$) のような減少であることと比較すると劇的によいといえる．一方で，「適正な配置」が理論的にはっきりとは解明されておらず，職人芸的な経験則によるところも少なくない．また，実用的にあるいは工学的によく使われている方法は，汎用性の高い差分法と有限要素法であり，それに比べると対象とする問題が境界要素法や MFS は限定的である．このような状況もあってか，筆者が知る限り，MFS が移動境界問題に応用された例はあまり多くない．典型例は，円の周りの定常的な 2 次元渦なし完全流体の運動の代用電荷法による数値計算 [110] や，ポテンシャル流れ（境界上で圧力が一定のヘレ・ショウ流れ）の外部問題の等高面の方法と代用電荷法を組み合わせた数値計算 [58] などである．本章では，MFS のアイディアや不変スキームについて述べた後，直接法と組み合わせた他の適用例を紹介する．

10.2 MFS のアイディア

次の未知関数 $p = p(\boldsymbol{x})$ に関する境界値問題を考える．

$$\begin{cases} \mathscr{L} p(\boldsymbol{x}) = 0, & \boldsymbol{x} \in \mathcal{D}, \\ \mathscr{B} p(\boldsymbol{x}) = \phi(\boldsymbol{x}), & \boldsymbol{x} \in \mathcal{C}. \end{cases}$$

ここで，$\mathcal{D} \subset \mathbb{R}^2$ は有界領域で，その境界 $\mathcal{C} = \partial \mathcal{D}$ は滑らか，$\mathscr{L}$ は 2 階の線形偏微分作用素で，例えばラプラス作用素 $\triangle$ が典型的である．（$\mathcal{D} \subset \mathbb{R}^3$ でもよ

いが，本章では $\mathbb{R}^2$ の場合のみに言及する．）また，$\mathscr{B}p = \phi$ は，ディリクレ，ノイマン，ロバンなどの境界条件である．MFS の近似解構成手順は以下の通りである．

(1) N 個の特異点 $\{\bm{y}_j\}_{j=1}^N$ を $\mathbb{R}^2 \setminus \overline{\mathcal{D}}$ に「適正に配置」する．
(2) 次の形の近似解 P を探す．

$$P(\bm{x}) = \sum_{j=1}^N Q_j E(\bm{x} - \bm{y}_j). \tag{10.1}$$

ここで，E は作用素 $\mathscr{L}$ の基本解である．（近似解を $p^{(N)}$ と表すことも多い．）

(3) 係数 $\{Q_j\}_{j=1}^N$ を選点法により決定する．すなわち，N 個の選ばれた近似点 $\{\bm{x}_i\}_{i=1}^N$ を境界 $\mathcal{C}$ 上に「適正に配置」し，次の境界条件を満たすように係数を決定する．

$$\mathscr{B}P(\bm{x}_i) = \phi(\bm{x}_i) \quad (i = 1, 2, \ldots, N).$$

例えば，ディリクレ境界条件 $p(\bm{x}) = \phi(\bm{x})$ on $\mathcal{C}$ であった場合，境界上の近似点 $\{\bm{x}_i\}_{i=1}^N \subset \mathcal{C}$ を用いて，連立一次方程式

$$G\bm{Q} = \bm{\phi}$$
$$\Leftrightarrow \sum_{j=1}^N Q_j E(\bm{x}_i - \bm{y}_j) = \phi(\bm{x}_i) \quad (i = 1, 2, \ldots, N)$$
$$\begin{cases} G = (G_{i,j}) \in \mathbb{R}^{N \times N}, \quad G_{i,j} = E(\bm{x}_i - \bm{y}_j) \quad (i, j = 1, 2, \ldots, N), \\ \bm{Q} = (Q_1, Q_2, \ldots, Q_N)^\mathrm{T} \in \mathbb{R}^N, \\ \bm{\phi} = (\phi(\bm{x}_1), \phi(\bm{x}_2), \ldots, \phi(\bm{x}_N))^\mathrm{T} \in \mathbb{R}^N \end{cases}$$

を解いて，$\bm{Q} = G^{-1}\bm{\phi}$ から $\overline{\mathcal{D}}$ 上で近似解 (10.1) が構成される．

MFS の長所を挙げておく．

長所 1 P は，近似点において満たされる境界条件のもとで支配方程式を満たす．すなわち，

$$\begin{cases} \mathscr{L} P(\boldsymbol{x}) = 0, & \boldsymbol{x} \in \mathcal{D}, \\ \mathscr{B} P(\boldsymbol{x}) = \phi(\boldsymbol{x}), & \boldsymbol{x} \in \{\boldsymbol{x}_i\}_{i=1}^{N} \subset \mathcal{C} \end{cases}$$

が厳密に成り立つ.

長所 2 アルゴリズムは上の手順で,いたってシンプルである.したがって,プログラミングは簡単である.

長所 3 近似点と特異点を「適正に配置」すれば近似精度は極めてよい.

長所 4 メッシュを切らなくても近似点上の値だけでなく $\overline{\mathcal{D}}$ 上の近似解 $P(\boldsymbol{x})$ が関数として得られる.

長所 5 だから,導関数はそのまま微分すればよい.

MFS の他に基本解を使う数値解法として,境界要素法 (boundary element method, BEM) が知られている.内部問題を境界積分方程式に同値変形して,離散化方程式を境界上で解く方法である ([48, 125] などを参照).MFS と BEM は見かけは似ているが,上の長所をみる限り,MFS は BEM とは似て非なる以上に根本的に異なるスキームであることがわかる.

一方,未解決な点もある.

未解決 1 $\{Q_j\}_{j=1}^{N}$ を求めるには連立一次方程式を解く必要があるが,その係数行列は密行列で,条件数は悪く,正則性の条件が多くの場合不明である.

未解決 2 「適正な配置」の汎用的で絶対的な指針は現在のところ見つかっていない.(一部の形状に対してはよくわかっていることもあるが,一般形状に対しては経験則に負うところが大きい.しかし,経験的に経験則でうまくいくことがほとんどであることから,何の指針もないとはいい切れないであろう.)

この二つの未解決な点を許容できるほど長所が多いので,依然として魅力的な方法である.

MFS の草分けは 1960 年代の論文 [65, 64] といわれているが,考え方はシンプルであるから,さまざまな分野において類似のアイディアの萌芽はあったようである.詳しくはサーベイ論文 [24, 53, 91] を参照されたい.

以下，論文 [105] から MFS の不変性についての最新の結果を紹介する．

10.3 不変スキーム

2次元ラプラス方程式のディリクレ問題

$$\begin{cases} \triangle p(\boldsymbol{x}) = 0, & \boldsymbol{x} \in \mathcal{D}, \\ p(\boldsymbol{x}) = \phi(\boldsymbol{x}), & \boldsymbol{x} \in \mathcal{C} \end{cases} \tag{10.2}$$

について，スケール変換と原点移動に関する「不変性」を考える．ここで，$\triangle$ はラプラス作用素 $\triangle = \partial^2/\partial x^2 + \partial^2/\partial y^2$ $(\boldsymbol{x} = (x, y))$ である．

まず，座標を

$$\widetilde{\boldsymbol{x}} = \alpha \boldsymbol{x} \quad \left(\widetilde{\boldsymbol{x}} = (\widetilde{x}, \widetilde{y}),\ \alpha \in \mathbb{R} \setminus \{0\}\right) \tag{10.3}$$

のようにスケール変換する．このとき，変数変換 $p(\boldsymbol{x}) = \widetilde{p}(\widetilde{\boldsymbol{x}})$ のもとで，p が $\triangle p = 0$ の解であることと，$\widetilde{p}$ が $\widetilde{\triangle}\widetilde{p} = 0$ の解であることは同値である．ここで，$\widetilde{\triangle} = \partial^2/\partial \widetilde{x}^2 + \partial^2/\partial \widetilde{y}^2$ である．MFS による近似解 (10.1) も同様の性質をもつことが期待されるがそうはならない．実際，MFS による近似解 (10.1) は，基本解 $E(\boldsymbol{x}) = \dfrac{1}{2\pi} \log |\boldsymbol{x}|$ を用いて，

$$P(\boldsymbol{x}) = \frac{1}{2\pi} \sum_{j=1}^{N} Q_j \log |\boldsymbol{x} - \boldsymbol{y}_j| \tag{10.4}$$

となり，$\triangle P = 0$ を満たすが，上と同様の座標にスケール変換 (10.3) を施し，近似解を変数変換しても，

$$\widetilde{P}(\widetilde{\boldsymbol{x}}) = \frac{1}{2\pi} \sum_{j=1}^{N} Q_j \log |\alpha \boldsymbol{x} - \alpha \boldsymbol{y}_j| = \frac{1}{2\pi} \sum_{j=1}^{N} Q_j \log |\alpha| + P(\boldsymbol{x})$$

となって，$\widetilde{\triangle}\widetilde{P} = 0$ は満たすが，一般に $P(\boldsymbol{x}) \neq \widetilde{P}(\widetilde{\boldsymbol{x}})$ である．

次に，ディリクレ問題 (10.2) の境界条件の右辺を $\phi(\boldsymbol{x})$ から

$$\phi_\gamma(\boldsymbol{x}) = \phi(\boldsymbol{x}) + \gamma \quad (\gamma \in \mathbb{R}) \tag{10.5}$$

10.3 不変スキーム

に変えた問題の解を $p_\gamma(\boldsymbol{x})$ とすると, $p_\gamma(\boldsymbol{x}) = p(\boldsymbol{x}) + \gamma$ である (p は (10.2) の解). よって, MFS による近似解 (10.4) も同様の性質をもつことが期待されるがそうはならない. 以下それを詳しくみてみよう. 境界上の N 個の近似点 $\{\boldsymbol{x}_i\}_{i=1}^N \subset \mathcal{C}$ に対して, 連立一次方程式

$$G\boldsymbol{Q} = \boldsymbol{\phi}$$

$$\Leftrightarrow \frac{1}{2\pi}\sum_{j=1}^N Q_j \log|\boldsymbol{x}_i - \boldsymbol{y}_j| = \phi(\boldsymbol{x}_i) \quad (i=1,2,\ldots,N)$$

$$\begin{cases} G = (G_{i,j}) \in \mathbb{R}^{N\times N}, \quad G_{i,j} = \dfrac{1}{2\pi}\log|\boldsymbol{x}_i - \boldsymbol{y}_j| \quad (i,j=1,2,\ldots,N), \\ \boldsymbol{Q} = (Q_1, Q_2, \ldots, Q_N)^{\mathrm{T}} \in \mathbb{R}^N, \\ \boldsymbol{\phi} = (\phi(\boldsymbol{x}_1), \phi(\boldsymbol{x}_2), \ldots, \phi(\boldsymbol{x}_N))^{\mathrm{T}} \in \mathbb{R}^N \end{cases}$$

を解いて, $\boldsymbol{Q} = G^{-1}\boldsymbol{\phi}$ から $\overline{\mathcal{D}}$ 上で近似解 (10.4) が構成される.

一方, 境界条件の右辺を ϕ_γ に変えた問題の近似解 P_γ は以下のように構成される. 連立一次方程式

$$G\boldsymbol{Q}_\gamma = \boldsymbol{\phi}_\gamma$$

$$\Leftrightarrow \frac{1}{2\pi}\sum_{j=1}^N Q_{\gamma,j} \log|\boldsymbol{x}_i - \boldsymbol{y}_j| = \phi(\boldsymbol{x}_i) + \gamma \quad (i=1,2,\ldots,N)$$

$$\begin{cases} \boldsymbol{Q}_\gamma = (Q_{\gamma,1}, Q_{\gamma,2}, \ldots, Q_{\gamma,N})^{\mathrm{T}} \in \mathbb{R}^N, \\ \boldsymbol{\phi}_\gamma = \boldsymbol{\phi} + \gamma\boldsymbol{1}, \quad \boldsymbol{1} = (1,1,\ldots,1)^{\mathrm{T}} \in \mathbb{R}^N \end{cases}$$

を解いて, $\boldsymbol{Q}_\gamma = G^{-1}\boldsymbol{\phi}_\gamma$ から $\overline{\mathcal{D}}$ 上で近似解

$$P_\gamma(\boldsymbol{x}) = \frac{1}{2\pi}\sum_{j=1}^N Q_{\gamma,j} \log|\boldsymbol{x} - \boldsymbol{y}_j|$$

を得る. ここで,

$$\boldsymbol{Q}_\gamma = G^{-1}\boldsymbol{\phi}_\gamma = G^{-1}\boldsymbol{\phi} + \gamma G^{-1}\boldsymbol{1} = \boldsymbol{Q} + \gamma G^{-1}\boldsymbol{1}$$

から, $Q_{\gamma,j} = Q_j + \gamma \displaystyle\sum_{k=1}^N (G_{j,k}^{-1})$ なので, 近似解は

$$P_\gamma(\boldsymbol{x}) = \frac{1}{2\pi} \sum_{j=1}^{N} Q_{\gamma,j} \log |\boldsymbol{x} - \boldsymbol{y}_j|$$

$$= P(\boldsymbol{x}) + \gamma \frac{1}{2\pi} \sum_{j=1}^{N} \Big(\sum_{k=1}^{N} (G_{j,k}^{-1}) \Big) \log |\boldsymbol{x} - \boldsymbol{y}_j|$$

となる．よって，一般に $\boldsymbol{x} \in \overline{\mathcal{D}}$ に対して，$P_\gamma(\boldsymbol{x}) \neq P(\boldsymbol{x}) + \gamma$ である．

以上のように，MFS の近似解 P は（もし存在したとしても），座標のスケール変換と原点移動の意味で不変性を満たさないことが，室田 [79] において初めて指摘された．物理現象は明らかなスケール変換と原点移動に本質的に依存することはないので，それを記述するモデル方程式はもちろん，その近似解に不変性を求めることは自然であろう．そこで，同論文以降，MFS の近似解も不変性を満たすようにするためのいくつかの方法が提案された [79, 80, 117, 118]．以下，10.3.1 項と 10.3.2 項でそのアイディアを紹介する．

10.3.1 零平均条件

室田 [79] は，ディリクレ問題 $(10.2)_{\mathrm{p.256}}$ の MFS による近似解に不変性をもたせるために，$(10.4)_{\mathrm{p.256}}$ の代わりに，

$$P(\boldsymbol{x}) = Q_0 + \frac{1}{2\pi} \sum_{j=1}^{N} Q_j \log |\boldsymbol{x} - \boldsymbol{y}_j| \tag{10.6}$$

を提案し，連立一次方程式の未知数の個数と本数が一致するように，新たに零平均条件

$$\sum_{j=1}^{N} Q_j = 0 \tag{10.7}$$

を付与した．

見かけ上，(10.6) は (10.4) に Q_0 を加えただけであるが，その効果は抜群である．実際，スケール変換 $(10.3)_{\mathrm{p.256}}$ に対して，以下のように不変性が成り立つ．

$$\widetilde{P}(\widetilde{\boldsymbol{x}}) = Q_0 + \frac{1}{2\pi} \sum_{j=1}^{N} Q_j \log |\alpha(\boldsymbol{x} - \boldsymbol{y}_j)|$$

$$= Q_0 + \frac{1}{2\pi} \sum_{j=1}^{N} Q_j \log |\alpha| + \frac{1}{2\pi} \sum_{j=1}^{N} Q_j \log |\boldsymbol{x} - \boldsymbol{y}_j|$$

$$= Q_0 + \frac{1}{2\pi} \sum_{j=1}^{N} Q_j \log |\boldsymbol{x} - \boldsymbol{y}_j| = P(\boldsymbol{x}).$$

また，原点移動 $(10.5)_{\text{p.256}}$ に対しても，以下のように不変性が成り立つ．まず，境界上の N 個の近似点 $\{\boldsymbol{x}_i\}_{i=1}^{N} \subset \mathcal{C}$ に対して，連立一次方程式

$$\widehat{G}\widehat{\boldsymbol{Q}} = \widehat{\boldsymbol{\phi}}, \quad \widehat{G} = \begin{pmatrix} 0 & \mathbf{1}^{\text{T}} \\ \mathbf{1} & G \end{pmatrix}, \quad \widehat{\boldsymbol{Q}} = \begin{pmatrix} Q_0 \\ \boldsymbol{Q} \end{pmatrix}, \quad \widehat{\boldsymbol{\phi}} = \begin{pmatrix} 0 \\ \boldsymbol{\phi} \end{pmatrix}$$

$$\Leftrightarrow Q_0 + \frac{1}{2\pi} \sum_{j=1}^{N} Q_j \log |\boldsymbol{x}_i - \boldsymbol{y}_j| = \phi(\boldsymbol{x}_i) \quad (i=1,2,\ldots,N)$$

を解いて，$\widehat{\boldsymbol{Q}} = \widehat{G}^{-1}\widehat{\boldsymbol{\phi}}$ から $\overline{\mathcal{D}}$ 上で近似解 (10.6) が構成される．

次に，境界条件の右辺を ϕ_γ に変えた問題の近似解 P_γ は以下のように構成される．連立一次方程式

$$\widehat{G}\widehat{\boldsymbol{Q}}_\gamma = \widehat{\boldsymbol{\phi}}_\gamma, \quad \widehat{\boldsymbol{Q}}_\gamma = \begin{pmatrix} Q_{\gamma,0} \\ \boldsymbol{Q}_\gamma \end{pmatrix}, \quad \widehat{\boldsymbol{\phi}}_\gamma = \begin{pmatrix} 0 \\ \boldsymbol{\phi}_\gamma \end{pmatrix}$$

$$\Leftrightarrow Q_{\gamma,0} + \frac{1}{2\pi} \sum_{j=1}^{N} Q_{\gamma,j} \log |\boldsymbol{x}_i - \boldsymbol{y}_j| = \phi(\boldsymbol{x}_i) + \gamma \quad (i=1,2,\ldots,N)$$

を解いて，$\widehat{\boldsymbol{Q}}_\gamma = \widehat{G}^{-1}\widehat{\boldsymbol{\phi}}_\gamma$ から $\overline{\mathcal{D}}$ 上で近似解

$$P_\gamma(\boldsymbol{x}) = Q_{\gamma,0} + \frac{1}{2\pi} \sum_{j=1}^{N} Q_{\gamma,j} \log |\boldsymbol{x} - \boldsymbol{y}_j|$$

を得る．このとき，

$$Q_{\gamma,0} = Q_0 + \gamma, \quad Q_{\gamma,j} = Q_j \quad (j=1,2,\ldots,N) \tag{10.8}$$

は解となることが当てはめるとわかる．これより，近似解は原点移動に対しても不変性

$$P_\gamma(\boldsymbol{x}) = Q_{\gamma,0} + \frac{1}{2\pi}\sum_{j=1}^{N} Q_{\gamma,j}\log|\boldsymbol{x}-\boldsymbol{y}_j|$$
$$= Q_0 + \gamma + \frac{1}{2\pi}\sum_{j=1}^{N} Q_j\log|\boldsymbol{x}-\boldsymbol{y}_j|$$
$$= P(\boldsymbol{x}) + \gamma$$

を有することがわかった．

解 (10.8) を発見でなく導出することもできる．実際，

$$\widehat{\boldsymbol{Q}}_\gamma = \widehat{G}^{-1}\widehat{\boldsymbol{\phi}}_\gamma = \widehat{G}^{-1}\widehat{\boldsymbol{\phi}} + \gamma\widehat{G}^{-1}\widehat{\mathbf{1}} = \widehat{\boldsymbol{Q}} + \gamma\widehat{G}^{-1}\widehat{\mathbf{1}}, \quad \widehat{\mathbf{1}} = \begin{pmatrix}0\\1\end{pmatrix}$$

であるが，行列 $\widehat{G}$ の第 1 列は $\widehat{\mathbf{1}}$ で，$\widehat{G}^{-1}\widehat{G}$ の第 1 列は単位行列の第 1 列 $\boldsymbol{e} = (1,0,0,\ldots,0)^\mathrm{T}$ である．よって，$\widehat{G}^{-1}\widehat{\mathbf{1}} = \boldsymbol{e}$ だから，$\widehat{\boldsymbol{Q}}_\gamma = \widehat{\boldsymbol{Q}} + \gamma\boldsymbol{e}$ がわかり，(10.8) を得る．

✔ 注 **10.1** 以上の議論は，スケール変換 (10.3)$_{\mathrm{p.256}}$ を，次のように一般化しても有効である．

$$\widetilde{\boldsymbol{x}} = \alpha M\boldsymbol{x} + \boldsymbol{\beta} \quad (\boldsymbol{\beta} \in \mathbb{R}^2) \tag{10.9}$$

ここで，行列 M は任意の $\boldsymbol{x} \in \mathbb{R}^2$ に対して $|M\boldsymbol{x}| = |\boldsymbol{x}|$ を満たす合同変換とする．また，原点移動 (10.5)$_{\mathrm{p.256}}$ と組み合わせても有効である．この考え方の一部はあるコーシー問題に対してすでに採用されている [117, 118]．

10.3.2　第 2 特異点と重み付き平均条件

論文 [103, 106, 104] において，特異点 $\{\boldsymbol{y}_j\}_{j=1}^N$ の他に第 2 特異点（あるいはダミー点）

$$\{\boldsymbol{z}_j\}_{j=1}^N \subset \mathbb{R}^2 \setminus (\overline{\mathcal{D}} \cup \{\boldsymbol{y}_j\}_{j=1}^N)$$

を加えて，次のようなポテンシャル問題に対する MFS の近似解が提案された．

10.3 不変スキーム

$$P(\boldsymbol{x}) = Q_0 + \sum_{j=1}^{N} Q_j \left(E(\boldsymbol{x} - \boldsymbol{y}_j) - E(\boldsymbol{x} - \boldsymbol{z}_j) \right). \tag{10.10}$$

ここで，$z_1 = \cdots = z_N$ であってもよい．基本解 $E(\boldsymbol{x}) = \dfrac{1}{2\pi} \log |\boldsymbol{x}|$ を用いると，スケール変換 $(10.3)_{\mathrm{p.256}}$（あるいはその一般化 (10.9)）のもとで，

$$\widetilde{P}(\widetilde{\boldsymbol{x}}) = Q_0 + \frac{1}{2\pi} \sum_{j=1}^{N} Q_j \left(\log |\alpha(\boldsymbol{x} - \boldsymbol{y}_j)| - \log |\alpha(\boldsymbol{x} - \boldsymbol{z}_j)| \right)$$

$$= Q_0 + \frac{1}{2\pi} \sum_{j=1}^{N} Q_j \left(\log |\boldsymbol{x} - \boldsymbol{y}_j| - \log |\boldsymbol{x} - \boldsymbol{z}_j| \right) = P(\boldsymbol{x})$$

を得る．すなわち，零平均条件 $(10.7)_{\mathrm{p.258}}$ を使わないでも不変性がいえることがわかる（原点移動 $(10.5)_{\mathrm{p.256}}$ についても同様である）．よって，係数 $\{Q_j\}_{j=0}^{N}$ を決定するための方程式として，零平均条件 (10.7) の代わりに例えば簡単な一次方程式として，次のような重み付き平均条件を使うことができる [106]．

$$\sum_{j=1}^{N} Q_j H_j = 0. \tag{10.11}$$

ここで，重み $\{H_j\}_{j=1}^{N}$ は用途に応じた係数を用いてよいことが特徴である．実際，論文 [103, 104] において，近似解 (10.10) を用いて，1 相ヘレ・ショウ問題（6.3.10 項，10.4 節）の数値スキームが構成され，重み付き平均条件 (10.11) は，ヘレ・ショウ問題の面積保存性に使われた．例えば，1 相内部ヘレ・ショウ問題 $(6.19)_{\mathrm{p.144}}$ の離散化に MFS を用いると，境界の法線速度 $V = -\dfrac{b^2}{12\mu} \nabla p \cdot \boldsymbol{N}$ は，$v_i = -\dfrac{b^2}{12\mu} \nabla P(\bar{\boldsymbol{X}}_i) \cdot \boldsymbol{n}_i$ となる．なお，MFS の近似解 P の導関数 ∇P は近似不要でそのまま微分すればよい（長所5）！ これより，一様配置法を用いて $(7.18)_{\mathrm{p.163}}$ において $\mathrm{err}_A = 0$ とすれば，面積速度 $\dot{A} = \sum_{i=1}^{N} v_i r_i = 0$ の v_i に上式を代入すると重み付き平均条件 (10.11) をそのまま使えば面積保存の離散化が成り立つという仕組みである（詳細は 10.4 節）．

ところで，上の第 2 特異点を用いた新しい MFS の方法は，対数関数の性質を本質的に使っていた．そこで，論文 [105] において，$\triangle$ の基本解が対数関数でない高次元の場合や，その他の問題，例えば，重調和方程式の場合において

も不変性を成立させるために，次のような近似解が提案された．基本解 $E(\boldsymbol{x})$ は $|\boldsymbol{x}|$ の関数であるとしたとき，第2特異点 $\{\boldsymbol{z}_j\}_{j=1}^N$ をスケール因子として考えて，近似解を

$$P(\boldsymbol{x}) = Q_0 + \sum_{j=1}^{N} Q_j E\left(\frac{\boldsymbol{x}-\boldsymbol{y}_j}{|\boldsymbol{z}_j-\boldsymbol{y}_j|}\right)$$

とする．ここで，$\boldsymbol{z}_1 = \cdots = \boldsymbol{z}_N$ であってもかまわない．この考えに基づいて，さまざまな方程式に対する不変性を有するMFSの近似解が構成できる（詳細は[105]）．

10.4 MFSの数値計算例：ヘレ・ショウ問題

6.3.10項において紹介した1相内部ヘレ・ショウ問題 (6.19)$_{\text{p.144}}$ の解 p（圧力関数）は $\mathcal{D}(t)$ で調和であるので，MFSを使って，近似解を

$$P(\boldsymbol{x}) = Q_0 + \sum_{j=1}^{N} Q_j \left(E(\boldsymbol{x}-\boldsymbol{y}_j) - E(\boldsymbol{x}-\boldsymbol{z}_j)\right), \quad E(\boldsymbol{x}) = \frac{1}{2\pi}\log|\boldsymbol{x}| \tag{10.12}$$

とする．流体と空気の気液界面 $\mathcal{C}(t)$ は N 個の頂点をもつジョルダン折れ線 $\Gamma(t)$ で近似され，$\mathcal{C}(t)$ で囲まれた流体領域 $\mathcal{D}(t)$ は $\Gamma(t)$ で囲まれた部分 $\Omega(t)$ で近似される．このとき近似関数 P は $\Omega(t)$ で調和である．(6.19) における $\mathcal{C}$ 上の境界条件 $p = \sigma\kappa$ $(\sigma>0)$ の離散化として，Γ の第 i 辺 $\Gamma_i = [\boldsymbol{X}_{i-1},\boldsymbol{X}_i]$ 上で，

$$P(\bar{\boldsymbol{X}}_i) = \sigma\kappa_i, \quad \bar{\boldsymbol{X}}_i = \frac{\boldsymbol{X}_i + \boldsymbol{X}_{i-1}}{2} \quad (i=1,2,\ldots,N) \tag{10.13}$$

を満たすことを条件とする．最後に，(6.19) における $\mathcal{C}$ の移動法線速度 $V = -\frac{b^2}{12\mu}\nabla p \cdot \boldsymbol{N}$ は，Γ_i 上で，

$$v_i = -\frac{b^2}{12\mu}\nabla P(\bar{\boldsymbol{X}}_i) \cdot \boldsymbol{n}_i \tag{10.14}$$

のように与える $(i=1,2,\ldots,N)$．ここで，

$$\nabla P(\bar{\boldsymbol{X}}_i) = \sum_{j=1}^{N} Q_j \boldsymbol{H}_{i,j}, \quad \boldsymbol{H}_{i,j} = \nabla E(\bar{\boldsymbol{X}}_i - \boldsymbol{y}_j) - \nabla E(\bar{\boldsymbol{X}}_i - \boldsymbol{z}_j)$$

のように近似解 P をそのまま微分して ∇P を求められる点が MFS の特徴であった（長所5）．

$\{Q_i\}_{i=0}^N$ を求めるために，N 個の一次式 (10.13) の他にもう一つ必要な $\{Q_i\}_{i=0}^N$ の式として，10.3.2項の (10.11)$_{\text{p.261}}$ を用いる．すなわち，問 6.13$_{\text{(p.145)}}$ でみたように，1相内部ヘレ・ショウ問題 (6.19) の解は面積を保存する ($\dot{A}(t) = 0$)．したがって，その離散版も面積保存性をもつことが望まれる．$\Gamma(t)$ の接線速度 W_i として（漸近的）一様配置法を採用し，$\Omega(t)$ の面積 $A(t)$ の時間変化 (7.17)$_{\text{p.163}}$ の誤差項 (7.18)$_{\text{p.163}}$ がないとすれば，

$$\dot{A} = -\frac{b^2}{12\mu}\sum_{i=1}^N \nabla P(\bar{\boldsymbol{X}}_i)\cdot \boldsymbol{n}_i r_i = -\frac{b^2}{12\mu}\sum_{i=1}^N \Big(\sum_{j=1}^N Q_j \boldsymbol{H}_{i,j}\Big)\cdot \boldsymbol{n}_i r_i$$

$$= -\frac{b^2}{12\mu}\sum_{j=1}^N Q_j H_j = 0.$$

ここで，

$$H_j = \sum_{i=1}^N \boldsymbol{H}_{i,j}\cdot \boldsymbol{n}_i r_i \quad (j=1,2,\ldots,N)$$

である．こうして重み付き平均条件 (10.11) が構成できた．

以上をまとめると，$\{Q_i\}_{i=0}^N$ を求めるための連立一次方程式は次のようになる．

$$\widehat{G}\widehat{\boldsymbol{Q}} = \widehat{\boldsymbol{\phi}}, \quad \widehat{G} = \begin{pmatrix} 0 & \boldsymbol{H}^{\mathrm{T}} \\ \boldsymbol{1} & G \end{pmatrix}, \quad \widehat{\boldsymbol{Q}} = \begin{pmatrix} Q_0 \\ \boldsymbol{Q} \end{pmatrix}, \quad \widehat{\boldsymbol{\phi}} = \begin{pmatrix} 0 \\ \boldsymbol{\phi} \end{pmatrix} \quad (10.15)$$

$$\Leftrightarrow \begin{cases} Q_0 + \sum_{j=1}^N Q_j G_{i,j} = \sigma\kappa_i \quad (j=1,2,\ldots,N), \\ \sum_{j=1}^N Q_j H_j = 0 \quad (\text{if } \mathrm{err}_A = 0). \end{cases}$$

ここで，

$$\begin{cases} G = (G_{i,j}) \in \mathbb{R}^{N\times N}, \quad G_{i,j} = E(\bar{\boldsymbol{X}}_i - \boldsymbol{y}_j) - E(\bar{\boldsymbol{X}}_i - \boldsymbol{z}_j), \\ \boldsymbol{H} = (H_1, H_2, \ldots, H_N)^{\mathrm{T}} \in \mathbb{R}^N, \\ \boldsymbol{Q} = (Q_1, Q_2, \ldots, Q_N)^{\mathrm{T}} \in \mathbb{R}^N, \\ \boldsymbol{\phi} = (\sigma\kappa_1, \sigma\kappa_2, \ldots, \sigma\kappa_N)^{\mathrm{T}} \in \mathbb{R}^N. \end{cases}$$

10.4.1 スキーム

頂点数を N とし,必要な諸量を以下の順に $i = 1, 2, \ldots, N$ について計算していく.MFS 関連の部分以外の諸量の算出は,8.5 節のスキームと同じなので省略した.

START 初期ジョルダン折れ線 $\Gamma(0) : \{\boldsymbol{X}_i(0)\}$
Step 1 辺 $\{r_i\}$ と接線ベクトル $\{\boldsymbol{t}_i\}$
Step 2 外角 $\{\phi_i\}$,「接線」ベクトル $\{\boldsymbol{T}_i\}$,「法線」ベクトル $\{\boldsymbol{N}_i\}$
Step 3 周長 L,「曲率」$\{\kappa_i\}$,面積 A
- 面積を計算しなくても時間発展計算はできるが,面積保存の確認のために算出する.

Step 4 特異点 $\{\boldsymbol{y}_j\}_{j=1}^N$,第 2 特異点 $\{\boldsymbol{z}_j\}_{j=1}^N$,MFS 近似解の係数 $\{Q_i\}_{i=0}^N$
- $\boldsymbol{y}_j = \bar{\boldsymbol{X}}_j + d\boldsymbol{n}_j\ (d > 0;\ j = 1, 2, \ldots, N)$ を決める.
- $\boldsymbol{z}_j\ (j = 1, 2, \ldots, N)$ を決める.
- 連立一次方程式 (10.15) を解く.

Step 5 代表法線速度 $\{v_i\}$,法線速度 $\{V_i\}$
- (10.14) から $\{v_i\}$ を算出する.

Step 6 周長の時間微分 $\dot{L}$,漸近的一様配置法による接線速度 $\{W_i\}$
GOAL 時間発展方程式 $\dot{\boldsymbol{X}}_i(t) = V_i\boldsymbol{N}_i + W_i\boldsymbol{T}_i$ をルンゲ‐クッタ法で解く.
- 時間刻み $\tau > 0$ を決める.

図 10.2 は,上のスキームに沿った MFS の数値計算である [103, 104].パラメータは,

$$N = 100,\ \sigma = 1,\ b^2 = 12\mu,\ \tau = 0.1N^{-2},\ d = N^{-1/2},\ \omega = 10N,$$
$$\boldsymbol{z}_j = 1000\boldsymbol{y}_j \quad (j = 1, 2, \ldots, N)$$

とした.流体近似領域 $\Omega(t)$ の各点における近似圧力関数 P の値はすぐにわかるので,各時刻における圧力分布の等圧線を描くことは容易である.時間経過とともに内部圧力が定数になっていき,等圧線が消えていく様子が観察される.

10.5　隙間 b が時間に依存する $b = b(t)$ の場合の数値計算例

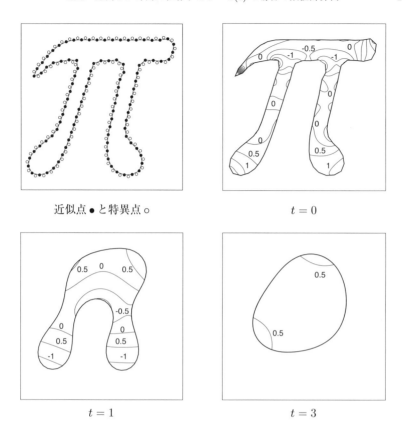

図 10.2　初期ジョルダン曲線のデータは，インターネットサイト WolframAlpha (https://www.wolframalpha.com/) の pi curve から入手．

10.5　隙間 b が時間に依存する $b = b(t)$ の場合の数値計算例

ヘレ・ショウセルにおいて，2 枚の平行板の下の板を固定し，上の板を鉛直方向に垂直方向に動かすと境界（気液界面）が不安定化し，アメーバのような形状に変形する面白い現象がみられる [138, 図 12.6]．平行板間の距離を $b(t)$ とすると，上の板を動かす速度は $\dot{b}(t)$ となる（図 10.3）．

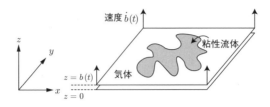

図 10.3 ヘレ・ショウセルの隙間を変化させる

1相内部ヘレ・ショウ問題 $(6.19)_{\text{p.144}}$ と同様の方法で導出すると，以下の時間依存した隙間をもつ1相内部ヘレ・ショウ問題を得る（詳しくは，[109], [137, 6.1.1項], [138, 12.2節（図 12.6）] を参照）．

$$\begin{cases} \triangle p = 12\mu \dfrac{\dot{b}(t)}{b(t)^3} & \text{in } \mathcal{D}(t), \\ p = \sigma\kappa & \text{on } \mathcal{C}(t), \\ V = -\dfrac{b(t)^2}{12\mu}\nabla p \cdot \boldsymbol{N} & \text{on } \mathcal{C}(t). \end{cases} \tag{10.16}$$

平行板の隙間が固定されている場合，$\dot{b}(t) = 0$ であるので，この問題は1相内部ヘレ・ショウ問題 (6.19) に他ならない．1相内部ヘレ・ショウ問題の解は，周長減少，面積保存，重心不動の三つを満たした（問 $6.13_{\text{(p.145)}}$）．隙間が時間に依存する場合はどうだろうか．

[問 **10.1**] 流体の体積を $\mathcal{V}(t) = \mathcal{A}(t)b(t)$ とおく．ヘレ・ショウ問題 (10.16) の解は，体積保存（$\dot{\mathcal{V}}(t) = 0$），重心不動（$\dot{\boldsymbol{\mathcal{G}}}(t) = \boldsymbol{0}$）の二つを満たすことを示せ．また，周長減少（$\dot{\mathcal{L}}(t) \le 0$）は成り立つか検討せよ．

無次元化

ヘレ・ショウ問題 (10.16) を無次元化する．空間変数 $\boldsymbol{x}$ や $\boldsymbol{X}$，時間変数 t，および圧力 p を，それぞれ特徴的なレート $l_0 > 0$, $t_0 > 0$, $p_0 > 0$ によって，

$$\tilde{\boldsymbol{x}} = \frac{\boldsymbol{x}}{l_0}, \quad \tilde{\boldsymbol{X}}(u,\tilde{t}) = \frac{\boldsymbol{X}(u,t)}{l_0}, \quad \tilde{t} = \frac{t}{t_0}, \quad \tilde{p}(\tilde{\boldsymbol{x}},\tilde{t}) = \frac{p(\boldsymbol{x},t)}{p_0}$$

のようにスケール変換（無次元化）する．それに伴い (10.16) に現れる各関数や定数は以下のように無次元化される．

10.5　隙間 b が時間に依存する $b = b(t)$ の場合の数値計算例　　　267

$$\tilde{\mu} = \frac{\mu}{\mu_0}, \quad \tilde{\sigma} = \frac{\sigma}{\sigma_0}, \quad \tilde{\kappa} = l_0 \kappa, \quad \tilde{V} = \frac{t_0}{l_0} V, \quad \tilde{b}(\tilde{t}) = \frac{b(t)}{l_0}, \quad \tilde{b}'(\tilde{t}) = \frac{t_0}{l_0} \dot{b}(t).$$

ここで，圧力と表面張力係数の単位はそれぞれ p [N/m^2], σ [N/m] なので，$\sigma_0 = p_0 l_0$ である．

変換後のラプラシアンと勾配をそれぞれ $\tilde{\triangle} = \frac{\partial^2}{\partial \tilde{x}^2} + \frac{\partial^2}{\partial \tilde{y}^2}$, $\tilde{\nabla} = (\partial/\partial \tilde{x}, \partial/\partial \tilde{y})^{\mathrm{T}}$ とおくと，(10.16) の各式は以下のようになる．

$$\tilde{\triangle}\tilde{p} = \frac{l_0^2}{p_0} \triangle p = \frac{l_0^2}{p_0}\left(12\mu \frac{\dot{b}(t)}{b(t)^3}\right) = \frac{l_0^2}{p_0}\left(12\mu \frac{l_0 \tilde{b}'(\tilde{t})/t_0}{l_0^3 \tilde{b}(\tilde{t})^3}\right) = \frac{12\mu}{p_0 t_0} \frac{\tilde{b}'(\tilde{t})}{\tilde{b}(\tilde{t})^3},$$

$$\tilde{p} = \frac{p}{p_0} = \frac{\sigma\kappa}{p_0} = \frac{\sigma_0}{p_0 l_0} \tilde{\sigma}\tilde{\kappa} = \tilde{\sigma}\tilde{\kappa}, \quad \tilde{\nabla}\tilde{p} = \frac{l_0}{p_0} \nabla p,$$

$$\tilde{V} = \frac{t_0}{l_0} V = -\frac{t_0}{l_0} \frac{b(t)^2}{12\mu} \nabla p \cdot \boldsymbol{N} = -\frac{p_0 t_0}{12\mu} \tilde{b}(\tilde{t})^2 \tilde{\nabla}\tilde{p} \cdot \boldsymbol{N}.$$

例えば，$p_0 t_0 = 12\mu$ となるようにすれば，˜ を省略して，(10.16) は以下の無次元化されたヘレ・ショウ問題に変換される．

$$\begin{cases} \triangle p = \dfrac{\dot{b}(t)}{b(t)^3} & \text{in } \mathcal{D}(t), \\ p = \sigma\kappa & \text{on } \mathcal{C}(t), \\ V = -b(t)^2 \nabla p \cdot \boldsymbol{N} & \text{on } \mathcal{C}(t). \end{cases} \tag{10.17}$$

ヘレ・ショウ問題 (10.17) におけるポアソン方程式 $\triangle p = \dfrac{\dot{b}(t)}{b(t)^3}$ の特解はすぐに見つかり，例えば，

$$p_* = \frac{\dot{b}(t)}{4b(t)^3} |\boldsymbol{x}|^2$$

は一つの例である．したがって，$\hat{p} = p - p_*$ とおけば $\triangle \hat{p} = 0$ を満たす．また，$\mathcal{C}$ 上では，$\hat{p} = \sigma\kappa - \dfrac{\dot{b}(t)}{4b(t)^3} |\boldsymbol{X}|^2$ となり，$\nabla p = \nabla \hat{p} + \nabla p_* = \nabla \hat{p} + \dfrac{\dot{b}(t)}{2b(t)^3} \boldsymbol{X}$ であることから，$\hat{p}$ を改めて p と表せば次のようになる．

$$\begin{cases} \triangle p = 0 & \text{in } \mathcal{D}(t), \\ p = \sigma\kappa - \dfrac{\dot{b}(t)}{4b(t)^3}|\boldsymbol{X}|^2 & \text{on } \mathcal{C}(t), \\ V = -b(t)^2 \nabla p \cdot \boldsymbol{N} - \dfrac{\dot{b}(t)}{2b(t)}\boldsymbol{X}\cdot\boldsymbol{N} & \text{on } \mathcal{C}(t). \end{cases} \quad (10.18)$$

この形になれば,MFS の近似解 $(10.12)_{\text{p.262}}$ を適用することができる.実際,境界条件を $(10.13)_{\text{p.262}}$ の代わりに,

$$P(\bar{\boldsymbol{X}}_i) = \sigma\kappa_i - \frac{\dot{b}(t)}{4b(t)^3}|\bar{\boldsymbol{X}}_i|^2 \quad (i=1,2,\dots,N)$$

とし,代表法線速度を $(10.14)_{\text{p.262}}$ の代わりに,

$$v_i = -\frac{b(t)^2}{12\mu}\nabla P(\bar{\boldsymbol{X}}_i)\cdot\boldsymbol{n}_i - \frac{\dot{b}(t)}{2b(t)}\bar{\boldsymbol{X}}_i\cdot\boldsymbol{n}_i \quad (i=1,2,\dots,N)$$

とするだけである.後の手順は 10.4.1 項のスキームと同じである.

数値計算例

$u \in [0,1]$ に対して初期曲線を

$$\boldsymbol{x}(u,0) = R(u)(\cos(2\pi u), \sin(2\pi u))^{\text{T}},$$
$$6R(u) = 1 + 0.02(\cos(6\pi u) + \sin(14\pi u) + \cos(30\pi u) + \sin(50\pi u))$$

とする(図 10.4).

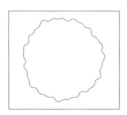

図 **10.4** 初期曲線

図 10.5 は,MFS による数値計算例である.平行板間の距離を $b(t) = e^t$ とし,パラメータは,

$$N = 300,\ \sigma = 2 \times 10^{-4}, \tau = 0.1 N^{-2},\ d = N^{-1/2},\ \omega = 10N,$$
$$\boldsymbol{z}_j = 1000(\cos(2\pi j/N),\ \sin(2\pi j/N))^{\mathrm{T}}\quad (j=1,2,\ldots,N)$$

とした.

Shelley, Tian and Wlodarski [109] による最初の数値計算（図 10.6）と，BEM と CAM による数値計算（図 10.7）を以下に掲載する．MFS の数値計算は既存の計算結果とほとんど変わらないことがわかる．（各図で時間ステップが異なるため，図中の各時刻 t は完全に一致しているわけではない．）

図 10.5 MFS による数値計算（榊原航也氏（京都大学／理化学研究所）による）

図 10.6 Shelley, Tian and Wlodarski による最初の数値計算（[109, Figure 2] から引用）

図 10.7 BEM と CAM による数値計算（[136, Fig. 3]，[137, 図 6.7] から引用）

問の解答例

第0章

問 0.1 $111 = (1.101111)_2 \times 2^6 = (\underline{1.101}\check{1}11)_2 \times 2^6$ より,以下を得る.

$111' = (1.110)_2 \times 2^6 = 2^6 + 2^5 + 2^4 = 112,$

$111'' = (1.101)_2 \times 2^6 = 2^6 + 2^5 + 2^3 = 104.$

問 0.2 $0.2 = 0.1 \times 2$ であるから,$0.1 = (1.1001\ 1001\ \cdots)_2 \times 2^{-4}$ より,

$0.2 = (1.1001\ 1001\ 1001\ \cdots)_2 \times 2^{-3}.$

0.3 は表を作って求めてもよいが,指数を揃えて $0.3 = 0.1 + 0.2$ から算出してもよい.

$$\begin{aligned}
0.3 =\ & (1.1001\ 1001\ 1001\ \cdots)_2 \times 2^{-4} \\
& + (1.1001\ 1001\ 1001\ \cdots)_2 \times 2^{-3} \\
=\ & (1.1001\ 1001\ 1001\ \cdots)_2 \times 2^{-4} \\
& + (11.0011\ 0011\ 0011\ \cdots)_2 \times 2^{-4} \\
=\ & (100.1100\ 1100\ 1100\ \cdots)_2 \times 2^{-4} \\
=\ & (1.0011\ 0011\ 0011\ \cdots)_2 \times 2^{-2}.
\end{aligned}$$

問 0.3 倍精度表記では,$E = (011\ 1111\ 1011)_2 = 2^9 + 2^8 + 2^7 + 2^6 + 2^5 + 2^4 + 2^3 + 2^1 + 2^0 = 1019$ より,$e = E - 1023 = -4$ で,$(d_{49}d_{50}d_{51}d_{52})_2 = (\check{1}\check{0}\check{1}\check{0})_2$ だから,

$$\overline{0.1} = (1.\underbrace{1001\ 1001\ \cdots\ 1001}_{d_1 d_2 \cdots d_{48}} \breve{1}\breve{0}\breve{1}\breve{0})_2 \times 2^{-4}$$

$$= (1.\underbrace{1001\ 1001\ \cdots\ 1001\ 1001}_{d_1 d_2 \cdots d_{52}} 1111\ 1111\ \cdots)_2 \times 2^{-4}$$

$$> (1.1001\ 1001\ \cdots\ 1001\ 1001\ 1001\ 1001\ \cdots)_2 \times 2^{-4}$$

$$= 0.1$$

となって，0.1 よりも大きい．その差を D とおくと，D の上からの評価は

$$D = (0.\underbrace{0000\ 0000\ \cdots\ 0000\ 0000}_{d_1 d_2 \cdots d_{52}} 0110\ 0110\ \cdots)_2 \times 2^{-4}$$

$$< (0.0000\ 0000\ \cdots\ 0000\ 0000\ 0111\ 1111\ \cdots)_2 \times 2^{-4}$$

$$= (0.0000\ 0000\ \cdots\ 0000\ 0000\ 1)_2 \times 2^{-4}$$

$$= 2^{-57}$$

となり，下からの評価は

$$D = (0.\underbrace{0000\ 0000\ \cdots\ 0000\ 0000}_{d_1 d_2 \cdots d_{52}} 0110\ 0110\ \cdots)_2 \times 2^{-4}$$

$$> (0.0000\ 0000\ \cdots\ 0000\ 0000\ 01)_2 \times 2^{-4}$$

$$= 2^{-58}$$

となる．よって，$D \in (2^{-58}, 2^{-57})$ がわかる．

10進法で評価すると，$2^{10} = 1024 > 1000 = 10^3$ より，$2 > 10^{0.3}$ から $\log_{10} 2 > 0.3$ がわかるので，$\log_{10} 2^{-57} = -57 \log_{10} 2 < -57 \times 0.3 = -17.1 < -17$ となって，$2^{-57} < 10^{-17}$ がわかる．一方，

$$2^{100} = 1024^{10} = 1.024^{10} \times 10^{30}$$

$$< 1.1^{10} \times 10^{30} = \left(1 + \frac{1}{10}\right)^{10} \times 10^{30} < 3 \times 10^{30} < 10^{31}$$

より，$2 < 10^{0.31}$ から $\log_{10} 2 > 0.31$ がわかる．ここで，数列 $\left(1 + \frac{1}{n}\right)^n$ $(n = 1, 2, \ldots)$ は，単調増加で3よりも小さいことを使った．こうして，

$$\log_{10} 2^{-58} = -58 \log_{10} 2 > -58 \times 0.31 = -17.98 > -18$$

となって，$2^{-58} > 10^{-18}$ がわかる．

以上より，$D \in (2^{-58}, 2^{-57}) \subset (10^{-18}, 10^{-17})$ を得る．

問 **0.4** 筆者は今のところ作っていない．

問 **0.5** $(x+y)+z = 0.579 + 0.789 \ (= \underline{1.36}\breve{8}) = 1.37$ である．
一方，$y+z \ (= \underline{1.24}\breve{5}) = 1.25$ となるので，
$x+(y+z) = 0.123 + 1.25 \ (= \underline{1.37}\breve{3}) = 1.38$ である．

第1章

問 **1.1** **方法1** 数学的帰納法を用いる．$n=1$ のとき，$1+x \leq e^x$ は正しい．$n=k$ のとき，$(1+x)^k \leq e^{kx}$ が成立しているとする．このとき，

$$(1+x)^{k+1} \leq e^{kx}(1+x) \leq e^{kx}e^x = e^{(k+1)x}$$

より，$n=k+1$ のときも成立する．

方法2 二項定理を用いる．$m \geq n$ とする．このとき，

$$(1+x)^n = \sum_{k=0}^{n} \frac{n!}{(n-k)!k!} x^k = \sum_{k=0}^{n} \frac{1}{k!} n(n-1)\cdots(n-k+1) x^k$$
$$< \sum_{k=0}^{n} \frac{1}{k!} n^k x^k \leq \sum_{k=0}^{m} \frac{1}{k!} (nx)^k \leq \sum_{k=0}^{\infty} \frac{1}{k!} n^k x^k = e^{nx}.$$

方法3 関数の単調性を用いる．$f(x) = e^{nx} - (1+x)^n$ とおくと，$f(0) = 0$ である．よって，$x \geq 0$ に対して $f'(x) \geq 0$ が示せればよい．

$$f'(x) = ne^{nx} - n(1+x)^{n-1} \quad (f'(0) = 0),$$
$$f^{(k)}(x) = n^k e^{nx} - \frac{n!}{(n-k)!} (1+x)^{n-k},$$
$$f^{(k)}(0) = n^k - \frac{n!}{(n-k)!} = n^k - \underbrace{n(n-1)\cdots(n-k+1)}_{k \text{ 個}} > 0,$$

$$(k = 2, 3, \ldots, n)$$

$$f^{(n+1)}(x) = n^{n+1} e^{nx} > 0.$$

よって，任意の $x \geq 0$ に対して，以下のように順次単調性が定まる．

$f^{(n+1)}(x) > 0 \Rightarrow f^{(n)}(x)$ は単調増加で $f^{(n)}(0) > 0$

$\Rightarrow f^{(n)}(x) > 0 \Rightarrow f^{(n-1)}(x)$ は単調増加で $f^{(n-1)}(0) > 0$

$\Rightarrow f^{(n-1)}(x) > 0 \Rightarrow f^{(n-2)}(x)$ は単調増加で $f^{(n-2)}(0) > 0$

$\cdots$

$\Rightarrow f'(x) > 0 \Rightarrow f(x)$ は単調増加で $f(0) = 0$.

これより,$f(x) \geq 0$ がわかる.

問 1.2

$k_1 = f(t_n, x_n),$

$k_2 = f\left(t_n + \dfrac{h}{3}, x_n + \dfrac{h}{3}k_1\right),$

$k_3 = f\left(t_n + \dfrac{2h}{3}, x_n - \dfrac{h}{3}k_1 + hk_2\right),$

$k_4 = f(t_n + h, x_n + hk_1 - hk_2 + hk_3),$

$x_{n+1} = x_n + \dfrac{h}{8}(k_1 + 3k_2 + 3k_3 + k_4).$

問 1.3

まず,後退オイラー法による差分方程式は $x_{n+1} = (1-h)^{-1}x_n$ であるので,$h = \dfrac{T}{N} < 1$ である必要がある.よって,$N \geq [T] + 1 > T$ であればよい.ここで $[T]$ は T を超えない最大の整数(ガウス記号)である.これより $C_T = \dfrac{T}{[T]+1}$ とおくと $h \leq C_T < 1$ である.

次に,誤差を $\epsilon_n = x(t_n) - x_n$ $(n = 0, 1, \ldots, N)$ とおくと,$x(t_{n+1}) = e^h x(t_n)$ より,

$\epsilon_{n+1} = x(t_{n+1}) - x_{n+1}$

$\quad = (1-h)^{-1}x(t_n) + (e^h - (1-h)^{-1})x(t_n) - (1-h)^{-1}x_n$

$\quad = (1-h)^{-1}\epsilon_n + (1-h)^{-1}((1-h)e^h - 1)e^{t_n}$

となる.ここで,$f(h) = (1-h)e^h$ とおくと,平均値の定理より,

$(1-h)e^h - 1 = f(h) - f(0) = f'(\lambda h)h,$

$f'(h) = -he^h < 0 \quad (h > 0)$

を満たす $\lambda \in (0,1)$ が存在する．これより，

$$|\epsilon_{n+1}| \leq (1-h)^{-1}|\epsilon_n| + (1-h)^{-1}\lambda e^{\lambda h}e^{t_n}h^2$$
$$\leq (1-h)^{-1}|\epsilon_n| + (1-h)^{-1}e^{t_{n+1}}h^2$$

となる．よって，$\epsilon_0 = 0$ を用いて，

$$|\epsilon_n| \leq (1-h)^{-1}|\epsilon_{n-1}| + (1-h)^{-1}e^{t_n}h^2$$
$$\leq (1-h)^{-n}|\epsilon_0|$$
$$+ \left(1 + (1-h)^{-1} + (1-h)^{-2} + \cdots + (1-h)^{-(n-1)}\right)(1-h)^{-1}e^{t_n}h^2$$
$$= \frac{(1-h)^{-n} - 1}{(1-h)^{-1} - 1}(1-h)^{-1}e^{t_n}h^2$$
$$= \left((1-h)^{-n} - 1\right)e^{t_n}h$$

を得る．ここで，

$$(1-h)^{-n} - 1 = \left(\frac{1}{1-h}\right)^n - 1$$
$$= \left(\frac{1-h+h}{1-h}\right)^n - 1$$
$$= \left(1 + \frac{h}{1-h}\right)^n - 1$$
$$\leq \exp\left(\frac{nh}{1-h}\right) - 1$$
$$\leq \exp\left(\frac{T}{1-C_T}\right) - 1 = C_1 \quad (C_1 > 0)$$

より，

$$|\epsilon_n| \leq C_1 e^{t_n} h$$
$$\leq Ch \quad (C = C_1 e^T)$$

を得る．

問 1.4 $a_n, b_n (n = 1, 2, \ldots, N)$ に対するヘルダーの不等式

$$\sum_{n=1}^{N} a_n b_n \leq \left(\sum_{n=1}^{N} a_n^r\right)^{1/r} \left(\sum_{n=1}^{N} b_n^s\right)^{1/s}, \quad \frac{1}{r} + \frac{1}{s} = 1, \quad r, s > 1$$

において，$u_n = a_n^r$, $v_n = b_n^s$ とおくと $(n = 1, 2, \ldots, N)$,

$$\sum_{n=1}^{N} u_n^{1/r} v_n^{1/s} \le \left(\sum_{n=1}^{N} u_n\right)^{1/r} \left(\sum_{n=1}^{N} v_n\right)^{1/s}, \quad \frac{1}{r} + \frac{1}{s} = 1, \quad r, s > 1.$$

ここで，$\lambda = \dfrac{1}{r}$ とおくと，$\lambda \in (0, 1)$ で，$\dfrac{1}{s} = 1 - \lambda$ だから，

$$\sum_{n=1}^{N} u_n^\lambda v_n^{1-\lambda} \le \left(\sum_{n=1}^{N} u_n\right)^\lambda \left(\sum_{n=1}^{N} v_n\right)^{1-\lambda}, \quad \lambda \in (0, 1)$$

となる．ここで，$0 < p < q$ に対して $\lambda = \dfrac{p}{q} \in (0, 1)$ とおき，$v_n = \dfrac{1}{N}$ とすると $(n = 1, 2, \ldots, N)$,

$$\frac{N^{p/q}}{N} \sum_{n=1}^{N} u_n^{p/q} \le \left(\sum_{n=1}^{N} u_n\right)^{p/q}.$$

これより，$u_n = |\epsilon_n(h)|^q$ とおき $(n = 1, 2, \ldots, N)$, 両辺を $1/p$ 乗すれば，$E_p(h) \le E_q(h)$ を得る．

次に，$a_n = |\epsilon_n(h)|$ とおき $(n = 1, 2, \ldots, N)$, $p > 0$ とする．$a_k = \max\limits_{n=1,2,\ldots,N} a_n$ のとき，

$$E_p(h) = \left(\frac{1}{N} \sum_{n=1}^{N} a_n^p\right)^{1/p} \le a_k = E_\infty(h)$$

である．一方，$a_n \ge 0$ より $(n = 1, 2, \ldots, N)$,

$$\frac{1}{N} a_k^p \le \frac{1}{N} \sum_{n=1}^{N} a_n^p$$

であるから，辺々を $1/p$ 乗して，

$$\frac{1}{N^{1/p}} a_k \le \left(\frac{1}{N} \sum_{n=1}^{N} a_n^p\right)^{1/p} \le a_k$$

を得る．ここで，$p \to \infty$ とすれば，$\lim\limits_{p \to \infty} E_p(h) = E_\infty(h)$ を得る．

問 1.5 $x_0 < 0$ のとき，厳密解 (1.10) の分母が零となる時刻

$$T = \frac{1}{\alpha} \log\left(1 + \frac{1}{|x_0|}\right)$$

が存在し，任意の $t \in (0, T)$ について $x(t) < 0$ であり，単調に減少しながら $t \to T-0$ で負の無限大に発散する．図 A.1 は $x_0 = -0.1$, $\alpha = 4$ としたときの厳密解のグラフの概形である．

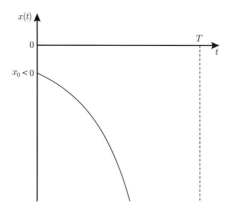

図 **A.1** 負の初期値のロジスティック曲線

問 1.6 (1) 表 A.1 は，パラメータ $x_0 = 0.4$, $T = 2$, $\alpha = 4$ のもとで，厳密解 $(1.10)_{\text{p.31}}$ と近似解 $(1.13)_{\text{p.36}}$ を直接比較した誤差 $\epsilon_n(h) = x(t_n) - x_n$ から算出した各 EOC である．ロジスティック方程式を変形して簡単にしても，オイラー法を用いれば収束次数 1 を示唆する数値結果を得る．

表 **A.1** 厳密解 $(1.10)_{\text{p.31}}$ と近似解 $(1.13)_{\text{p.36}}$ を直接比較

N	h	$E_2(h)$	$\text{EOC}_2(h)$	$E_\infty(h)$	$\text{EOC}_\infty(h)$
10	0.20000	0.08719		0.17585	
20	0.10000	0.03466	1.33084	0.06969	1.33530
⋮	⋮	⋮	⋮	⋮	⋮
2560	0.00078	0.00024	1.00132	0.00045	1.00188
5120	0.00039	0.00012	1.00066	0.00022	1.00094

(2) $(1.15)_{\text{p.37}}$ を x_{n+1} について解くと，

$$x_{n+1} = \frac{-(1-\alpha h) + \sqrt{(1-\alpha h)^2 + 4\alpha h x_n}}{2\alpha h}$$

となる．表 A.2 は，パラメータ $x_0 = 0.4$, $T = 2$, $\alpha = 4$ のもとで，この漸化式から

得られる近似解と厳密解 $(1.10)_{\text{p.31}}$ を比較した誤差 $\epsilon_n(h) = x(t_n) - x_n$ から算出した各 EOC である．後退オイラー法を用いて x_{n+1} の項を増やしても収束次数 1 を示唆する数値結果を得る．

表 A.2　厳密解 $(1.10)_{\text{p.31}}$ と後退オイラー法による近似解を比較

N	h	$E_2(h)$	$\text{EOC}_2(h)$	$E_\infty(h)$	$\text{EOC}_\infty(h)$
10	0.20000	0.01849		0.03212	
20	0.10000	0.00930	0.99194	0.01670	0.94392
⋮	⋮	⋮	⋮	⋮	⋮
2560	0.00078	0.00007	0.99983	0.00014	0.99939
5120	0.00039	0.00004	0.99991	0.00007	0.99969

問 1.7　与えられた差分方程式の両辺を $x_n x_{n+1}$ で割ると，

$$\frac{1}{x_n} = \frac{1}{x_{n+1}} + \alpha\left(\frac{1}{x_{n+1}} - 1\right)h \tag{A.1}$$

となる．ここで，$z_n = 1/x_n$ とおくと，

$$\frac{z_{n+1} - z_n}{h} = \alpha(1 - z_{n+1})$$

と変形できるが，これは，$z(t) = 1/x(t)$ とおいて，ロジスティック方程式 $(1.9)_{\text{p.31}}$ を変形した微分方程式

$$\dot{z}(t) = \alpha(1 - z(t))$$

の後退オイラー法に他ならない．

(A.1) を変形すると，

$$\frac{1}{x_{n+1}} = \frac{1}{1 + \alpha h}\left(\frac{1}{x_n} + \alpha h\right)$$

となるが，もう少し変形すると，

$$\frac{1}{x_{n+1}} - 1 = \frac{1}{1 + \alpha h}\left(\frac{1}{x_n} - 1\right)$$

を得る．これは等比数列であるから，解くことができて，近似解

$$x_n = \frac{(1 + \alpha h)^n x_0}{1 + ((1 + \alpha h)^n - 1)x_0} \tag{A.2}$$

問の解答例　　279

を得る．極限値は，

$$\lim_{n\to\infty} x_n = \lim_{n\to\infty} \frac{x_0}{(1+\alpha h)^{-n} + (1-(1+\alpha h)^{-n})x_0} = 1$$

である．これは，厳密解 $x(t)$ の極限値 $\lim_{t\to\infty} x(t) = 1$ と同じである．

表 A.3 は，パラメータ $x_0 = 0.4$, $T = 2$, $\alpha = 4$ のもとで，厳密解 $(1.10)_{\text{p.31}}$ と近似解 (A.2) を直接比較した誤差 $\epsilon_n(h) = x(t_n) - x_n$ から算出した各 EOC である．ロジスティック方程式を変形して簡単にしても，後退オイラー法を用いれば収束次数 1 を示唆する数値結果を得る．

表 A.3 厳密解 $(1.10)_{\text{p.31}}$ と近似解 $(\text{A.2})_{\text{p.278}}$ を直接比較

N	h	$E_2(h)$	$\text{EOC}_2(h)$	$E_\infty(h)$	$\text{EOC}_\infty(h)$
10	0.20000	0.05009		0.08480	
20	0.10000	0.02724	0.87895	0.04933	0.78161
⋮	⋮	⋮	⋮	⋮	⋮
2560	0.00078	0.00024	0.99869	0.00045	0.99813
5120	0.00039	0.00012	0.99934	0.00022	0.99906

問 1.8 差分方程式系 $(1.21)_{\text{p.42}}$ は微分方程式系 $(1.17)_{\text{p.39}}$ のある種のオイラー法による離散化とみなせるが，見かけ上はシンプレクティック・オイラー法となっていない．しかし，(1.17) において，θ と ω を入れ替えて，$-H$ を H と置き換えたハミルトニアンを考えると可分なハミルトン系が得られ，(1.21) はそのシンプレクティック・オイラー法となっていることがわかる．（だから，気が利いている．）

実際，$x(t) = \omega(t)$, $y(t) = \theta(t)$, $x_* = \omega_*$ のように変数変換すると，

$$\begin{cases} \dot{x} = -x_*^2 \sin y, \\ \dot{y} = x \end{cases} \tag{A.3}$$

となり，ハミルトニアンを $E(x,y) = -H(\theta,\omega)$ とし，$T(y) = x_*^2 \cos y$, $U(x) = -x^2/2$ とおくと，$E(x,y) = T(y) + U(x)$ となって，(A.3) は可分なハミルトン系となる．

第 2 章

問 2.1 $\Delta x = 2/n$, $x_k = -1 + 2k/n$ より,

$$S^{(n)}_{\text{左端点則}} = \frac{2}{n}\sum_{k=1}^{n}\left(-1 + \frac{2(k-1)}{n}\right) = -\frac{2}{n}, \quad S^{(n)}_{\text{右端点則}} = \frac{2}{n}\sum_{k=1}^{n}\left(-1 + \frac{2k}{n}\right) = \frac{2}{n}$$

であるから, $n \to \infty$ のとき, どちらも真の値 $\int_{-1}^{1} x\, dx = 0$ に収束する.

問 2.2 $\Delta x = 1/n$, $x_k = k/n$ より,

$$S^{(n)}_{\text{左端点則}} = \frac{1}{n}\sum_{k=1}^{n}\left(\frac{k-1}{n}\right)^2 = \frac{1}{3} - \frac{1}{2n} + \frac{1}{6n^2},$$

$$S^{(n)}_{\text{右端点則}} = \frac{1}{n}\sum_{k=1}^{n}\left(\frac{k}{n}\right)^2 = \frac{1}{3} + \frac{1}{2n} + \frac{1}{6n^2}$$

であるから, $n \to \infty$ のとき, どちらも真の値 $\int_0^1 x^2\, dx = \frac{1}{3}$ に収束する.

問 2.3 概念図 (図 A.2) より, 直観的に $(2.2)_{\text{p.54}}$ が成り立つことは納得できる.

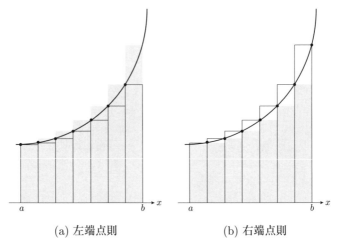

(a) 左端点則   (b) 右端点則

図 **A.2** 左 (右) 端点則における灰色長方形は右 (左) 端点則である.

実際, $\Delta x = \dfrac{b-a}{n}$, $x_k = a + k\Delta x$ $(k = 0, 1, 2, \ldots, n)$ として, f の単調増加性から,

$$\int_a^b f(x)\,dx = \sum_{k=1}^{n} \int_{x_{k-1}}^{x_k} f(x)\,dx$$
$$\geq \sum_{k=1}^{n} f(x_{k-1}) \int_{x_{k-1}}^{x_k} dx$$
$$= \sum_{k=1}^{n} f(x_{k-1}) \Delta x = S_{\text{左端点則}}^{(n)}$$

である.同様に,(2.2) の右の不等式も示される.

また,関数 $f(x)$ が単調減少ならば,関数 $-f(x)$ は単調増加で,不等式 (2.2) が $-f(x)$ に対して成り立つ.よって,不等号の向きが逆の不等式が成立する.

問 2.4 例えば,次のような gnuplot のスクリプトを書けばよい.

```
f(x) = x # on [0, 1]
Sleft(n) = ( 1.0 / n ) * sum[k = 1 : n] f( ( k - 1.0 ) / n )
Sright(n) = ( 1.0 / n ) * sum[k = 1 : n] f( 1.0 * k / n )

print Sleft(10000), Sright(10000)

f(x) = x # on [-1, 1]
Sleft(n) = ( 1.0 / n ) * sum[k = 1 : n] f( -1 + 2.0 * ( k - 1 ) /
    n )
Sright(n) = ( 1.0 / n ) * sum[k = 1 : n] f( -1 + 2.0 * k / n )

print Sleft(10000), Sright(10000)

f(x) = x**2 # on [0, 1]
Sleft(n) = ( 1.0 / n ) * sum[k = 1 : n] f( ( k - 1.0 ) / n )
Sright(n) = ( 1.0 / n ) * sum[k = 1 : n] f( 1.0 * k / n )

print Sleft(10000), Sright(10000)
```

実行結果は,以下のようになるだろう.

```
0.499949999999999  0.500049999999999
-0.000100000000000003  9.99999999999915e-05
0.333283334999998  0.333383334999998
```

例 2.1 (p.51), 問 2.1 (p.51), および問 2.2 (p.51) でみたように，いずれも数値積分と真の値との誤差は $O(1/n)$ であるから，$n = 10000$ のときは 10^{-4} 程度の誤差が生じる．実際，数値結果は小数点以下 3〜4 桁まで正しいから，理論通りの結果といえる．

問 2.5 分割点 $\{x_k\}_{k=0}^n$ と中点 $\{(x_{k-1} + x_k)/2\}_{k=1}^n$ の合わせて $2n+1$ 個の点を，次のように通し番号を付与した点に置き直す．

$$X_{2k} = x_k \ (k = 0, 1, 2, \ldots, n), \quad X_{2k-1} = \frac{x_{k-1} + x_k}{2} \ (k = 1, 2, \ldots, n).$$

分割幅は半分になるから $\Delta X = \Delta x/2$ となる．これより，台形則と中点則の定義から，

$$\begin{aligned}
S_{台形則}^{(n)} + S_{中点則}^{(n)} &= \sum_{k=1}^n \frac{f(x_{k-1}) + f(x_k)}{2} \Delta x + \sum_{k=1}^n f\left(\frac{x_{k-1} + x_k}{2}\right) \Delta x \\
&= \sum_{k=1}^n \left(\frac{f(x_{k-1}) + f(x_k)}{2} + f\left(\frac{x_{k-1} + x_k}{2}\right)\right) \Delta x \\
&= \left(\frac{1}{2} f(X_0) + \sum_{j=1}^{2n-1} f(X_j) + \frac{1}{2} f(X_{2n})\right) \Delta x \\
&= \sum_{j=1}^{2n} \frac{f(X_{j-1}) + f(X_j)}{2} \Delta x \\
&= 2 \sum_{j=1}^{2n} \frac{f(X_{j-1}) + f(X_j)}{2} \Delta X = 2 S_{台形則}^{(2n)}
\end{aligned}$$

を得る．よって，$(2.3)_{\text{p.55}}$ が示された．

問 2.6 $\Delta x = 1/n$, $x_k = k/n$ より，

$$S_{中点則}^{(n)} = \frac{1}{n} \sum_{k=1}^n \left(\frac{2k-1}{2n}\right)^2 = \frac{1}{3} - \frac{1}{12n^2},$$

$$S_{台形則}^{(n)} = \frac{1}{2n} \sum_{k=1}^n \left(\left(\frac{k}{n}\right)^2 + \left(\frac{k-1}{n}\right)^2\right) = \frac{1}{3} + \frac{1}{6n^2}$$

であり，$n \to \infty$ のとき，どちらも真の値 $\int_0^1 x^2 \, dx = \frac{1}{3}$ に収束する．また，

$$S_{左端点則}^{(n)} = \frac{1}{3} - \frac{1}{2n} + \frac{1}{6n^2}, \quad S_{右端点則}^{(n)} = \frac{1}{3} + \frac{1}{2n} + \frac{1}{6n^2}$$

であった.よって,左端点則も右端点則もいずれも数値積分と真の値との誤差は $O(1/n)$ であったが,中点則や台形則の場合の誤差は $O(1/n^2)$ であることが特徴的である.

問 2.7 例えば,次のような gnuplot のスクリプトを書けばよい.

```
f(x) = exp(-x**2) # on [0, 1]
Sleft(n) = ( 1.0 / n ) * sum[k = 1 : n] f( ( k - 1.0 ) / n )
Sright(n) = ( 1.0 / n ) * sum[k = 1 : n] f( 1.0 * k / n )
Smid(n) = ( 1.0 / n )
  * sum[k = 1 : n] f( ( 2.0 * k - 1.0 ) / n / 2.0 )
Sdaikei(n) = ( Sleft(n) + Sright(n) ) / 2.0
n=10000
print Sleft(n); print Sright(n)
print Smid(n); print Sdaikei(n)
```

実行結果は,

$$S^{(n)}_{左端点則} = 0.746855738227235,$$
$$S^{(n)}_{右端点則} = 0.746792526171352,$$
$$S^{(n)}_{中点則} = \underline{0.746824133118991},$$
$$S^{(n)}_{台形則} = \underline{0.746824132199294}$$

となるだろう.関数 $f(x) = e^{-x^2}$ は単調減少であるから,問 2.3 (p.54) の結果と上の実行結果から,丸め誤差の影響を無視すれば,

$$S^{(n)}_{右端点則} = 0.746792526171352 \leq \int_0^1 e^{-x^2} dx \leq S^{(n)}_{左端点則} = 0.746855738227235$$

がわかる.中点則と台形則の一致している数値は,下線部の 0.74682413 であり,上の不等式の間の数値である.

問 2.8 放物線 $y = \lambda x^2 + \eta x + \mu$ は,3点 $(\alpha, f(\alpha))$,$(\beta, f(\beta))$,$(\gamma, f(\gamma))$ を通るから,

$$f(\alpha) = \lambda\alpha^2 + \eta\alpha + \mu,$$
$$f(\beta) = \lambda\beta^2 + \eta\beta + \mu,$$
$$f(\gamma) = \lambda\gamma^2 + \eta\gamma + \mu$$

が成り立つ．よって，

$$\frac{1}{\gamma - \alpha} \int_\alpha^\gamma (\lambda x^2 + \eta x + \mu)\, dx$$
$$= \frac{1}{\gamma - \alpha} \left[\frac{\lambda}{3} x^3 + \frac{\eta}{2} x^2 + \mu x\right]_\alpha^\gamma$$
$$= \frac{\lambda}{3}(\alpha^2 + \alpha\gamma + \gamma^2) + \frac{\eta}{2}(\alpha + \gamma) + \mu.$$

一方，

$$\frac{1}{6}(f(\alpha) + 4f(\beta) + f(\gamma))$$
$$= \frac{\lambda}{6}(\alpha^2 + 4\beta^2 + \gamma^2) + \frac{\eta}{6}(\alpha + 4\beta + \gamma) + \mu$$
$$= \frac{\lambda}{3}(\alpha^2 + \alpha\gamma + \gamma^2) + \frac{\eta}{2}(\alpha + \gamma) + \mu$$

である．

問 2.9 例 2.6 (p.58) のコードの一行目のみを

```
f(x) = x**8 # on [0, 1]
```

に変えたコードを用いれば，以下の結果を得るだろう．

$$S^{(n)}_{左端点則} = 0.1110611177777778,$$
$$S^{(n)}_{右端点則} = 0.1111611177777778,$$
$$S^{(n)}_{中点則} = 0.1111111077777778,$$
$$S^{(n)}_{台形則} = 0.1111111177777778,$$
$$S^{(n)}_{シンプソン則} = 0.1111111111111111.$$

もちろん，真の値は $0.\dot{1}$ である．

問 2.10 定積分 (a) に対しては，例えば次のように書けばよいだろう．

```
f(x) = 4.0 / ( 1 + x**2 ) # on [0, 1]
d(n) = 1.0 / n
Sleft(n) = d(n) * sum[k=1:n] f( ( k - 1.0 ) / n )
Sright(n) = d(n) * sum[k=1:n] f( 1.0 * k / n )
Smid(n) = d(n) * sum[k=1:n] f( ( 2.0 * k - 1.0 ) / n / 2.0 )
Sdaikei(n) = ( Sleft(n) + Sright(n) ) / 2.0
Ssympson(n) = ( Sdaikei(n) + 2.0 * Smid(n) ) / 3.0
Edaikei(n) = abs( pi - Sdaikei(n) )
Esympson(n) = abs( pi - Ssympson(n) )
LOG2(x) = log(x) / log(2.0)
EOCdaikei(n) = LOG2( Edaikei(n/2) / Edaikei(n) )
EOCsympson(n) = LOG2( Esympson(n/2) / Esympson(n) )

n=8;  print Sdaikei(n), "                    ", Ssympson(n)
n=16; print Sdaikei(n), EOCdaikei(n), Ssympson(n), EOCsympson(n)
n=32; print Sdaikei(n), EOCdaikei(n), Ssympson(n), EOCsympson(n)
n=64; print Sdaikei(n), EOCdaikei(n), Ssympson(n), EOCsympson(n)
```

ここで，底が 2 の対数関数は LOG2(x) として，底の変換公式を用いて自作した．また，n=8 の行の"　　　　　　"，は数値が揃うように空白を制御しただけである．

定積分 (b) に対しては，1 行目を

```
f(x) = 4.0 * sqrt( 1 - x**2 ) # on [0, 1]
```

に変えるだけで表 2.2 の数値が得られるだろう．

問 **2.11** 次のような gnuplot のスクリプトを書けばよいだろう．

```
f(x) = sqrt( 1.0 - x**2 ) # on [-1/sqrt(2), 1/sqrt(2)]
a = -1.0/sqrt(2.0); b = 1.0/sqrt(2.0)
dx(n) = ( b - a ) / n; x(k, n) = a + k * dx(n)
Sleft(n) = dx(n) * sum[k=1:n] f( x( k - 1.0, n ) )
```

```
Sright(n) = dx(n) * sum[k=1:n] f( x( k, n ) )
g(k, n) = f( ( x( k - 1.0, n ) + x( k, n ) ) / 2.0 )
Smid(n) = dx(n) * sum[k=1:n] g( k, n )
SSdaikei(n) = ( Sleft(n) + Sright(n) ) / 2.0
SSsympson(n) = ( SSdaikei(n) + 2.0 * Smid(n) ) / 3.0

Sdaikei(n) = 4 * ( SSdaikei(n) - 0.5 )
Ssympson(n) = 4 * ( SSsympson(n) - 0.5 )

Edaikei(n) = abs( pi - Sdaikei(n) )
Esympson(n) = abs( pi - Ssympson(n) )
LOG2(x) = log(x) / log(2.0)
EOCdaikei(n) = LOG2( Edaikei(n/2) / Edaikei(n) )
EOCsympson(n) = LOG2( Esympson(n/2) / Esympson(n) )

n=8;  print Sdaikei(n), "                    ", Ssympson(n)
n=16; print Sdaikei(n), EOCdaikei(n), Ssympson(n), EOCsympson(n)
n=32; print Sdaikei(n), EOCdaikei(n), Ssympson(n), EOCsympson(n)
n=64; print Sdaikei(n), EOCdaikei(n), Ssympson(n), EOCsympson(n)
```

ここで，dx や x_k を関数として与えて，異なる区間 $[a, b]$ に対応できるように汎用性を高めた以外は，問 2.10 のスクリプトと同じ流れである．

実行結果をまとめると表 A.4 のようになる．

台形則もシンプソン則も理論通りの収束の速さの傾向をみせている ($\text{EOC}^{(n)}_{\text{台形則}} \approx 2$, $\text{EOC}^{(n)}_{\text{シンプソン則}} \approx 4$).

表 A.4 定積分 (b′) の数値計算．太字の数字は正しい値

n	$S^{(n)}_{台形則}$	$EOC^{(n)}_{台形則}$
8	**3.12**088140825453	
16	**3.13**639231454152	1.99373671188541
32	**3.14**02910765496	1.9983449789795
64	**3.14**126716450877	1.99957965509245
	$S^{(n)}_{シンプソン則}$	$EOC^{(n)}_{シンプソン則}$
8	**3.1415**6261663719	
16	**3.14159**066388563	3.91611260400298
32	**3.141592**52716183	3.97616646512182
64	**3.1415926**4565401	3.99379956355886

第 3 章

問 3.1 (1) 漸化式 (3.1) から次を得る．
$$x_{n+1} = \frac{x_n}{2} + \frac{1}{x_n} \quad (n = 0, 1, 2, \ldots). \tag{A.4}$$

(2) 漸化式 (A.4) に $x_0 = 2$ から逐次値を代入していき下表を得る．

n	x_n
0	2
1	$3/2 = \mathbf{1.5}$
2	$17/12 = \mathbf{1.41}6666\cdots$
3	$577/408 = \mathbf{1.414215}\cdots$

(3) 漸化式 (A.4) より明らか．

(4) 相加相乗平均より，
$$x_{n+1}^2 = \frac{x_n^2}{4} + 1 + \frac{1}{x_n^2} \geq 2\sqrt{\frac{x_n^2}{4}\frac{1}{x_n^2}} + 1 = 2.$$

等号成立は $x_n^2 = 2$ のとき．よって，$x_n^2 > 2$ ならば $x_{n+1}^2 > 2$．

(5) $x_n > 0$ のとき，(3) より x_n は下に有界．また，$x_n^2 > 2$ のとき，
$$\frac{x_{n+1}}{x_n} = \frac{1}{2} + \frac{1}{x_n^2} < \frac{1}{2} + \frac{1}{2} = 1$$

より単調減少．

(6) (4) より $x_{n+1}^2 > 2$ で，単調減少性 (5) より $2 < x_n^2 \leq x_0^2$ だから，漸化式 (A.4) を代入して，

$$0 < \frac{x_{n+1}^2 - 2}{x_n^2 - 2} = \frac{x_n^2 - 2}{4x_n^2} = \frac{1}{4} - \frac{1}{2x_n^2} \leq \frac{1}{4} - \frac{1}{2x_0^2} = \frac{x_0^2 - 2}{4x_0^2}.$$

(7) (6) から $x_0 = 2$ のとき，$0 < \dfrac{x_{n+1}^2 - 2}{x_n^2 - 2} \leq \dfrac{1}{8}$ なので，

$$0 < x_n^2 - 2 \leq \frac{1}{8}(x_{n-1}^2 - 2) \leq \frac{1}{8^2}(x_{n-2}^2 - 2) \leq \cdots \leq \frac{1}{8^n}(x_0^2 - 2) = \frac{2}{8^n}.$$

問 3.2 ① まず，$f(\alpha) = 0$ を満たす $\alpha > 0$ が唯一存在することを示そう．任意に $a > 0$ を一つ固定する．$f''(x) > 0$ より，任意の $x > a$ に対して $f'(x) > f'(a)$ が成り立つ．よって，両辺を $[a, x]$ で積分すると，$f(x) > f(a) + f'(a)(x - a)$ を得る．$f'(a) > 0$ より x を十分大きくすれば $f(a) + f'(a)(x - a) \geq 0$ となるから，十分大きな $\beta > 0$ が存在して $f(\beta) > 0$ がわかる．よって，$f(0) < 0 < f(\beta)$ であるから，中間値の定理から，$f(\alpha) = 0$ を満たす $\alpha > 0$ が存在する．また，f の単調性から α の一意性が導かれる．実際，$f(\alpha_1) = f(\alpha_2) = 0$ を満たす $0 < \alpha_1 < \alpha_2$ が存在したとする．このとき，

$$f(\alpha_2) - f(\alpha_1) = \int_{\alpha_1}^{\alpha_2} f'(t)\, dt > 0$$

となるがこれは矛盾である．

② $0 < x_n < \alpha$ とする．このとき $0 < x_n < \alpha < x_{n+1}$ となる．実際，$f(\alpha) = 0$ と平均値の定理から，以下を満たす c が存在する．

$$\begin{aligned}
x_{n+1} - \alpha &= x_n - \alpha - \frac{f(x_n)}{f'(x_n)} \\
&= x_n - \alpha - \frac{f(x_n)}{f'(x_n)} + \frac{f(\alpha)}{f'(x_n)} \\
&= -(\alpha - x_n) + \frac{f(\alpha) - f(x_n)}{f'(x_n)} \\
&= -(\alpha - x_n) + \frac{f'(c)}{f'(x_n)}(\alpha - x_n) \quad (x_n < c < \alpha) \\
&= \left(\frac{f'(c)}{f'(x_n)} - 1\right)(\alpha - x_n).
\end{aligned}$$

ここで，f' の単調性から，

$$f'(c) - f'(x_n) = \int_{x_n}^{c} f''(t)\, dt > 0$$

であるから，$x_n < \alpha < x_{n+1}$ を得る．

③ $x_n > \alpha$ とする．このとき $\alpha < x_{n+1} < x_n$ となる．まず，f の単調性から $f(x_n) > f(\alpha) = 0$ である．よって，$f'(x_n) > 0$ と $(3.1)_{\text{p.64}}$ から，

$$x_{n+1} = x_n - \frac{f(x_n)}{f'(x_n)} < x_n$$

がわかる．次に，$x_{n+1} > \alpha$ となることは②と同じ方法で示される．

④ 以上より，任意の $x_0 > 0$ と任意の $n = 1, 2, \ldots$ に対して，$\alpha < x_{n+1} < x_n$ が成り立つことがわかった．よって，数列 $\{x_n\}_{n=1}^{\infty}$ は単調減少で下に有界だから，極限値 $\lim_{n \to \infty} x_n \geq \alpha$ が存在する．

②と同じ計算から，$n = 1, 2, \ldots$ に対して，

$$0 < x_{n+1} - \alpha = \left(1 - \frac{f'(c)}{f'(x_n)}\right)(x_n - \alpha) \quad (\alpha < c < x_n)$$

を満たす c が存在する．よって，$n = 2, 3, \ldots$ に対して，$\alpha < c < x_n < x_1$ と f' の単調性から，

$$0 < f'(\alpha) < f'(c) < f'(x_n) < f'(x_1) \Rightarrow 0 < \frac{f'(\alpha)}{f'(x_1)} < \frac{f'(c)}{f'(x_n)} < 1$$

がわかる．これより，$L = 1 - \dfrac{f'(\alpha)}{f'(x_1)}$ とおくと，$L \in (0, 1)$ で，

$$0 < x_{n+1} - \alpha < L(x_n - \alpha) < L^2(x_{n-1} - \alpha) < \cdots < L^n(x_1 - \alpha)$$

が成り立つから，極限値 $\lim_{n \to \infty} x_n = \alpha$ を得る．

問 3.3 x_{n+1} は，二点 $(x_{n-1}, f(x_{n-1}))$, $(x_n, f(x_n))$ を通る直線

$$y = f(x_n) + \frac{f(x_n) - f(x_{n-1})}{x_n - x_{n-1}}(x - x_n)$$

の x 切片である．

問 3.4 $x = 3.5$ のとき，$f(x) = 7.125$, $A = 263.25$ である．$\dfrac{7.125}{263.25} = 0.027$ を 3.5 から引くと 3.473 となり，これが x の新しい値である．同様の操作で，次の誤差と A の値は，それぞれ $f(x) = 0.0096\breve{1}518$（図 $3.8_{\text{(p.78)}}$ では $\breve{1}$ が 2 になっている）と，$A = 263.815$ となる．これより，第三の値は，$x = 3.47296355$ となる（上の $\breve{1}$ を図の通りに 2 にすると $\breve{5}$ が図の通りに 1 になる）．このとき $f(x) = -8.81 \times 10^{-7}$ であるから，確かに "which is true, at least, to 7 or 8 Places" である．（$x = 3.47296351$ とすると $f(x) = -1.14 \times 10^{-5}$ である．）

問 3.5 $a_{n+1} = x_n$ のとき,

$$x_{n+1} - x_n = \frac{a_{n+1} + b_{n+1}}{2} - a_{n+1} = \frac{b_{n+1} - a_{n+1}}{2},$$

$b_{n+1} = x_n$ のとき,

$$x_{n+1} - x_n = \frac{a_{n+1} + b_{n+1}}{2} - b_{n+1} = \frac{a_{n+1} - b_{n+1}}{2}$$

である.これより,

$$|x_{n+1} - x_n| = \frac{b_{n+1} - a_{n+1}}{2} = \frac{b_n - a_n}{2^2} = \cdots = \frac{b_0 - a_0}{2^{n+2}}.$$

また,$\alpha \in [a_n, b_n]$ で,$x_n = \frac{a_n + b_n}{2}$ だから,$\alpha \in [a_n, x_n]$ か $\alpha \in [x_n, b_n]$ である.前者の場合は $x_n - \alpha \leq x_n - a_n = \frac{b_n - a_n}{2}$ で,後者の場合は $\alpha - x_n \leq b_n - x_n = \frac{b_n - a_n}{2}$ なので,

$$|x_n - \alpha| \leq \frac{b_n - a_n}{2} \leq \frac{b_{n-1} - a_{n-1}}{2^2} \leq \cdots \leq \frac{b_0 - a_0}{2^{n+1}}.$$

問 3.6 下表のようになるだろう.太字は正しい値 ($\sqrt{2} = 1.41421356\cdots$).

n	a_n	x_n	b_n	$f(a_n)f(x_n)$
0	1	**1**.5	2	$-$
1	1	**1**.25	1.5	$+$
2	1.25	**1**.375	1.5	$+$
3	1.375	**1.4**375	1.5	$-$
4	1.375	**1.40**625	1.4375	$+$
5	1.40625	**1.4**21875	1.4375	$-$
6	1.40625	**1.414**0625	1.421875	$+$

問 3.7 ① $\Rightarrow$ ②) ①を論理式で表すと,

$$\forall \varepsilon > 0 \; \exists N \in \mathbb{N} \; \forall n \in \mathbb{N} \; \left(n \geq N \Rightarrow \left| \frac{|x_{n+1} - \alpha|}{|x_n - \alpha|^p} - C \right| < \varepsilon \right)$$

である.特に $\varepsilon = 1$ とすると,

$$\left| \frac{|x_{n+1} - \alpha|}{|x_n - \alpha|^p} - C \right| < 1 \; \Rightarrow \; \frac{|x_{n+1} - \alpha|}{|x_n - \alpha|^p} - C < 1$$
$$\Leftrightarrow \; |x_{n+1} - \alpha| < (C+1)|x_n - \alpha|^p.$$

ここで，$C+1$ を改めて C とおけば②を得る．

②$\Rightarrow$③) ②を論理式で表すと，
$$\exists C>0 \ \exists N'\in\mathbb{N} \ \forall n\in\mathbb{N} \ (n\geq N' \ \Rightarrow \ |x_{n+1}-\alpha|\leq C|x_n-\alpha|^p).$$

また，数列 $\{x_n\}$ が α に収束することの論理式は，
$$\forall \varepsilon>0 \ \exists N''\in\mathbb{N} \ \forall n\in\mathbb{N} \ (n\geq N'' \ \Rightarrow \ |x_n-\alpha|<\varepsilon)$$

である．後のため，任意の $\lambda\in(0,1)$ に対して，$\varepsilon=\lambda C^{-\frac{1}{p-1}}$ としておくと，
$$n\geq N'' \ \Rightarrow \ C^{\frac{1}{p-1}}|x_n-\alpha|<\lambda$$

が成り立つ．$N=\max\{N',N''\}$ とする．このとき，任意の $n\geq N$ に対して，

$$\begin{aligned}
|x_{n+1}-\alpha| &\leq C|x_n-\alpha|^p \\
&\leq C\left(C|x_{n-1}-\alpha|^p\right)^p = C^{1+p}|x_{n-1}-\alpha|^{p^2} \\
&\leq C^{1+p}\left(C|x_{n-2}-\alpha|^p\right)^{p^2} = C^{1+p+p^2}|x_{n-2}-\alpha|^{p^3} \\
&\leq \cdots \\
&\leq C^{1+p+p^2+\cdots+p^{n-N}}|x_N-\alpha|^{p^{n+1-N}} \\
&= C^{-\frac{1}{p-1}}\left(\left(C^{\frac{1}{p-1}}|x_N-\alpha|\right)^{\frac{1}{p^{N-1}}}\right)^{p^n} \\
&< C^{-\frac{1}{p-1}}\left(\lambda^{\frac{1}{p^{N-1}}}\right)^{p^n}
\end{aligned}$$

となる．これより，$C^{-\frac{1}{p-1}}$ を改めて C とおき，$\lambda^{\frac{1}{p^{N-1}}}=r$ とすれば，$r\in(0,1)$ となり③を得る．

問 3.8 ⓪$\Rightarrow$①) ⓪より，$r=|\lambda|$ とおけば $r\in(0,1)$ で，$x_n\neq\alpha$ のとき，
$$\lim_{n\to\infty}\frac{|x_{n+1}-\alpha|}{|x_n-\alpha|}=\lim_{n\to\infty}|\lambda+\varepsilon_n|=|\lambda|=r$$

となって①を得る．

①$\Rightarrow$②) ①を論理式で表すと，
$$\forall\varepsilon>0 \ \exists N\in\mathbb{N} \ \forall n\in\mathbb{N} \ \left(n\geq N \ \Rightarrow \ \left|\frac{|x_{n+1}-\alpha|}{|x_n-\alpha|}-r\right|<\varepsilon\right)$$

である．任意の $\lambda \in (0,1)$ に対して，$\varepsilon = \lambda(1-r)$ としておくと，任意の $n \geq N$ に対して，

$$\left| \frac{|x_{n+1} - \alpha|}{|x_n - \alpha|} - r \right| < \lambda(1-r) \Rightarrow \frac{|x_{n+1} - \alpha|}{|x_n - \alpha|} - r < \lambda(1-r)$$
$$\Leftrightarrow |x_{n+1} - \alpha| < (\lambda + (1-\lambda)r)|x_n - \alpha|.$$

ここで，$\lambda + (1-\lambda)r$ を改めて r とおけば $r \in (0,1)$ で②を得る．

②$\Rightarrow$③) 任意の $n \geq N$ に対して，

$$\begin{aligned}|x_{n+1} - \alpha| &\leq r|x_n - \alpha| \\ &\leq r^2 |x_{n-1} - \alpha| \\ &\leq \cdots \\ &\leq r^{n+1-N}|x_N - \alpha| = \frac{|x_N - \alpha|}{r^{N-1}} r^n\end{aligned}$$

である．ここで，$\dfrac{|x_N - \alpha|}{r^{N-1}}$ を C とおけば③を得る．

問 3.9 $F(x) = x - \dfrac{f(x)}{f'(x)}$ とおくと，$x_{n+1} = F(x_n)$ で，$F(\alpha) = \alpha$ を満たす．また，

$$\begin{aligned}F'(x) &= \frac{f(x)f''(x)}{f'(x)^2} \\ &= \frac{m(m-1)g(x)^2 + 2m(x-\alpha)g(x)g'(x) + (x-\alpha)^2 g(x)g''(x)}{(mg(x) + (x-\alpha)g'(x))^2}\end{aligned}$$

より，$F'(\alpha) = 1 - \dfrac{1}{m}$ がわかる．ゆえに，ξ_n が x_n と α の間にあって，

$$x_{n+1} = F(\alpha + x_n - \alpha) = F(\alpha) + F'(\xi_n)(x_n - \alpha) = \alpha + F'(\xi_n)(x_n - \alpha)$$

となるから，

$$\lim_{n \to \infty} \frac{|x_{n+1} - \alpha|}{|x_n - \alpha|} = \lim_{n \to \infty} F'(\xi_n) = F'(\alpha) = 1 - \frac{1}{m}$$

を得る．

第4章

問 4.1 前進差分スキーム $(4.9)_{\text{p.93}}$ に滑らかな解を代入すると，テイラー展開より，

$$|u(x_i, t_{m+1}) + \lambda u(x_{i+1}, t_m) - (1+\lambda)u(x_i, t_m)|$$
$$= |f(x_i - ct_{m+1}) + \lambda f(x_{i+1} - ct_m) - (1+\lambda)f(x_i - ct_m)|$$
$$= |f(\xi - \lambda h) + \lambda f(\xi + h) - (1+\lambda)f(\xi)| \quad (\xi = x_i - ct_m)$$
$$\leq Kh^2$$

がわかる．ここで，$K = \dfrac{1}{2}(\lambda^2 + \lambda)\sup_{\xi \in \mathbb{R}}|f''(\xi)|$ である．

問 4.2 中心差分スキーム $(4.11)_{\text{p.94}}$ に滑らかな解を代入すると，テイラー展開より，

$$\left|u(x_i, t_{m+1}) + \frac{\lambda}{2}(u(x_{i+1}, t_m) - u(x_{i-1}, t_m)) - u(x_i, t_m)\right|$$
$$= \left|f(x_i - ct_{m+1}) + \frac{\lambda}{2}(f(x_{i+1} - ct_m) - f(x_{i-1} - ct_m)) - f(x_i - ct_m)\right|$$
$$= \left|f(\xi - \lambda h) + \frac{\lambda}{2}(f(\xi + h) - f(\xi - h)) - f(\xi)\right| \quad (\xi = x_i - ct_m)$$
$$\leq Kh^2$$

がわかる．ここで，$K = \dfrac{1}{2}(\lambda^2 + \lambda)\sup_{\xi \in \mathbb{R}}|f''(\xi)|$ である．

問 4.3 前進差分スキーム $(4.9)_{\text{p.93}}$ に $u_i^m = G^m e^{\sqrt{-1}kx_i}$ を代入すると，

$$G^{m+1} e^{\sqrt{-1}kx_i} = -\lambda G^m e^{\sqrt{-1}kx_{i+1}} + (1+\lambda) G^m e^{\sqrt{-1}kx_i}$$
$$= G^m e^{\sqrt{-1}kx_i}\left(-\lambda e^{\sqrt{-1}kh} + 1 + \lambda\right)$$
$$= G^m e^{\sqrt{-1}kx_i}\left(1 + \lambda(1 - \cos(kh)) - \sqrt{-1}\,\lambda \sin(kh)\right)$$

より，$G = 1 + \lambda(1 - \cos(kh)) - \sqrt{-1}\,\lambda\sin(kh)$ がわかる．よって，

$$|G|^2 = (1+\lambda)^2 - 2\lambda(1+\lambda)\cos(kh) + \lambda^2 \geq 1$$

より，$\cos(kh) = 1$ となる k を除くと $|G| > 1$ となるから，前進差分スキームは不安定である．

風上差分スキーム $(4.10)_{\text{p.94}}$ に $u_i^m = G^m e^{\sqrt{-1}kx_i}$ を代入すると,

$$G^{m+1}e^{\sqrt{-1}kx_i} = (1-\lambda)G^m e^{\sqrt{-1}kx_i} + \lambda G^m e^{\sqrt{-1}kx_{i-1}}$$
$$= G^m e^{\sqrt{-1}kx_i}\left((1-\lambda) + \lambda e^{-\sqrt{-1}kh}\right)$$
$$= G^m e^{\sqrt{-1}kx_i}\left((1-\lambda) + \lambda(\cos(kh) - \sqrt{-1}\sin(kh))\right)$$

より, $G = 1 - \lambda(1 - \cos(kh)) - \sqrt{-1}\lambda\sin(kh)$ がわかる. よって,

$$|G|^2 = 1 - 2\lambda(1-\lambda)(1-\cos(kh))$$

より, $0 \leq \lambda \leq 1$ である限り, $|G| \leq 1$ となるから, 風上差分スキームは安定である.

第5章

問 5.1 (1) 積分の平均値の定理より, $\int_\alpha^\beta f(x)\,dx = f(\xi)(\beta - \alpha)$ を満たす $\xi \in (\alpha, \beta)$ をとることができる. よって,

$$\lim_{\substack{\alpha \to x_0 - 0 \\ \beta \to x_0 + 0}} \frac{1}{\beta - \alpha} \int_\alpha^\beta f(x)\,dx = \lim_{\substack{\alpha \to x_0 - 0 \\ \beta \to x_0 + 0}} f(\xi) = f(x_0)$$

となる. 最後の極限において, 不等式

$$0 \leq |\xi - x_0| < |\alpha - \beta| = |\alpha - x_0 + x_0 - \beta| \leq |\alpha - x_0| + |x_0 - \beta|$$

を用いた.

(2) (1) と同様である. 積分の平均値の定理より, $\int_{t_0}^{t_0+\tau} g(t)\,dt = g(\xi)\tau$ を満たす $\xi \in (t_0, t_0 + \tau)$ をとることができるから, $0 < \xi - t_0 < \tau$ より,

$$\lim_{\tau \to +0} \frac{1}{\tau} \int_{t_0}^{t_0+\tau} g(t)\,dt = \lim_{\tau \to +0} g(\xi) = g(t_0)$$

を得る.

問 5.2 熱方程式の導出と同じ推論で,

$$\Delta J = \int_\alpha^\beta \left(\int_{t_0}^{t_0+\tau} c(x) u_t(x,t)\,dt\right) dx$$
$$= \int_\alpha^\beta \left(\int_{t_0}^{t_0+\tau} (k(x)u_x(x,t))_x\,dt\right) dx$$

となることより, 所望の偏微分方程式を得る.

問 **5.3** 定義通りに,

$$D_h u_i = \frac{u_{i+1} - u_{i-1}}{2h} = \frac{\left(2u_{i+\frac{1}{2}} - u_i\right) - \left(2u_{i-\frac{1}{2}} - u_i\right)}{2h} = \frac{u_{i+\frac{1}{2}} - u_{i-\frac{1}{2}}}{h}$$

を得る. また, $D_h u_{i\pm\frac{1}{2}} = D_h^\pm u_i$ と $(5.7)_{\text{p.108}}$ より,

$$D_h^2 u_i = D_h D_h u_i = \frac{D_h u_{i+\frac{1}{2}} - D_h u_{i-\frac{1}{2}}}{h} = \frac{D_h^+ u_i - D_h^- u_i}{h} = D_{hh} u_i.$$

問 **5.4** $\sum = \sum_{i=1}^{N-1}$ とする. $(5.10)_{\text{p.109}}$ において F と G を入れ替えれば,

$$\sum F_i(D_h^- G_i)h = -\sum (D_h^+ F_i)G_i h + [F_i G_{i-1}]_1^N, \qquad (A.5)$$

$$\sum F_i(D_{hh} G_i)h = \sum F_i(D_h^- D_h^+ G_i)h \qquad ((5.6)_{\text{p.108}} \text{ より})$$
$$= -\sum (D_h^+ F_i)(D_h^+ G_i)h + [F_i(D_h^+ G_{i-1})]_1^N \qquad ((A.5) \text{ より}). \qquad (A.6)$$

問 **5.5** $\lambda = d\dfrac{\tau}{h^2}$ とおくと, $(5.13)_{\text{p.109}}$ の差分方程式は,

$$u_i^{m+1} = \lambda u_{i+1}^m + (1-2\lambda)u_i^m + \lambda u_{i-1}^m \quad (0 < i < N,\ 0 \leq m < M) \qquad (A.7)$$

となる. よって, $\lambda \leq \dfrac{1}{2}$ ならば $1 - 2\lambda \geq 0$ となるから,

$$|u_i^{m+1}| \leq \lambda |u_{i+1}^m| + (1-2\lambda)|u_i^m| + \lambda |u_{i-1}^m|$$
$$\leq \lambda \|u^m\| + (1-2\lambda)\|u^m\| + \lambda \|u^m\|$$
$$= \|u^m\| \quad (0 < i < N,\ 0 \leq m < M)$$

より,

$$\max_{0 < i < N} |u_i^m| \leq \|u^{m-1}\| \quad (0 < m \leq M)$$

を得る. よって, ノイマン境界条件から

$$u_0^m = u_1^m, \quad u_N^m = u_{N-1}^m \quad (0 < m < M)$$

であるから, $0 < m < M$ に対して, $\max_{0 < i < N} |u_i^m| = \|u^m\|$ となる.

以上より, $0 < m < M$ に対して,

$$\|u^m\| \leq \|u^{m-1}\| \leq \cdots \leq \|u^0\|$$

がわかる. $m = 0$ のときは等号成立するので, 問の意味での安定性条件を得る.

問 5.6 $\lambda = d\dfrac{\tau}{h^2}$ とおくと, $(5.18)_{\text{p.113}}$ の差分方程式は,

$$-\frac{\lambda}{2}u_{i+1}^{m+1} + (1+\lambda)u_i^{m+1} - \frac{\lambda}{2}u_{i-1}^{m+1}$$
$$= \frac{\lambda}{2}u_{i+1}^m + (1-\lambda)u_i^m + \frac{\lambda}{2}u_{i-1}^m \quad (0 < i < N,\ 0 \le m < M)$$

となる. よって, $\lambda \le 1$ ならば $1 - \lambda \ge 0$ となるから, 両辺の絶対値をとって,

$$|\text{(左辺)}| \ge -\frac{\lambda}{2}|u_{i+1}^{m+1}| + (1+\lambda)|u_i^{m+1}| - \frac{\lambda}{2}|u_{i-1}^{m+1}|$$
$$\ge -\frac{\lambda}{2}\|u^{m+1}\| + (1+\lambda)|u_i^{m+1}| - \frac{\lambda}{2}\|u^{m+1}\|,$$
$$|\text{(右辺)}| \le \frac{\lambda}{2}|u_{i+1}^m| + (1-\lambda)|u_i^m| + \frac{\lambda}{2}|u_{i-1}^m|$$
$$\le \frac{\lambda}{2}\|u^m\| + (1-\lambda)\|u^m\| + \frac{\lambda}{2}\|u^m\|$$

より,

$$(1+\lambda)|u_i^m| - \lambda\|u^m\| \le \|u^{m-1}\| \quad (0 < i < N,\ 0 < m \le M)$$

がわかる. したがって, 両辺の i についての最大値 $\max\limits_{0<i<N}$ を考えると,

$$(1+\lambda)\max_{0<i<N}|u_i^m| - \lambda\|u^m\| \le \|u^{m-1}\| \quad (0 < m \le M)$$

となる. ノイマン境界条件から

$$u_0^m = u_1^m, \quad u_N^m = u_{N-1}^m \quad (0 < m < M)$$

であるから, $0 < m < M$ に対して, $\max\limits_{0<i<N}|u_i^m| = \|u^m\|$ となる.

以上より, $0 < m < M$ に対して,

$$\|u^m\| \le \|u^{m-1}\| \le \cdots \le \|u^0\|$$

がわかる. $m = 0$ のときは等号成立するので, 問の意味での安定性条件を得る.

問 5.7 以下より, $p_1^- u_1^m + p_N^+ u_N^m > 0$ ならば $\sum_{i=1}^N u_i^{m+1} < \sum_{i=1}^N u_i^m$ がわかる.

$$\sum_{i=1}^{N} u_i^{m+1} = \sum_{i=2}^{N-1} ((1 - p_i^+ - p_i^-)u_i^m + p_i^- u_i^m + p_i^+ u_i^m)$$
$$- p_2^- u_2^m + p_N^- u_N^m + p_1^+ u_1^m - p_{N-1}^+ u_{N-1}^m$$
$$+ (1 - p_1^+ - p_1^-)u_1^m + p_2^- u_2^m$$
$$+ (1 - p_N^+ - p_N^-)u_N^m + p_{N-1}^+ u_{N-1}^m$$
$$= \sum_{i=1}^{N} u_i^m - (p_1^- u_1^m + p_N^+ u_N^m).$$

問 5.8 形式的には，$p^+ = 0$，$p^- = -\lambda$ とおくと，(5.36) と前進差分スキーム $(4.9)_{\mathrm{p.93}}$ が一致し，$p^\pm = \pm\lambda/2$ とおくと，(5.36) と中心差分スキーム $(4.11)_{\mathrm{p.94}}$ が一致する．しかし，いずれも遷移確率の条件 $p^- \geq 0$ を満たさない．

問 5.9 $l(x,t) = k(x,t)u_x(x,t)$ とおく．問 $5.3_{\mathrm{(p.108)}}$ の h を $h/2$ とした中心差分を用いると

$$l(x,t) \approx k(x,t) \frac{u\left(x + \frac{h}{2}\right) - u\left(x - \frac{h}{2}\right)}{h}$$

である．$(5.4)_{\mathrm{p.107}}$ は，$u_t = c^{-1} l_x$ であるから，同様の中心差分を用いて離散化すると，

$$\frac{u(x, t+\tau) - u(x,t)}{\tau}$$
$$= \frac{1}{c(x)} \frac{l\left(x + \frac{h}{2}\right) - l\left(x - \frac{h}{2}\right)}{h}$$
$$= \frac{1}{c(x)h} \left(k\left(x + \frac{h}{2}\right) \frac{u(x+h, t) - u(x,t)}{h} \right.$$
$$\left. - k\left(x - \frac{h}{2}\right) \frac{u(x,t) - u(x-h, t)}{h} \right).$$

これより，$(5.37)_{\mathrm{p.128}}$ において，

$$p_i^+ = p_{i+1}^- = \frac{k\left(x + \frac{h}{2}\right)}{c(x)} \frac{\tau}{h^2}, \quad p_i^- = p_{i-1}^+ = \frac{k\left(x - \frac{h}{2}\right)}{c(x)} \frac{\tau}{h^2}$$

とおけばよいことがわかる．

第6章

問 6.1 以下は例である.

(1) $f(u) = \dfrac{u-a}{b-a}$ (2) $f(u) = \dfrac{2}{\pi}\arctan(u-a),\quad f(u) = \tanh(u-a)$

(3) $f(u) = \dfrac{1}{2} + \dfrac{1}{\pi}\arctan u,\quad f(u) = \dfrac{1+\tanh u}{2}$

問 6.2 $x^3 + y^3 - 3xy = 0$ に $y = ux$ を代入すると, $x^2((1+u^3)x - 3u) = 0$ より, $x = 0$ か $x = \dfrac{3u}{1+u^3}$ $(u \neq -1)$ である. これより, パラメータ表示は $x = \dfrac{3u}{1+u^3}$, $y = \dfrac{3u^2}{1+u^3}$ $(u \neq -1)$ となる. デカルトの正葉線は図 A.3 のようになる. 漸近線は $x + y \to -1$ $(u \to -1)$ より $x + y = -1$ である.

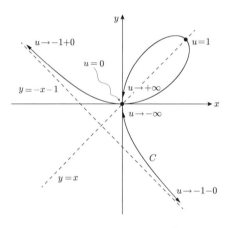

図 **A.3** デカルトの正葉線

問 6.3 (1) $g^2 = \boldsymbol{X}' \cdot \boldsymbol{X}'$ の両辺を t で微分すると, $\boldsymbol{T} = g^{-1}\boldsymbol{X}'$ から,

$$2g\dot{g} = 2\dot{\boldsymbol{X}}' \cdot \boldsymbol{X}' \Leftrightarrow \dot{g} = \dot{\boldsymbol{X}}' \cdot \boldsymbol{T}$$

となる. よって, $\dot{\boldsymbol{X}}$ の式 $(6.2)_{\mathrm{p.134}}$ を代入して, $\mathsf{F}' = g\mathsf{F}_s$ とフレネ-セレの公式 $(6.3)_{\mathrm{p.135}}$ を用いると,

$$\dot{g} = (V\boldsymbol{N} + W\boldsymbol{T})' \cdot \boldsymbol{T}$$
$$= (V\boldsymbol{N} + W\boldsymbol{T})_s \cdot \boldsymbol{T} g$$
$$= (V_s\boldsymbol{N} + V\boldsymbol{N}_s + W_s\boldsymbol{T} + W\boldsymbol{T}_s) \cdot \boldsymbol{T} g$$
$$= (\kappa V + W_s) g$$

となって，$\dot{g}$ の式 $(6.4)_{\mathrm{p.136}}$ を得る．

次に，$\boldsymbol{T} = g^{-1}\boldsymbol{X}'$, $\dot{g}$ の式 (6.4), $g^{-1}\mathsf{F}' = \mathsf{F}_s$, およびフレネ - セレの公式 $(6.3)_{\mathrm{p.135}}$ から，

$$\dot{\boldsymbol{T}} = -g^{-2}\dot{g}\boldsymbol{X}' + g^{-1}\dot{\boldsymbol{X}}'$$
$$= -(\kappa V + W_s)\boldsymbol{T} + (V\boldsymbol{N} + W\boldsymbol{T})_s$$
$$= -(\kappa V + W_s)\boldsymbol{T} + (V_s\boldsymbol{N} + \kappa V\boldsymbol{T} + W_s\boldsymbol{T} - \kappa W\boldsymbol{N})$$
$$= (V_s - \kappa W)\boldsymbol{N}$$

となって，$\dot{\boldsymbol{T}}$ の式 $(6.5)_{\mathrm{p.136}}$ を得る．また，(6.5) の両辺を -90 度回転させると，$-\boldsymbol{T}^\perp = \boldsymbol{N}$ と $-\boldsymbol{N}^\perp = -\boldsymbol{T}$ から，

$$\dot{\boldsymbol{N}} = -(V_s - \kappa W)\boldsymbol{T}$$

となって，$\dot{\boldsymbol{N}}$ の式 $(6.6)_{\mathrm{p.136}}$ を得る．

接線角度 θ の定義 $\boldsymbol{T} = \begin{pmatrix} \cos\theta \\ \sin\theta \end{pmatrix}$ の両辺を s で微分すると，フレネ - セレの公式 $(6.3)_{\mathrm{p.135}}$ と $\boldsymbol{T}^\perp = -\boldsymbol{N}$ から，

$$-\kappa\boldsymbol{N} = \begin{pmatrix} -\sin\theta \\ \cos\theta \end{pmatrix}\theta_s = \begin{pmatrix} \cos\theta \\ \sin\theta \end{pmatrix}^\perp \theta_s = \boldsymbol{T}^\perp \theta_s = -\boldsymbol{N}\theta_s$$

となるから，$\theta_s = \kappa$ がわかる．また，$\boldsymbol{T} = \begin{pmatrix} \cos\theta \\ \sin\theta \end{pmatrix}$ の両辺を t で微分すると，$\dot{\boldsymbol{T}}$ の式 $(6.5)_{\mathrm{p.136}}$ から，

$$(V_s - \kappa W)\boldsymbol{N} = \begin{pmatrix} -\sin\theta \\ \cos\theta \end{pmatrix}\dot{\theta} = -\boldsymbol{N}\dot{\theta}$$

となって，$\dot{\theta}$ の式 $(6.7)_{\mathrm{p.136}}$ が導かれる．

フレネ-セレの公式 $\boldsymbol{T}' = -\kappa g \boldsymbol{N}$ の両辺を t で微分する. $\dot{\boldsymbol{T}}$ の式 (6.5)$_{\text{p.136}}$, $\mathsf{F}' = g\mathsf{F}_s$, およびフレネ-セレの公式 $\boldsymbol{N}_s = \kappa \boldsymbol{T}$ から (左辺) は,

$$\dot{\boldsymbol{T}}' = ((V_s - \kappa W)\boldsymbol{N})'$$
$$= ((V_s - \kappa W)\boldsymbol{N})_s g$$
$$= ((V_{ss} - (\kappa W)_s)\boldsymbol{N} + (V_s - \kappa W)\kappa \boldsymbol{T})g$$

となる. 一方, $\dot{g}$ の式 (6.4)$_{\text{p.136}}$ と $\dot{\boldsymbol{N}}$ の式 (6.6)$_{\text{p.136}}$ から (右辺) は,

$$-(\dot{\kappa}g\boldsymbol{N} + \kappa \dot{g}\boldsymbol{N} + \kappa g \dot{\boldsymbol{N}})$$
$$= -(\dot{\kappa}\boldsymbol{N} + \kappa(\kappa V + W_s)\boldsymbol{N} - \kappa(V_s - \kappa W)\boldsymbol{T})g$$

となる. よって, 両辺を g で割って, $\boldsymbol{N}$ との内積をとれば,

$$V_{ss} - (\kappa W)_s = -(\dot{\kappa} + \kappa(\kappa V + W_s))$$

より,

$$V_{ss} - \kappa_s W - \kappa W_s = -\dot{\kappa} - \kappa^2 V - \kappa W_s$$

となって, $\dot{\kappa}$ の式 (6.8)$_{\text{p.137}}$ を得る.

弧長は $s = \int_0^u g\,du$ であるから, 両辺を t で微分して, $\dot{g}$ の式 (6.4)$_{\text{p.136}}$ を用いて,

$$\dot{s} = \int_0^u (\kappa V + W_s) g\,du = \int_0^s (\kappa V + W_s)\,ds = \int_0^s \kappa V\,ds + [W]_0^u$$

となって, $\dot{s}$ の式 (6.9)$_{\text{p.137}}$ を得る. 特に $u = 1$ のときは, $s(1,t) = \mathcal{L}(t)$ だから開曲線に対する $\dot{\mathcal{L}}$ の式 (6.10)$_{\text{p.137}}$ を得て, $\mathcal{C}(t)$ が閉曲線の場合は $[W]_0^1 = 0$ なので閉曲線に対する $\dot{\mathcal{L}}$ の式 (6.11)$_{\text{p.137}}$ を得る.

$\mathcal{C}(t)$ で囲まれた部分 $\mathcal{D}(t)$ の面積

$$\mathcal{A}(t) = \frac{1}{2}\int_0^1 (\boldsymbol{X} \cdot \boldsymbol{N}) g\,du$$

の両辺を t で微分して, $\dot{\boldsymbol{X}}$ の式 (6.2)$_{\text{p.134}}$, $\dot{\boldsymbol{N}}$ の式 (6.6)$_{\text{p.136}}$, および $\dot{g}$ の式 (6.4)$_{\text{p.136}}$ を用いると,

$$\dot{\mathcal{A}}(t) = \frac{1}{2}\int_0^1 \left((\dot{\boldsymbol{X}}\cdot\boldsymbol{N} + \boldsymbol{X}\cdot\dot{\boldsymbol{N}})g + (\boldsymbol{X}\cdot\boldsymbol{N})\dot{g}\right)du$$
$$= \frac{1}{2}\int_{\mathcal{C}(t)} \left(V - \boldsymbol{X}\cdot((V_s - \kappa W)\boldsymbol{T}) + (\boldsymbol{X}\cdot\boldsymbol{N})(\kappa V + W_s)\right)ds$$
$$= \frac{1}{2}\int_{\mathcal{C}(t)} \left(V - (\boldsymbol{X}\cdot\boldsymbol{T})V_s + (\boldsymbol{X}\cdot\boldsymbol{T})\kappa W \right.$$
$$\left. + (\boldsymbol{X}\cdot\boldsymbol{N})\kappa V + (\boldsymbol{X}\cdot\boldsymbol{N})W_s\right)ds$$

となる．V_s と W_s の項をそれぞれ部分積分して，$\boldsymbol{X}_s = \boldsymbol{T}$ とフレネ - セレの公式 $\boldsymbol{T}_s = -\kappa\boldsymbol{N}$，および $\mathcal{C}$ が閉曲線であることを用いると，

$$\int_{\mathcal{C}(t)} (\boldsymbol{X}\cdot\boldsymbol{T})V_s\, ds = [(\boldsymbol{X}\cdot\boldsymbol{T})V]_0^1 - \int_{\mathcal{C}(t)} (\boldsymbol{X}\cdot\boldsymbol{T})_s V\, ds$$
$$= -\int_{\mathcal{C}(t)} (\boldsymbol{X}_s\cdot\boldsymbol{T} + \boldsymbol{X}\cdot\boldsymbol{T}_s)V\, ds$$
$$= -\int_{\mathcal{C}(t)} (1 - (\boldsymbol{X}\cdot\boldsymbol{N})\kappa)V\, ds,$$
$$\int_{\mathcal{C}(t)} (\boldsymbol{X}\cdot\boldsymbol{N})W_s\, ds = [(\boldsymbol{X}\cdot\boldsymbol{N})W]_0^1 - \int_{\mathcal{C}(t)} (\boldsymbol{X}\cdot\boldsymbol{N})_s W\, ds$$
$$= -\int_{\mathcal{C}(t)} (\boldsymbol{X}_s\cdot\boldsymbol{N} + \boldsymbol{X}\cdot\boldsymbol{N}_s)W\, ds$$
$$= -\int_{\mathcal{C}(t)} (\boldsymbol{X}\cdot\boldsymbol{T})\kappa W\, ds.$$

これより，
$$\dot{\mathcal{A}}(t) = \frac{1}{2}\int_{\mathcal{C}(t)} \left(V + (1 - (\boldsymbol{X}\cdot\boldsymbol{N})\kappa)V + (\boldsymbol{X}\cdot\boldsymbol{T})\kappa W \right.$$
$$\left. + (\boldsymbol{X}\cdot\boldsymbol{N})\kappa V - (\boldsymbol{X}\cdot\boldsymbol{T})\kappa W\right)ds$$
$$= \int_{\mathcal{C}(t)} V\, ds$$

となって，$\dot{\mathcal{A}}$ の式 $(6.13)_{\text{p.138}}$ を得る．

(2) $\boldsymbol{e}_1 = (1,0)^{\text{T}}$, $\boldsymbol{e}_2 = (0,1)^{\text{T}}$ とおく．このとき，任意の $\boldsymbol{a} \in \mathbb{R}^2$ に対して，$\boldsymbol{a} = \begin{pmatrix} \boldsymbol{a}\cdot\boldsymbol{e}_1 \\ \boldsymbol{a}\cdot\boldsymbol{e}_2 \end{pmatrix}$ であり，また，

$$\text{div}((\boldsymbol{x}\cdot\boldsymbol{a})\boldsymbol{x}) = ((\boldsymbol{x}\cdot\boldsymbol{a})x)_x + ((\boldsymbol{x}\cdot\boldsymbol{a})y)_y$$
$$= (\boldsymbol{e}_1\cdot\boldsymbol{a})x + (\boldsymbol{x}\cdot\boldsymbol{a}) + (\boldsymbol{e}_2\cdot\boldsymbol{a})y + (\boldsymbol{x}\cdot\boldsymbol{a})$$
$$= 3(\boldsymbol{x}\cdot\boldsymbol{a})$$

となるから，$(6.18)_{\text{p.139}}$ を得る．

$\boldsymbol{x} = \begin{pmatrix} \boldsymbol{x} \cdot \boldsymbol{e}_1 \\ \boldsymbol{x} \cdot \boldsymbol{e}_2 \end{pmatrix}$ と書けるので，(6.18) で $\boldsymbol{a} = \boldsymbol{e}_1$ や $\boldsymbol{a} = \boldsymbol{e}_2$ として，それぞれの成分ごとにガウスの発散定理を用いると，

$$\begin{aligned}
\boldsymbol{\mathcal{G}}(t) &= \frac{1}{\mathcal{A}(t)} \iint_{\mathcal{D}(t)} \boldsymbol{x}\,dxdy \\
&= \frac{1}{\mathcal{A}(t)} \iint_{\mathcal{D}(t)} \begin{pmatrix} \boldsymbol{x} \cdot \boldsymbol{e}_1 \\ \boldsymbol{x} \cdot \boldsymbol{e}_2 \end{pmatrix} dxdy \\
&= \frac{1}{3\mathcal{A}(t)} \iint_{\mathcal{D}(t)} \begin{pmatrix} \operatorname{div}((\boldsymbol{x} \cdot \boldsymbol{e}_1)\boldsymbol{x}) \\ \operatorname{div}((\boldsymbol{x} \cdot \boldsymbol{e}_2)\boldsymbol{x}) \end{pmatrix} dxdy \\
&= \frac{1}{3\mathcal{A}(t)} \int_{\mathcal{C}(t)} \begin{pmatrix} \boldsymbol{X} \cdot \boldsymbol{e}_1 \\ \boldsymbol{X} \cdot \boldsymbol{e}_2 \end{pmatrix} (\boldsymbol{X} \cdot \boldsymbol{N})\,ds \\
&= \frac{1}{3\mathcal{A}(t)} \int_{\mathcal{C}(t)} (\boldsymbol{X} \cdot \boldsymbol{N})\boldsymbol{X}\,ds
\end{aligned}$$

となり，$\boldsymbol{\mathcal{G}}$ の式 $(6.14)_{\text{p.138}}$ が示される．

(3) $\boldsymbol{\mathcal{G}}$ の式

$$\boldsymbol{\mathcal{G}}(t) = \frac{1}{3\mathcal{A}(t)} \int_{\mathcal{C}(t)} (\boldsymbol{X} \cdot \boldsymbol{N})\boldsymbol{X}\,ds = \frac{1}{3\mathcal{A}(t)} \int_0^1 (\boldsymbol{X} \cdot \boldsymbol{N})\boldsymbol{X}g\,du$$

の両辺を t で微分し，$\dot{\boldsymbol{X}}$ の式 $(6.2)_{\text{p.134}}$，$\dot{\boldsymbol{N}}$ の式 $(6.6)_{\text{p.136}}$，および $\dot{g}$ の式 $(6.4)_{\text{p.136}}$ を用いると，

$$\begin{aligned}
\dot{\boldsymbol{\mathcal{G}}}(t) &= -\frac{\dot{\mathcal{A}}}{3\mathcal{A}^2} \int_{\mathcal{C}(t)} (\boldsymbol{X} \cdot \boldsymbol{N})\boldsymbol{X}\,ds \\
&\quad + \frac{1}{3\mathcal{A}} \int_0^1 \Big\{ (\dot{\boldsymbol{X}} \cdot \boldsymbol{N})\boldsymbol{X}g + (\boldsymbol{X} \cdot \dot{\boldsymbol{N}})\boldsymbol{X}g \\
&\qquad + (\boldsymbol{X} \cdot \boldsymbol{N})\dot{\boldsymbol{X}}g + (\boldsymbol{X} \cdot \boldsymbol{N})\boldsymbol{X}\dot{g} \Big\}\,du \\
&= -\frac{\dot{\mathcal{A}}}{\mathcal{A}}\boldsymbol{\mathcal{G}} + \frac{1}{3\mathcal{A}} \int_{\mathcal{C}(t)} \Big\{ V\boldsymbol{X} - (V_s - \kappa W)(\boldsymbol{X} \cdot \boldsymbol{T})\boldsymbol{X} \\
&\qquad + (\boldsymbol{X} \cdot \boldsymbol{N})(V\boldsymbol{N} + W\boldsymbol{T}) + (\boldsymbol{X} \cdot \boldsymbol{N})\boldsymbol{X}(\kappa V + W_s) \Big\}\,ds \\
&= -\frac{\dot{\mathcal{A}}}{\mathcal{A}}\boldsymbol{\mathcal{G}} + \frac{1}{3\mathcal{A}} \int_{\mathcal{C}(t)} \Big\{ V\boldsymbol{X} - V_s(\boldsymbol{X} \cdot \boldsymbol{T})\boldsymbol{X} + \kappa W(\boldsymbol{X} \cdot \boldsymbol{T})\boldsymbol{X} \\
&\qquad + (\boldsymbol{X} \cdot \boldsymbol{N})(V\boldsymbol{N} + W\boldsymbol{T}) + \kappa V(\boldsymbol{X} \cdot \boldsymbol{N})\boldsymbol{X} + W_s(\boldsymbol{X} \cdot \boldsymbol{N})\boldsymbol{X} \Big\}\,ds
\end{aligned}$$

$$= -\frac{\dot{\mathcal{A}}}{\mathcal{A}}\mathcal{G} + \frac{1}{3\mathcal{A}}\int_{\mathcal{C}(t)} \Big\{ V\boldsymbol{X} + \kappa W(\boldsymbol{X}\cdot\boldsymbol{T})\boldsymbol{X}$$
$$+ V(\boldsymbol{X}\cdot\boldsymbol{N})\boldsymbol{N} + W(\boldsymbol{X}\cdot\boldsymbol{N})\boldsymbol{T} + \kappa V(\boldsymbol{X}\cdot\boldsymbol{N})\boldsymbol{X}$$
$$- V_s(\boldsymbol{X}\cdot\boldsymbol{T})\boldsymbol{X} + W_s(\boldsymbol{X}\cdot\boldsymbol{N})\boldsymbol{X} \Big\}\,ds.$$

ここで，V_s と W_s の項をそれぞれ部分積分すると，

$$\int_{\mathcal{C}(t)}(-V_s(\boldsymbol{X}\cdot\boldsymbol{T})\boldsymbol{X})\,ds = \int_{\mathcal{C}(t)} V((\boldsymbol{X}\cdot\boldsymbol{T})_s\boldsymbol{X} + (\boldsymbol{X}\cdot\boldsymbol{T})\boldsymbol{X}_s)\,ds$$
$$= \int_{\mathcal{C}(t)} V(\boldsymbol{X} - \kappa(\boldsymbol{X}\cdot\boldsymbol{N})\boldsymbol{X} + (\boldsymbol{X}\cdot\boldsymbol{T})\boldsymbol{T})\,ds,$$
$$\int_{\mathcal{C}(t)} W_s(\boldsymbol{X}\cdot\boldsymbol{N})\boldsymbol{X}\,ds = -\int_{\mathcal{C}(t)} W((\boldsymbol{X}\cdot\boldsymbol{N})_s\boldsymbol{X} + (\boldsymbol{X}\cdot\boldsymbol{N})\boldsymbol{X}_s)\,ds$$
$$= -\int_{\mathcal{C}(t)} W(\kappa(\boldsymbol{X}\cdot\boldsymbol{T})\boldsymbol{X} + (\boldsymbol{X}\cdot\boldsymbol{N})\boldsymbol{T})\,ds.$$

これより，$\boldsymbol{X} = (\boldsymbol{X}\cdot\boldsymbol{N})\boldsymbol{N} + (\boldsymbol{X}\cdot\boldsymbol{T})\boldsymbol{T}$ から，

$$\dot{\mathcal{G}}(t) = -\frac{\dot{\mathcal{A}}}{\mathcal{A}}\mathcal{G} + \frac{1}{3\mathcal{A}}\int_{\mathcal{C}(t)}(2V\boldsymbol{X} + V((\boldsymbol{X}\cdot\boldsymbol{N})\boldsymbol{N} + (\boldsymbol{X}\cdot\boldsymbol{T})\boldsymbol{T}))\,ds$$
$$= -\frac{\dot{\mathcal{A}}}{\mathcal{A}}\mathcal{G} + \frac{1}{\mathcal{A}}\int_{\mathcal{C}(t)} V\boldsymbol{X}\,ds$$

となって，$\dot{\mathcal{G}}$ の式 $(6.15)_{\mathrm{p.138}}$ を得る．

(4) $\mathcal{E}(t)$ の式 $(6.16)_{\mathrm{p.138}}$ の両辺を t で微分し，$\dot{\kappa}$ の式 $(6.8)_{\mathrm{p.137}}$ と $\dot{g}$ の式 $(6.4)_{\mathrm{p.136}}$ を用いると，

$$\dot{\mathcal{E}}(t) = \frac{1}{2}\int_0^1 (2\kappa\dot{\kappa}g + \kappa^2\dot{g})\,du$$
$$= \frac{1}{2}\int_{\mathcal{C}(t)}(2\kappa(-(V_{ss}+\kappa^2 V) + \kappa_s W) + \kappa^2(\kappa V + W_s))\,ds$$
$$= \frac{1}{2}\int_{\mathcal{C}(t)}(-2\kappa V_{ss} - 2\kappa^3 V + (\kappa^2)_s W + \kappa^3 V + \kappa^2 W_s)\,ds$$
$$= -\int_{\mathcal{C}(t)}\left(\kappa V_{ss} + \frac{1}{2}\kappa^3 V\right)ds + \frac{1}{2}\int_{\mathcal{C}(t)}(\kappa^2 W)_s\,ds$$
$$= -\int_{\mathcal{C}(t)}\left(\kappa_{ss} + \frac{1}{2}\kappa^3\right)V\,ds$$

となって，$\dot{\mathcal{E}}$ の式 $(6.17)_{\mathrm{p.138}}$ を得る．

問 **6.4** 解曲線 $\mathcal{C}(t)$ は $\boldsymbol{X}(u,t) = R(t)\boldsymbol{N}(u)$ と表されるから，$V = \dot{R}$ である．よって，$\dot{R} = V_c$ を解いて，$R(t) = R_0 + V_c t$ を得る．ここで，$R(0) = R_0 > 0$ は初期半径である．これより，解曲線の半径は

$$R(t) = \begin{cases} R_0 + V_c t & (0 \leq t < \infty;\ V_c > 0 \text{ のとき}) \\ |V_c|(T-t) & (0 \leq t < T = R_0/|V_c|;\ V_c < 0 \text{ のとき}) \end{cases}$$

となる．したがって，解曲線は，$V_c > 0$ のとき相似拡大して時間無限大で半径が無限大に発散する円であり，$V_c < 0$ のとき相似縮小して有限時刻 T で半径が 0 に縮退する円である．

問 **6.5** 解曲線 $\mathcal{C}(t)$ は $\boldsymbol{X}(u,t) = R(t)\boldsymbol{N}(u)$ と表されるから，$V = \dot{R}$ である．曲率は $\kappa = R(t)^{-1}$ であるから，$\dot{R} = -R(t)^{-1}$ を解いて，初期半径を $R(0) = R_0 > 0$ として，解曲線の半径

$$R(t) = \sqrt{2(T-t)} \quad (0 \leq t < T = R_0^2/2)$$

を得る．($\mathcal{A}(0) = \pi R_0^2$ であるから，確かに $\mathcal{A}(0)/(2\pi) = R_0^2/2 = T$ である．)

問 **6.6** $V = \langle \kappa \rangle - \kappa$ を $\dot{\mathcal{A}}$ の式 $(6.13)_{\text{p.138}}$ に代入すると，

$$\dot{\mathcal{A}} = \int_{\mathcal{C}} (\langle \kappa \rangle - \kappa)\, ds = \langle \kappa \rangle \int_{\mathcal{C}} ds - 2\pi = 0.$$

また，$\dot{\mathcal{L}}$ の式 $(6.11)_{\text{p.137}}$ に代入すると，

$$\begin{aligned}\dot{\mathcal{L}} &= \int_{\mathcal{C}} \kappa(\langle \kappa \rangle - \kappa)\, ds = \frac{1}{\mathcal{L}}\left(\int_{\mathcal{C}} \kappa\, ds\right)^2 - \int_{\mathcal{C}} \kappa^2\, ds \\ &= \frac{1}{\mathcal{L}}\left(\left(\int_{\mathcal{C}} 1 \cdot \kappa\, ds\right)^2 - \left(\int_{\mathcal{C}} 1^2\, ds\right)\left(\int_{\mathcal{C}} \kappa^2\, ds\right)\right)\end{aligned}$$

となるから，CBS 不等式を用いて $\dot{\mathcal{L}} \leq 0$ を得る．

問 **6.7** $V = \kappa_{ss}$ を $\dot{\mathcal{A}}$ の式 $(6.13)_{\text{p.138}}$ に代入すると，

$$\dot{\mathcal{A}} = \int_{\mathcal{C}} \kappa_{ss}\, ds = [\kappa_s]_0^1 = 0.$$

また，$\dot{\mathcal{L}}$ の式 $(6.11)_{\text{p.137}}$ に代入すると，

$$\dot{\mathcal{L}} = \int_{\mathcal{C}} \kappa \kappa_{ss}\, ds = [\kappa \kappa_s]_0^1 - \int_{\mathcal{C}} \kappa_s^2\, ds = -\int_{\mathcal{C}} \kappa_s^2\, ds \leq 0.$$

問の解答例　　　305

問 6.8 $\mathcal{L}_\sigma = \int_0^1 \sigma(\theta) g\, du$ の両辺を t で微分して, $\dot{\theta}$ の式 $(6.7)_{\text{p.136}}$ と $\dot{g}$ の式 $(6.4)_{\text{p.136}}$ を用いると,

$$\dot{\mathcal{L}}_\sigma = \int_0^1 (\sigma'(\theta)\dot{\theta} g + \sigma(\theta)\dot{g})\, du$$
$$= \int_{\mathcal{C}} (\sigma'(\theta)(-V_s + \kappa W) + \sigma(\theta)(\kappa V + W_s))\, ds$$
$$= \int_{\mathcal{C}} (-\sigma'(\theta) V_s + \sigma'(\theta)\kappa W + \sigma(\theta)\kappa V + \sigma(\theta) W_s)\, ds.$$

ここで, V_s と W_s の項を部分積分して, $\theta_s = \kappa$ を用いると,

$$\int_{\mathcal{C}} (-\sigma'(\theta) V_s)\, ds = \int_{\mathcal{C}} (\sigma'(\theta))_s V\, ds = \int_{\mathcal{C}} \sigma''(\theta) \kappa V\, ds,$$
$$\int_{\mathcal{C}} \sigma(\theta) W_s\, ds = -\int_{\mathcal{C}} (\sigma(\theta))_s W\, ds = -\int_{\mathcal{C}} \sigma'(\theta) \kappa W\, ds$$

となるから,

$$\dot{\mathcal{L}}_\sigma = \int_{\mathcal{C}} (\sigma''(\theta)\kappa V + \sigma'(\theta)\kappa W + \sigma(\theta)\kappa V - \sigma'(\theta)\kappa W)\, ds$$
$$= \int_{\mathcal{C}} (\sigma(\theta) + \sigma''(\theta))\kappa V\, ds = \int_{\mathcal{C}} \kappa_\sigma V\, ds.$$

問 6.9 (1) 問 $6.5_{\text{(p.140)}}$ と同様に, 解曲線 (円) の半径を $R(t)$ とすると, 法線速度は $V = \dot{R}$, 曲率は $\kappa = R(t)^{-1}$ である. 初期半径を $R(0) = R_0 > 0$ とする. 正べき曲率流方程式の場合は $\dot{R} = -R(t)^{-p}$ を解いて,

$$R(t) = ((p+1)(T-t))^{\frac{1}{p+1}} \quad (0 \le t < T = R_0^{p+1}/(p+1))$$

を得る. ($p=1$ のとき, 問 $6.5_{\text{(p.140)}}$ の結果と等しい.) また, 負べき曲率流方程式の場合は $\dot{R} = R(t)^p$ を解いて,

$$R(t) = \begin{cases} R_0 e^t & (0 \le t < \infty;\ p=1\ \text{のとき}) \\ (R_0^{1-p} + (1-p)t)^{\frac{1}{1-p}} & (0 \le t < \infty;\ 0 < p < 1\ \text{のとき}) \\ ((p-1)(T-t))^{-\frac{1}{p-1}} & (0 \le t < T = R_0^{1-p}/(p-1);\ p > 1\ \text{のとき}) \end{cases}$$

を得る. これより, $0 < p \le 1$ のとき半径は時間無限大で無限大に発散し, $p > 1$ のとき半径は有限時間で無限大に発散することがわかる.

(2) 任意の楕円が自己相似解となるのだから, ある $\lambda(t)$ が存在して, 任意の $a, b > 0$ に対して, 解曲線は,

$$\boldsymbol{X}(u, t) = \lambda(t) \begin{pmatrix} a\cos(2\pi u) \\ b\sin(2\pi u) \end{pmatrix} \quad (u \in [0, 1]), \quad \lambda(0) = 1$$

と書けるはずである．これより，

$$g = 2\pi\lambda\sqrt{f(u)}, \quad f(u) = a^2\sin^2(2\pi u) + b^2\cos^2(2\pi u)$$

から，

$$\boldsymbol{T} = g^{-1}\boldsymbol{X}' = \frac{1}{\sqrt{f(u)}}\begin{pmatrix} -a\sin(2\pi u) \\ b\cos(2\pi u) \end{pmatrix}, \quad \boldsymbol{N} = \frac{1}{\sqrt{f(u)}}\begin{pmatrix} b\cos(2\pi u) \\ a\sin(2\pi u) \end{pmatrix}$$

がわかる．よって，

$$\boldsymbol{T}' = -\frac{f'}{2f}\boldsymbol{T} - \frac{2\pi}{\sqrt{f}\lambda}\boldsymbol{X}.$$

両辺を g で割れば，

$$\boldsymbol{T}_s = -\kappa\boldsymbol{N} = -\frac{f'}{2gf}\boldsymbol{T} - \frac{1}{\lambda^2 f}\boldsymbol{X}.$$

そして $-\boldsymbol{N}$ との内積をとって，$\boldsymbol{X} \cdot \boldsymbol{N} = ab\lambda/\sqrt{f}$ より，

$$\kappa = \frac{1}{\lambda^2 f}\boldsymbol{X} \cdot \boldsymbol{N} = \frac{ab}{\lambda f^{3/2}}$$

を得る．また，$\dot{\boldsymbol{X}} = \dfrac{\dot\lambda}{\lambda}\boldsymbol{X}$ より，

$$V = \dot{\boldsymbol{X}} \cdot \boldsymbol{N} = \frac{ab}{\sqrt{f}}\dot\lambda.$$

これより，$V = -\kappa^p$ $(p > 0)$ に代入して整理すると，

$$\lambda(t)^p \dot\lambda(t) = -(ab)^{p-1} f(u)^{\frac{1-3p}{2}}$$

となるが，この式が任意の $u \in [0,1]$ について成り立つためには，$p = 1/3$ でなければならない．以上より，径が $a, b > 0$ の任意の楕円は $V = -\kappa^{1/3}$ の自己相似解となって，その縮小率は，

$$\lambda(t) = (T^{-1}(T-t))^{3/4}, \quad T = \frac{3}{4}(ab)^{2/3}$$

であることがわかった．

問の解答例

問 6.10 $\dot{\boldsymbol{X}}$ の式 $(6.2)_{\text{p.134}}$, $\dot{g}$ の式 $(6.4)_{\text{p.136}}$, および $\boldsymbol{X}_s = \boldsymbol{T}$ から,

$$\dot{\mathcal{J}}_\gamma = \int_0^1 (\nabla\gamma(\boldsymbol{X}) \cdot \dot{\boldsymbol{X}}g + \gamma(\boldsymbol{X})\dot{g})\,du$$
$$= \int_{\mathcal{C}} (\nabla\gamma(\boldsymbol{X}) \cdot (V\boldsymbol{N} + W\boldsymbol{T}) + \gamma(\boldsymbol{X})(\kappa V + W_s))\,ds$$
$$= \int_{\mathcal{C}} (\nabla\gamma(\boldsymbol{X}) \cdot (V\boldsymbol{N} + W\boldsymbol{T}) + \gamma(\boldsymbol{X})\kappa V - (\nabla\gamma(\boldsymbol{X}) \cdot \boldsymbol{T})W)\,ds$$
$$= \int_{\mathcal{C}} (\gamma(\boldsymbol{X})\kappa + \nabla\gamma(\boldsymbol{X}) \cdot \boldsymbol{N})V\,ds.$$

問 6.11 $\mathcal{W} = \mathcal{E} + \lambda_1\mathcal{L} + \lambda_2\mathcal{A}$ の両辺を時間微分し, $\dot{\mathcal{E}}$ の式 $(6.17)_{\text{p.138}}$, $\dot{\mathcal{L}}$ の式 $(6.11)_{\text{p.137}}$, および $\dot{\mathcal{A}}$ の式 $(6.13)_{\text{p.138}}$ を用いると,

$$\dot{\mathcal{W}} = \int_{\mathcal{C}} (\delta\mathcal{E} + \lambda_1\kappa + \lambda_2)V\,ds$$

となるから, $\delta\mathcal{W} = \delta\mathcal{E} + \lambda_1\kappa + \lambda_2$ である. 次に, $V = -\delta\mathcal{W}$ を $\dot{\mathcal{L}} = 0$ と $\dot{\mathcal{A}} = 0$ のそれぞれに代入して整理すると, $\langle\kappa\rangle^2 \neq \langle\kappa^2\rangle$ のとき,

$$\begin{pmatrix} \lambda_1 \\ \lambda_2 \end{pmatrix} = \frac{1}{\langle\kappa\rangle^2 - \langle\kappa^2\rangle} \begin{pmatrix} \langle\kappa\delta\mathcal{E}\rangle - \langle\kappa\rangle\langle\delta\mathcal{E}\rangle \\ \langle\kappa^2\rangle\langle\delta\mathcal{E}\rangle - \langle\kappa\rangle\langle\kappa\delta\mathcal{E}\rangle \end{pmatrix}$$

を得る. ここで, CBS 不等式から

$$\langle\kappa\rangle^2 - \langle\kappa^2\rangle = \frac{1}{\mathcal{L}}\left(\left(\int_{\mathcal{C}}\kappa\,ds\right)^2 - \left(\int_{\mathcal{C}}ds\right)\left(\int_{\mathcal{C}}\kappa^2\,ds\right)\right) \leq 0$$

が成り立ち, 等号成立は κ が定数, すなわち $\mathcal{C}$ が円のときに限ることがわかる.

問 6.12 整理すると $\mathcal{H} = \mathcal{W} + \dfrac{c_0{}^2}{2}\mathcal{L} - 2\pi c_0$ となるから,

$$\dot{\mathcal{H}} = \int_{\mathcal{C}} \left(\delta\mathcal{E} + \left(\frac{c_0{}^2}{2} + \lambda_1\right)\kappa + \lambda_2\right)V\,ds$$

より, $\delta\mathcal{H} = \delta\mathcal{E} + \left(\dfrac{c_0{}^2}{2} + \lambda_1\right)\kappa + \lambda_2$ である.(すなわち, $c_0{}^2/2 + \lambda_1$ を λ_1 とおき直せば, $\delta\mathcal{W}$ と同じである.) 次に, $V = -\delta\mathcal{H}$ を $\dot{\mathcal{L}} = 0$ と $\dot{\mathcal{A}} = 0$ のそれぞれに代入して整理すると, 問 6.11 の答えと全く同じ計算から, $\langle\kappa\rangle^2 \neq \langle\kappa^2\rangle$ のとき,

$$\begin{pmatrix} c_0{}^2/2 + \lambda_1 \\ \lambda_2 \end{pmatrix} = \frac{1}{\langle\kappa\rangle^2 - \langle\kappa^2\rangle} \begin{pmatrix} \langle\kappa\delta\mathcal{E}\rangle - \langle\kappa\rangle\langle\delta\mathcal{E}\rangle \\ \langle\kappa^2\rangle\langle\delta\mathcal{E}\rangle - \langle\kappa\rangle\langle\kappa\delta\mathcal{E}\rangle \end{pmatrix}$$

を得る. ($\langle\kappa\rangle^2 = \langle\kappa^2\rangle$ となるのは $\mathcal{C}$ が円のときでそれに限ることも, 問 6.11 の答えで指摘した通りである.) これより, $\delta\mathcal{H}$ は c_0 に無関係となることがわかった.

問 **6.13** 周長減少　ガウスの発散定理より,
$$\dot{\mathcal{L}}(t) = \int_{\mathcal{C}(t)} \kappa V \, ds = -\frac{b^2}{12\mu\sigma} \int_{\mathcal{C}(t)} p\nabla p \cdot \boldsymbol{N} \, ds$$
$$= -\frac{b^2}{12\mu\sigma} \iint_{\mathcal{D}(t)} \text{div}(p\nabla p) \, dxdy = -\frac{b^2}{12\mu\sigma} \iint_{\mathcal{D}(t)} (p\Delta p + |\nabla p|^2) \, dxdy$$
$$= -\frac{b^2}{12\mu\sigma} \iint_{\mathcal{D}(t)} |\nabla p|^2 \, dxdy \leq 0.$$

面積保存　ガウスの発散定理より,
$$\dot{\mathcal{A}}(t) = \int_{\mathcal{C}(t)} V \, ds = -\frac{b^2}{12\mu} \int_{\mathcal{C}(t)} \nabla p \cdot \boldsymbol{N} \, ds$$
$$= -\frac{b^2}{12\mu} \iint_{\mathcal{D}(t)} \text{div}(\nabla p) \, dxdy = -\frac{b^2}{12\mu} \iint_{\mathcal{D}(t)} \Delta p \, dxdy = 0.$$

重心不動　面積保存だから $\mathcal{A}(t) = \mathcal{A}_0$ として，ガウスの発散定理より,
$$\dot{\mathcal{G}}(t) = \frac{1}{\mathcal{A}_0} \int_{\mathcal{C}(t)} V\boldsymbol{X} \, ds = -\frac{b^2}{12\mu\mathcal{A}_0} \int_{\mathcal{C}(t)} (\nabla p \cdot \boldsymbol{N})\boldsymbol{X} \, ds$$
$$= -\frac{b^2}{12\mu\mathcal{A}_0} \iint_{\mathcal{D}(t)} \begin{pmatrix} \text{div}(x\nabla p) \\ \text{div}(y\nabla p) \end{pmatrix} dxdy$$
$$= -\frac{b^2}{12\mu\mathcal{A}_0} \iint_{\mathcal{D}(t)} \begin{pmatrix} p_x + x\Delta p \\ p_y + y\Delta p \end{pmatrix} dxdy$$
$$= -\frac{b^2}{12\mu\mathcal{A}_0} \iint_{\mathcal{D}(t)} \left(\text{div}\begin{pmatrix} p \\ 0 \end{pmatrix}, \text{div}\begin{pmatrix} 0 \\ p \end{pmatrix}\right)^{\mathrm{T}} dxdy$$
$$= -\frac{b^2}{12\mu\mathcal{A}_0} \int_{\mathcal{C}(t)} \left(\begin{pmatrix} p \\ 0 \end{pmatrix} \cdot \boldsymbol{N}, \begin{pmatrix} 0 \\ p \end{pmatrix} \cdot \boldsymbol{N}\right)^{\mathrm{T}} ds$$
$$= -\frac{b^2}{12\mu\mathcal{A}_0} \int_{\mathcal{C}(t)} p\boldsymbol{N} \, ds = -\frac{b^2\sigma}{12\mu\mathcal{A}_0} \int_{\mathcal{C}(t)} \kappa\boldsymbol{N} \, ds$$
$$= \frac{b^2\sigma}{12\mu\mathcal{A}_0} \int_{\mathcal{C}(t)} \boldsymbol{T}_s \, ds = \boldsymbol{0}.$$

問 **6.14**　解曲線（円）の半径を $R(t)$ とすると，法線速度は $V = \dot{R}$，曲率は $\kappa = R(t)^{-1}$ で，$\kappa_{ss} = 0$ である．初期半径を $R(0) = R_0 > 0$ とする．これより，$\dot{R}(t) = V_c + (\alpha_{\text{eff}} - 1)R(t)^{-1}$ を解いて，
$$R(t) = R_0 + V_c t + \frac{\alpha_{\text{eff}} - 1}{V_c} \log\left|\frac{\alpha_{\text{eff}} - 1 + V_c R(t)}{\alpha_{\text{eff}} - 1 + V_c R_0}\right|$$

を得る．これは $R(t)$ については解けていないが，おおよそ半径 $R(t)$ は t の 1 次関数程度であることがわかる．

次のように考えてもよい．$\alpha_{\text{eff}} > 1$ のとき，$\dot{R} = V_c + (\alpha_{\text{eff}} - 1)R^{-1} > 0$ であるから $R(t) > R_0$ である．よって，$\dot{R} < V_c + (\alpha_{\text{eff}} - 1)R_0^{-1} =: V_0$ を解いて，$R(t) < R_0 + V_0 t$ となる．すなわち，半径の増大度は高々 t の 1 次関数であることがわかる．

$\alpha_{\text{eff}} < 1$ のときは，$R(t) \ll 1$ のとき $\dot{R} < 0$ だから，数学的には燃え拡がらない．一方，$R(t) \gg 1$ のとき $\dot{R} > 0$ だから，$\ddot{R} = -(\alpha_{\text{eff}} - 1)R^{-2}\dot{R} > 0$ より，$R(t) > R_0 + V_0 t$ となって，半径の増大度は t の 1 次関数以上であることがわかる．

問 6.15 まず，(6.21) を示す．

$$\mathcal{A}(t) = \frac{1}{2}\int_{\mathcal{C}(t)+\mathcal{C}_{ba}(t)} \boldsymbol{X} \cdot \boldsymbol{N}\, ds$$
$$= \frac{1}{2}\int_{\mathcal{C}(t)+\mathcal{C}_{ba}(t)} \det(\boldsymbol{X}, \boldsymbol{T})\, ds$$
$$= \frac{1}{2}\int_{\mathcal{C}(t)} \det(\boldsymbol{X}, \boldsymbol{T})\, ds + \frac{1}{2}\int_{\mathcal{C}_{ba}(t)} \det(\boldsymbol{X}, \boldsymbol{T})\, ds$$

となる．線分 $\mathcal{C}_{ba}(t)$ の位置ベクトルを

$$\boldsymbol{X}(t) = (1-u)\boldsymbol{b}(t) + u\boldsymbol{a}(t), \quad u \in [0,1]$$

とすると，$\boldsymbol{X}'(u,t) = \boldsymbol{a}(t) - \boldsymbol{b}(t)$ より，

$$\frac{1}{2}\int_{\mathcal{C}_{ba}(t)} \det(\boldsymbol{X}, \boldsymbol{T})\, ds = \frac{1}{2}\int_0^1 \det(\boldsymbol{X}, \boldsymbol{X}')\, du$$
$$= \frac{1}{2}\int_0^1 \det((1-u)\boldsymbol{b} + u\boldsymbol{a}, \boldsymbol{a} - \boldsymbol{b})\, du$$
$$= \frac{1}{2}\int_0^1 ((1-u)\det(\boldsymbol{b},\boldsymbol{a}) - u\det(\boldsymbol{a},\boldsymbol{b}))\, du$$
$$= \frac{1}{2}\int_0^1 \det(\boldsymbol{b},\boldsymbol{a})\, du = \frac{1}{2}\det(\boldsymbol{b},\boldsymbol{a})$$

がわかる．これより，

$$\mathcal{A}(t) = \frac{1}{2}\int_{\mathcal{C}(t)} \det(\boldsymbol{X}, \boldsymbol{T})\, ds + \frac{1}{2}\det(\boldsymbol{b}(t), \boldsymbol{a}(t))$$

となる．

次に，(6.22) を示す．

$$\dot{\mathcal{A}}(t) = \frac{d}{dt}\frac{1}{2}\int_{\mathcal{C}(t)} \det(\boldsymbol{X},\boldsymbol{T})\,ds + \frac{1}{2}\det(\dot{\boldsymbol{b}},\boldsymbol{a}) + \frac{1}{2}\det(\boldsymbol{b},\dot{\boldsymbol{a}})$$

$$= \frac{d}{dt}\frac{1}{2}\int_0^1 \det(\boldsymbol{X},\boldsymbol{X}')\,du + \frac{1}{2}\det(\dot{\boldsymbol{b}},\boldsymbol{a}) + \frac{1}{2}\det(\boldsymbol{b},\dot{\boldsymbol{a}})$$

$$= \frac{1}{2}\int_0^1 \det(\dot{\boldsymbol{X}},\boldsymbol{X}')\,du + \frac{1}{2}\int_0^1 \det(\boldsymbol{X},\dot{\boldsymbol{X}}')\,du$$
$$\quad + \frac{1}{2}\det(\dot{\boldsymbol{b}},\boldsymbol{a}) + \frac{1}{2}\det(\boldsymbol{b},\dot{\boldsymbol{a}})$$

$$= \frac{1}{2}\int_0^1 \det(\dot{\boldsymbol{X}},\boldsymbol{X}')\,du + \frac{1}{2}\left[\det(\boldsymbol{X},\dot{\boldsymbol{X}})\right]_0^1 - \frac{1}{2}\int_0^1 \det(\boldsymbol{X}',\dot{\boldsymbol{X}})\,du$$
$$\quad + \frac{1}{2}\det(\dot{\boldsymbol{b}},\boldsymbol{a}) + \frac{1}{2}\det(\boldsymbol{b},\dot{\boldsymbol{a}})$$

$$= \int_0^1 \det(\dot{\boldsymbol{X}},\boldsymbol{X}')\,du + \frac{1}{2}\left[\det(\boldsymbol{X},\dot{\boldsymbol{X}})\right]_0^1 + \frac{1}{2}\det(\dot{\boldsymbol{b}},\boldsymbol{a}) + \frac{1}{2}\det(\boldsymbol{b},\dot{\boldsymbol{a}})$$

$$= \int_{\mathcal{C}(t)} \det(\dot{\boldsymbol{X}},\boldsymbol{T})\,ds + \frac{1}{2}\left[\det(\boldsymbol{X},\dot{\boldsymbol{X}})\right]_0^1$$
$$\quad + \frac{1}{2}\det(\dot{\boldsymbol{b}},\boldsymbol{a}) + \frac{1}{2}\det(\boldsymbol{b},\dot{\boldsymbol{a}})$$

$$= \int_{\mathcal{C}(t)} \det(V\boldsymbol{N} + \alpha\boldsymbol{T},\boldsymbol{T})\,ds + \frac{1}{2}\left[\det(\boldsymbol{X},\dot{\boldsymbol{X}})\right]_0^1$$
$$\quad + \frac{1}{2}\det(\dot{\boldsymbol{b}},\boldsymbol{a}) + \frac{1}{2}\det(\boldsymbol{b},\dot{\boldsymbol{a}})$$

$$= \int_{\mathcal{C}(t)} V\,ds + \frac{1}{2}\left(\det(\boldsymbol{b},\dot{\boldsymbol{b}}) - \det(\boldsymbol{a},\dot{\boldsymbol{a}}) + \det(\dot{\boldsymbol{b}},\boldsymbol{a}) + \det(\boldsymbol{b},\dot{\boldsymbol{a}})\right)$$

$$= \int_{\mathcal{C}(t)} V\,ds + \frac{1}{2}\det(\boldsymbol{b}-\boldsymbol{a},\dot{\boldsymbol{b}}+\dot{\boldsymbol{a}})$$

を得る．ここで，$\det(\boldsymbol{N},\boldsymbol{T}) = 1$ であることを使った．

問 6.16 ラグランジュの未定乗数 λ を使って，

$$\dot{\mathcal{A}} - \lambda\dot{\mathcal{L}} = \int_{\mathcal{C}(t)} (1 - \lambda\kappa)V\,ds$$

より，$V = 1 - \lambda\kappa$ であれば，$\dot{\mathcal{A}} - \lambda\dot{\mathcal{L}} \geq 0$ となる．よって，

$$\dot{\mathcal{L}} = \int_{\mathcal{C}(t)} \kappa V\,ds = \int_{\mathcal{C}(t)} (\kappa - \lambda\kappa^2)\,ds = \int_{\mathcal{C}(t)} \kappa\,ds - \lambda\int_{\mathcal{C}(t)} \kappa^2\,ds$$
$$= [\theta(u,t)]_0^1 - \lambda\int_{\mathcal{C}(t)} \kappa^2\,ds = 0$$

より，
$$V = 1 - D(t)\kappa, \quad D(t) = \frac{[\theta(u,t)]_0^1}{\int_{\mathcal{C}(t)} \kappa^2 \, ds} = \frac{\langle \kappa \rangle}{\langle \kappa^2 \rangle}$$
を得る．

第7章

問 7.1 原点を O とし，三角形 $\mathrm{O}\boldsymbol{X}_{i-1}\boldsymbol{X}_i$ の符号付き面積を A_i とすると，
$$A_i = \frac{1}{2}\det(\boldsymbol{X}_{i-1}, \boldsymbol{X}_i) \quad (i=1,2,\ldots,N)$$
であるから，Ω の面積 A はこれらの総和として，
$$A = \sum_{i=1}^N A_i = \frac{1}{2}\sum_{i=1}^N \det(\boldsymbol{X}_{i-1}, \boldsymbol{X}_i)$$
と求まる．あるいは，三角形 $\mathrm{O}\boldsymbol{X}_{i-1}\boldsymbol{X}_i$ を底辺を第 i 辺，符号付き高さを $\boldsymbol{X}_i \cdot \boldsymbol{n}_i$ とする三角形と考えれば，
$$A = \frac{1}{2}\sum_{i=1}^N \boldsymbol{X}_i \cdot \boldsymbol{n}_i r_i$$
のように表現することもできる．

三角形 $\mathrm{O}\boldsymbol{X}_{i-1}\boldsymbol{X}_i$ の重心は，
$$\boldsymbol{G}_i = \frac{\boldsymbol{0} + \boldsymbol{X}_{i-1} + \boldsymbol{X}_i}{3} \quad (i=1,2,\ldots,N)$$
である．よって，Ω の重心 $\boldsymbol{G}$ は，三角形 $\mathrm{O}\boldsymbol{X}_{i-1}\boldsymbol{X}_i$ の符号付き面積 A_i を重みとした $\{\boldsymbol{G}_i\}_{i=1}^N$ の平均値として，
$$\boldsymbol{G} = \frac{1}{A}\sum_{i=1}^N \boldsymbol{G}_i A_i = \frac{1}{3A}\sum_{i=1}^N \det(\boldsymbol{X}_{i-1}, \boldsymbol{X}_i)\bar{\boldsymbol{X}}_i$$
のように求まる．

あるいは，問 6.3 (2), (3) (p.139) と同様の考察から，(6.14)$_{\text{p.138}}$ に対応して，
$$\boldsymbol{G} = \frac{1}{A}\iint_\Omega \boldsymbol{X}\,dxdy = \frac{1}{3A}\sum_{i=1}^N (\boldsymbol{X}_i \cdot \boldsymbol{n}_i)\bar{\boldsymbol{X}}_i r_i$$
のように算出してもよい．

問 7.2 $(7.9)_{\text{p.160}}$ の N_i と T_i のそれぞれに,$(7.1)_{\text{p.159}}$ と $(7.2)_{\text{p.159}}$ を適用する.また,番号 i を一つずらすと,$\dot{X}_{i-1} = V_{i-1} N_{i-1} + W_{i-1} T_{i-1}$ であるから,N_{i-1} と T_{i-1} のそれぞれに,(7.1) と (7.2) を適用する.

問 7.3 X_i における曲率 $\hat{\kappa}_i$ は,
$$\hat{\kappa}_i = \frac{2\sin_i}{\hat{r}_i} = \frac{4\sin((\theta_{i+1} - \theta_i)/2)}{|X_{i+1} - X_i| + |X_i - X_{i-1}|}$$
である.よって $\hat{\kappa}_i$ は,$\theta_i, \theta_{i+1}, X_i, X_{i\pm1}$ から決定される.また,$\Gamma_i = [X_{i-1}, X_i]$ の接線角度 θ_i は,2π の整数倍の不定性を除けば,X_i と X_{i-1} の 2 点から決定される.これより,$\hat{\kappa}_i$ は,$X_i, X_{i\pm1}$ の 3 点から決定される.

Γ_i 上の曲率 κ_i は,
$$\kappa_i = \frac{\tan_i + \tan_{i-1}}{r_i} = \frac{\tan((\theta_{i+1} - \theta_i)/2) + \tan((\theta_i - \theta_{i-1})/2)}{|X_i - X_{i-1}|}$$
である.よって κ_i は,$X_i, X_{i\pm1}, X_{i-2}$ の 4 点から決定される.

これと $\cos_i = \cos((\theta_{i+1} - \theta_i)/2)$ から,K_i は $X_i, X_{i\pm1}, X_{i\pm2}$ の 5 点から決定される.

第 8 章

問 8.1 周期性を用いて番号をシフトする.
$$\sum_{i=1}^{N} \mathsf{F}_i \langle \kappa \mathsf{G} \rangle_i r_i = \sum_{i=1}^{N} \mathsf{F}_i \frac{\tan_i \mathsf{G}_{i+1} + (\tan_i + \tan_{i-1}) \mathsf{G}_i + \tan_{i-1} \mathsf{G}_{i-1}}{2 r_i} r_i$$
$$= \sum_{i=1}^{N} \frac{\tan_i \mathsf{F}_{i+1} + (\tan_i + \tan_{i-1}) \mathsf{F}_i + \tan_{i-1} \mathsf{F}_{i-1}}{2 r_i} \mathsf{G}_i r_i$$
$$= \sum_{i=1}^{N} \langle \kappa \mathsf{F} \rangle_i \mathsf{G}_i r_i.$$

問 8.2 周期性を用いて番号をシフトする.
$$\sum_{i=1}^{N} \mathsf{F}_i (\mathrm{D}_{\mathrm{s}}^{\mathrm{c}} \mathsf{G}_i) r_i = \sum_{i=1}^{N} \mathsf{F}_i \frac{\mathsf{G}_{i+1} - \mathsf{G}_{i-1}}{2}$$
$$= \sum_{i=1}^{N} \frac{\mathsf{F}_{i-1} - \mathsf{F}_{i+1}}{2} \mathsf{G}_i = -\sum_{i=1}^{N} (\mathrm{D}_{\mathrm{s}}^{\mathrm{c}} \mathsf{F}_i) \mathsf{G}_i r_i.$$

問 8.3 $\phi_i = \phi_{i-1} = \phi$ のとき，$\phi \to 0$ のとき，

$$\sigma(\theta_{i\pm 1}) = \sigma(\theta_i \pm \phi) = \sigma(\theta_i) \pm \sigma'(\theta_i)\phi + o(\phi)$$

であるから，$\kappa_i = 2\tan(\phi/2)/r_i$ より，

$$\langle \kappa\sigma(\theta) \rangle_i = \frac{\tan(\phi/2)\sigma(\theta_{i+1}) + 2\tan(\phi/2)\sigma(\theta_i) + \tan(\phi/2)\sigma(\theta_{i-1})}{2r_i}$$

$$= \frac{\sigma(\theta_i + \phi) + 2\sigma(\theta_i) + \sigma(\theta_i - \phi)}{4}\kappa_i$$

$$= \frac{4\sigma(\theta_i) + o(\phi)}{4}\kappa_i$$

$$= \sigma(\theta_i)\kappa_i + o(\phi)$$

となる．また，平均値の定理から，

$$\frac{\sigma'(\theta_{i+1}) - \sigma'(\theta_{i-1})}{4\tan(\phi/2)} = \frac{\sigma'(\theta_i + \phi) - \sigma'(\theta_i - \phi)}{4\tan(\phi/2)} = \frac{2\phi\,\sigma''(\theta_i + \mu\phi)}{4\tan(\phi/2)}$$

を満たす $\mu \in (-1, 1)$ が存在する．以上より，

$$(\kappa_\sigma)_i \to (\sigma''(\theta_i) + \sigma(\theta_i))\kappa_i$$

がわかった．

次に，ε_i の評価は，

$$(\sigma'(\theta_i) + \sigma'(\theta_{i+1}))\tan_i$$
$$= \left(2\sigma'(\theta_i) + \sigma''(\theta_i)\phi + \frac{1}{2}\sigma'''(\theta_i)\phi^2 + o(\phi^2)\right)\left(\frac{\phi}{2} + \frac{1}{3}\left(\frac{\phi}{2}\right)^3 + o(\phi^3)\right)$$
$$= \sigma'(\theta_i)\phi + \frac{1}{2}\sigma''(\theta_i)\phi^2 + \left(\frac{1}{4}\sigma'''(\theta_i) + \frac{1}{12}\sigma'(\theta_i)\right)\phi^3 + o(\phi^3),$$

$$\sigma(\theta_{i+1}) - \sigma(\theta_i)$$
$$= \sigma'(\theta_i)\phi + \frac{1}{2}\sigma''(\theta_i)\phi^2 + \frac{1}{6}\sigma'''(\theta_i)\phi^3 + o(\phi^3)$$

より，

$$\varepsilon_i = \frac{1}{12}\Big(\sigma'''(\theta_i) + \sigma'(\theta_i)\Big)\phi^3 + o(\phi^3)$$

となる．

問 8.4 $\phi = 2\pi/N$ とおくと, $\phi_i \equiv \phi$ であるから, 外接正 N 角形の第 i 頂点は $\boldsymbol{X}_i = \dfrac{R}{\cos(\phi/2)} \boldsymbol{N}_i$ となる. $\dot{\boldsymbol{X}}_i = V_i \boldsymbol{N}_i$, $V_i = \dfrac{V_c}{\cos(\phi/2)}$ であるから, $\dot{R} = V_c$ を得る. 後は, 連続版の問 6.4 (p.140) と同じである. 内接正 N 角形の第 i 頂点は $\boldsymbol{X}_i = R\boldsymbol{N}_i$ であり, 「外接」の場合を $\cos(\phi/2)$ 倍にスケール変換したもの (R を $R\cos(\phi/2)$ に置き換えたもの) が解である.

問 8.5 前問 8.4 (p.188) の解答と同じ設定のもとで, 外接正 N 角形の第 i 辺上の「曲率」は, $\kappa_i(t) = R(t)^{-1}$ である. よって, $\dot{R} = -R^{-1}$ を得る. 後は, 連続版の問 6.5 (p.140) の解答と同じである. 内接正 N 角形の場合は, 「外接」の場合を $\cos(\phi/2)$ 倍にスケール変換したものが解となる.

問 8.6 CBS 不等式を使って, $\dot{L} \leq 0$ を示す.

$$\begin{aligned}
\dot{L} &= \sum_{i=1}^{N} \kappa_i v_i r_i = \langle \kappa \rangle \sum_{i=1}^{N} \kappa_i r_i - \sum_{i=1}^{N} \kappa_i^2 r_i \\
&= \frac{1}{L} \Big(\sum_{i=1}^{N} \kappa_i \sqrt{r_i} \sqrt{r_i} \Big)^2 - \sum_{i=1}^{N} \kappa_i^2 r_i \\
&\leq \frac{1}{L} \Big(\sum_{i=1}^{N} \kappa_i^2 r_i \Big) \Big(\sum_{i=1}^{N} r_i \Big) - \sum_{i=1}^{N} \kappa_i^2 r_i = 0, \\
\dot{A} &= \sum_{i=1}^{N} v_i r_i = \langle \kappa \rangle \sum_{i=1}^{N} r_i - \sum_{i=1}^{N} \kappa_i r_i = 0 \quad \text{if } \mathrm{err}_A = 0.
\end{aligned}$$

問 8.7 問 8.4 (p.188) や問 8.5 (p.189) と同じく, 連続版である問 6.9 (1) (p.142) の解答と同様である.

問 8.8 $\mathrm{err}_E = 0$ のとき,

$$-\dot{L} + \delta \dot{E} = -\sum_{i=1}^{N} \Big(\kappa_i + \delta \Big(\mathrm{D_{ss}}\, \kappa_i + \frac{1}{2} \langle \kappa^3 \rangle_i \Big) \Big) v_i r_i = -\sum_{i=1}^{N} v_i^2 r_i \leq 0.$$

問 8.9 $\mathrm{err}_A = 0$ のとき, 部分和分 $(8.14)_{\mathrm{p.187}}$ から,

$$\dot{A} = \sum_{i=1}^{N} (\mathrm{D_{ss}}\, \kappa_i) r_i = 0$$

である．また，$\phi_i \equiv \phi$ のとき，$\mathrm{D_s}\mathsf{F}_i = \dfrac{1}{\cos^2(\phi/2)}\mathrm{D_s^c}\mathsf{F}_i$ より，部分和分 $(8.14)_{\mathrm{p.187}}$ から，

$$\dot{L} = \sum_{i=1}^{N} \kappa_i (\mathrm{D_{ss}}\,\kappa_i) r_i = -\sum_{i=1}^{N} (\mathrm{D_s^c}\,\kappa_i)(\mathrm{D_s}\,\kappa_i) r_i = -\sum_{i=1}^{N} \frac{(\mathrm{D_s^c}\,\kappa_i)^2}{\cos^2(\phi/2)} r_i \leq 0.$$

問 8.10 $\rho_\varphi = g\varphi(\kappa)\Big(\displaystyle\int_0^1 \varphi(\kappa) g\, du\Big)^{-1}$ を時間微分して，

$$\dot{\rho}_\varphi = \dot{g}\frac{\rho_\varphi}{g} + \varphi'(\kappa)\dot{\kappa}\frac{\rho_\varphi}{\varphi(\kappa)}$$
$$- \rho_\varphi \Big(\int_0^1 \varphi(\kappa) g\, du\Big)^{-1} \Big(\int_0^1 \varphi'(\kappa)\dot{\kappa} g + \varphi(\kappa)\dot{g}\, du\Big).$$

これに，$\dot{g}$ の式 $(6.4)_{\mathrm{p.136}}$ と $\dot{\kappa}$ の式 $(6.8)_{\mathrm{p.137}}$ を代入すると，$(8.27)_{\mathrm{p.198}}$ の f を用いて，

$$\varphi(\kappa)\frac{\dot{\rho}_\varphi}{\rho_\varphi} = (\kappa V + W_s)\varphi(\kappa) + \varphi'(\kappa)\Big(-(V_{ss} + \kappa^2 V) + \kappa_s W\Big)$$
$$- \frac{\varphi(\kappa)}{\mathcal{L}\langle\varphi(\kappa)\rangle} \int_\mathcal{C} \Big(\varphi'(\kappa)(-(V_{ss} + \kappa^2 V) + \kappa_s W) + \varphi(\kappa)(\kappa V + W_s)\Big) ds$$
$$= (\varphi(\kappa) W)_s + f - \frac{\varphi(\kappa)}{\mathcal{L}\langle\varphi(\kappa)\rangle} \int_\mathcal{C} \Big(f + (\varphi(\kappa) W)_s\Big) ds$$
$$= (\varphi(\kappa) W)_s + f - \frac{\varphi(\kappa)}{\langle\varphi(\kappa)\rangle} \langle f \rangle = 0$$

より，(8.26)–$(8.27)_{\mathrm{p.198}}$ を得る．

問 8.11 問 $8.10_{\mathrm{(p.199)}}$ の解答と，$\dot{\rho}_\varphi = (1 - \rho_\varphi)\omega(t)$ から，

$$\frac{\dot{\rho}_\varphi}{\rho_\varphi} = \frac{(\varphi(\kappa) W)_s}{\varphi(\kappa)} + \frac{f}{\varphi(\kappa)} - \frac{\langle f \rangle}{\langle\varphi(\kappa)\rangle} = \Big(\rho^{-1} - 1\Big)\omega(t)$$

となって，$(8.29)_{\mathrm{p.199}}$ を得る．

第 9 章

問 9.1 $(9.2)_{\mathrm{p.218}}$ から，

$\kappa(u,t)$
$= \widehat{\boldsymbol{N}}_x(\boldsymbol{X}(u,t),t) \cdot \boldsymbol{T}(u,t)T_1(u,t) + \widehat{\boldsymbol{N}}_y(\boldsymbol{X}(u,t),t) \cdot \boldsymbol{T}(u,t)T_2(u,t)$
$= \widehat{N}_{1x}(\boldsymbol{X}(u,t),t)T_1(u,t)^2 + \underline{\widehat{N}_{2x}(\boldsymbol{X}(u,t),t)T_1(u,t)T_2(u,t)}$
$\quad + \underline{\widehat{N}_{1y}(\boldsymbol{X}(u,t),t)T_2(u,t)}T_1(u,t) + \widehat{N}_{2y}(\boldsymbol{X}(u,t),t)T_2(u,t)^2$
$\stackrel{(*1)}{=} \widehat{N}_{1x}(\boldsymbol{X}(u,t),t)T_1(u,t)^2 + \widehat{N}_{1x}(\boldsymbol{X}(u,t),t)T_2(u,t)^2$
$\quad + \widehat{N}_{2y}(\boldsymbol{X}(u,t),t)T_1(u,t)^2 + \widehat{N}_{2y}(\boldsymbol{X}(u,t),t)T_2(u,t)^2$
$\stackrel{(*2)}{=} \widehat{N}_{1x}(\boldsymbol{X}(u,t),t) + \widehat{N}_{2y}(\boldsymbol{X}(u,t),t)$
$= \operatorname{div} \widehat{\boldsymbol{N}}(\boldsymbol{X}(u,t),t)$

となる．下線部の変形 $(*1)$ に $(9.3)_{\text{p.218}}$ の等式を，$(*2)$ に単位性 $|\boldsymbol{T}(u,t)|^2 = T_1(u,t)^2 + T_2(u,t)^2 = 1$ を使った．

問 9.2 [12, Theorem 1] をみよ．

問 9.3 発散定理を用いる．
$$\frac{d}{dt}J(u) = \iint_\Omega \left(|\nabla u|\frac{\partial}{\partial t}|\nabla u| + F'(u)u_t\right)dxdy$$
$$= \iint_\Omega \left(\nabla u \cdot \nabla u_t - f(u)u_t\right)dxdy$$
$$= \iint_\Omega \left(\operatorname{div}(u_t \nabla u) - u_t \triangle u - f(u)u_t\right)dxdy$$
$$= \int_{\partial\Omega} u_t \frac{\partial u}{\partial \boldsymbol{n}}ds - \iint_\Omega \left(\triangle u + f(u)\right)u_t\,dxdy.$$
これより，$u_t = \triangle u + f'(u)$ を得る．

問 9.4 以下，適宜 $\boldsymbol{X}' = g\boldsymbol{T}$, $\boldsymbol{T}' = -g\kappa\boldsymbol{N}$, $\boldsymbol{N}' = g\kappa\boldsymbol{T}$ や，$\dot{\boldsymbol{X}}$ の式 $(6.2)_{\text{p.134}}$ および $\dot{\boldsymbol{N}}$ の式 $(6.6)_{\text{p.136}}$ を用いる．

$(9.26)_{\text{p.245}}$ の両辺と $\boldsymbol{N}$ との内積をとると，$\boldsymbol{e}\cdot\boldsymbol{N} = \nabla Q \cdot \boldsymbol{e}$ となる．$\boldsymbol{e}$ は任意だから，$\boldsymbol{e} = (1,0), (0,1)$ の場合をそれぞれ考えれば，$(9.27)_{\text{p.246}}$ を得る．次に，$(9.26)_{\text{p.245}}$ の両辺と $\boldsymbol{T}$ との内積をとると，$\boldsymbol{e}\cdot\boldsymbol{T} = g(1+\kappa Q)\nabla P \cdot \boldsymbol{e}$ となる．$\boldsymbol{e}$ について上と同様に考えて $(9.28)_{\text{p.246}}$ を得る．$(9.29)_{\text{p.246}}$ と $(9.30)_{\text{p.246}}$ については，$(9.27)_{\text{p.246}}$ と $(9.28)_{\text{p.246}}$ のそれぞれの両辺の発散 div を考えればよい．

$(9.25)_{\text{p.245}}$ の両辺を t で微分すると，
$$\boldsymbol{0} = (V+Q_t)\boldsymbol{N} + \Big(g(1+\kappa Q)P_t + (1+\kappa Q)W - V_s Q\Big)\boldsymbol{T}$$

となることから，$(9.31)_{\text{p.246}}$ と $(9.32)_{\text{p.246}}$ をそれぞれ得る．

問 9.5 $H = \mathscr{L}U_1$，$\mathscr{L}U_{0,q} = 0$ と，$|q| \to \infty$ のとき $U_{0,q}, U_{0,qq} \to 0$ に注意して以下を得る．

$$
\begin{aligned}
(H, U_{0,q}) &= (\mathscr{L}U_1, U_{0,q}) = \int_{\mathbb{R}} (\mathscr{L}U_1) U_{0,q} \, dq \\
&= \int_{\mathbb{R}} \left(U_{1,qq} U_{0,q} + f'(U_0) U_1 U_{0,q} \right) dq \\
&= \left[U_{1,q} U_{0,q} \right]_{-\infty}^{\infty} - \int_{\mathbb{R}} U_{1,q} U_{0,qq} \, dq + \int_{\mathbb{R}} U_1 f'(U_0) U_{0,q} \, dq \\
&= -\left[U_1 U_{0,qq} \right]_{-\infty}^{\infty} + \int_{\mathbb{R}} U_1 \left((U_{0,q})_{qq} + f'(U_0) U_{0,q} \right) dq \\
&= (U_1, \mathscr{L} U_{0,q}) = 0.
\end{aligned}
$$

問 9.6 二宮 [86, 8.2 節] を見よ．

第 10 章

問 10.1 体積保存 ガウスの発散定理より，

$$
\begin{aligned}
\dot{\mathcal{V}}(t) &= \dot{\mathcal{A}}(t) b(t) + \mathcal{A}(t) \dot{b}(t) \\
&= b(t) \int_{\mathcal{C}(t)} V \, ds + \mathcal{A}(t) \dot{b}(t) \\
&= -\frac{b(t)^3}{12\mu} \int_{\mathcal{C}(t)} \nabla p \cdot \boldsymbol{N} \, ds + \mathcal{A}(t) \dot{b}(t) \\
&= -\frac{b(t)^3}{12\mu} \iint_{\mathcal{D}(t)} \operatorname{div}(\nabla p) \, dxdy + \mathcal{A}(t) \dot{b}(t) \\
&= -\frac{b(t)^3}{12\mu} \iint_{\mathcal{D}(t)} \Delta p \, dxdy + \mathcal{A}(t) \dot{b}(t) \\
&= -\frac{b(t)^3}{12\mu} \iint_{\mathcal{D}(t)} 12\mu \frac{\dot{b}(t)}{b(t)^3} \, dxdy + \dot{b}(t) \iint_{\mathcal{D}(t)} dxdy = 0.
\end{aligned}
$$

重心不動 重心 $\boldsymbol{\mathcal{G}}(t) = \dfrac{1}{\mathcal{A}(t)} \iint_{\mathcal{D}(t)} \boldsymbol{x} \, dxdy$ の時間発展方程式は，

$$
\dot{\boldsymbol{\mathcal{G}}}(t) = -\frac{\dot{\mathcal{A}}(t)}{\mathcal{A}(t)} \boldsymbol{\mathcal{G}}(t) + \frac{1}{\mathcal{A}(t)} \int_{\mathcal{C}(t)} V \boldsymbol{X} \, ds
$$

であった $((6.15)_{\mathrm{p.138}})$. ここで, ガウスの発散定理と $\boldsymbol{T}_s = -\kappa \boldsymbol{N}$ より,

$$\begin{aligned}
\int_{\mathcal{C}(t)} V\boldsymbol{X}\, ds &= -\frac{b(t)^2}{12\mu} \int_{\mathcal{C}(t)} (\nabla p \cdot \boldsymbol{N}) \boldsymbol{X}\, ds \\
&= -\frac{b(t)^2}{12\mu} \iint_{\mathcal{D}(t)} \begin{pmatrix} \mathrm{div}(x\nabla p) \\ \mathrm{div}(y\nabla p) \end{pmatrix} dxdy \\
&= -\frac{b(t)^2}{12\mu} \iint_{\mathcal{D}(t)} \left(\begin{pmatrix} \mathrm{div}(p,0) \\ \mathrm{div}(0,p) \end{pmatrix} + 12\mu \frac{\dot{b}(t)}{b(t)^3}\boldsymbol{x} \right) dxdy \\
&= -\frac{b(t)^2}{12\mu} \int_{\mathcal{C}(t)} p\boldsymbol{N}\, ds - \frac{\dot{b}(t)}{b(t)} \iint_{\mathcal{D}(t)} \boldsymbol{x}\, dxdy \\
&= -\frac{b(t)^2 \sigma}{12\mu} \int_{\mathcal{C}(t)} \kappa \boldsymbol{N}\, ds - \frac{\mathcal{A}(t)\dot{b}(t)}{b(t)} \boldsymbol{G}(t) \\
&= -\frac{\mathcal{A}(t)\dot{b}(t)}{b(t)} \boldsymbol{G}(t).
\end{aligned}$$

よって, 体積保存性 $\dot{\mathcal{V}}(t) = 0$ より,

$$\dot{\boldsymbol{G}}(t) = -\frac{\dot{\mathcal{A}}(t)}{\mathcal{A}(t)} \boldsymbol{G}(t) - \frac{\dot{b}(t)}{b(t)} \boldsymbol{G}(t) = -\frac{\dot{\mathcal{V}}(t)}{\mathcal{V}(t)} \boldsymbol{G}(t) = \boldsymbol{0}.$$

周長減少は成立するか？ ガウスの発散定理より,

$$\begin{aligned}
\dot{\mathcal{L}}(t) &= \int_{\mathcal{C}(t)} \kappa V\, ds = -\frac{b(t)^2}{12\mu\sigma} \int_{\mathcal{C}(t)} p\nabla p \cdot \boldsymbol{N}\, ds \\
&= -\frac{b(t)^2}{12\mu\sigma} \iint_{\mathcal{D}(t)} \mathrm{div}(p\nabla p)\, dxdy \\
&= -\frac{b(t)^2}{12\mu\sigma} \iint_{\mathcal{D}(t)} \left(12\mu \frac{\dot{b}(t)}{b(t)^3} p + |\nabla p|^2 \right) dxdy \\
&= -\frac{b(t)^2}{12\mu\sigma} \iint_{\mathcal{D}(t)} \left(12\mu \frac{\dot{b}(t)}{b(t)^3} p + |\nabla p|^2 \right) dxdy \\
&= -\frac{\dot{b}(t)}{\sigma b(t)} \iint_{\mathcal{D}(t)} p\, dxdy - \frac{b(t)^2}{12\mu\sigma} \iint_{\mathcal{D}(t)} |\nabla p|^2\, dxdy \\
&\leq -\frac{\dot{b}(t)}{\sigma b(t)} \iint_{\mathcal{D}(t)} p\, dxdy.
\end{aligned}$$

隙間の単調増加性 $\dot{b}(t) > 0$ を仮定しても, $\iint_{\mathcal{D}(t)} p\, dxdy$ の符号がわからないため, このままでは, $\dot{\mathcal{L}}(t)$ の符号は定まらない.

参考文献

[1] K. Ahara, K. Ikeda and N. Ishimura, Linear discrete model for shortening polygons, *J. Fac. Sci. Univ. Tokyo Sect. IA, Math.* **39** (1992) 365–377.

[2] S. Allen & J. W. Cahn, A microscopic theory for antiphase boundary motion and its application to antiphase domain coarsening, *Acta. Metall.* **27** (1979) 1085–1095.

[3] F. Almgren & J. E. Taylor, Flat flow is motion by crystalline curvature for curves with crystalline energies, *J. Diff. Geom.* **42** (1995) 1–22.

[4] B. Andrews, Evolving convex curves, *Calc. Var.* **7** (1998) 315–371.

[5] B. Andrews, Classification of limiting shapes for isotropic curve flows, *J. American math. society* **16** (2003) 443–459.

[6] S. Angenent & M. E. Gurtin, Multiphase thermomechanics with interfacial structure, 2. Evolution of an isothermal interface, *Arch. Rational Mech. Anal.* **108** (1989) 323–391.

[7] M. Beneš, M. Kimura and S. Yazaki, Second order numerical scheme for motion of polygonal curves with constant area speed, *Interfaces and Free Boundaries* **11** (2009) 515–536.

[8] V. Borrelli, F. Cazals and J.-M. Morvan, On the angular defect of triangulations and the pointwise approximation of curvatures, *Comput. Aided Geom. Design* **20** (2003) 319–341.

[9] Some Mathematical Works of the 17th & 18th Centuries, including Newton's Principia, Euler's Mechanica, Introductio in Analysin, etc., translated mainly from Latin into English. (Most of the translations are from Latin by Ian Bruce, with some papers by others.) http://www.17centurymaths.com/

[10] A. M. Bruckstein, S. Guillermo and D. Shaked, Evolutions of planar polygons, *International Journal of Pattern Recognition and Artificial Intelligence* **9** (1995) 991–1014.

[11] J. W. Cahn & J. E. Taylor, Surface motion by surface diffusion, *Acta metall. mater.* **42** (1994) 1045–1063.

[12] Y.-G. Chen, Y. Giga, T. Hitaka and M. Honma, Numerical analysis for motion of a surface by its mean curvature, *RIMS Kôkyûroku* **836** (1993) 147–151; A stable difference scheme for computing motion of level surfaces by the mean curvature, *Proc. of the third GARC symposium on pure and applied mathematics* (ed. D. Kim et al.)

(1994) 1–19; *Hokkaido University Preprint Series in Mathematics* **258** (1994) 2–18. DOI: 10.14943/83405

[13] B. Chow & D. Glickenstein, Semidiscrete geometric flows of polygons, *American Mathematical Monthly* **114** (2007) 316–328.

[14] J. Cufí, A. Reventós and C. J. Rodríguez, Curvature for Polygons, *The American Mathematical Monthly* **122** (2015.4) 332–337.

[15] K. Deckelnick & G. Dziuk, On the approximation of the curve shortening flow, *Pitman Res. Notes Math. Ser.* **326** (1995) 100–108.

[16] P. Deuflhard, *Newton Methods for Nonlinear Problems: Affine Invariance and Adaptive Algorithms*, Springer, 2004.

[17] P. Deuflhard, A Short History of Newton's Method, *Documenta Mathematica, Extra Volume ISMP* (2012) 25–30.

[18] G. Dziuk, Convergence of a semi discrete scheme for the curve shortening flow, *Math. Models Methods Appl. Sci.* **4** (1994) 589–606.

[19] C. M. Elliott, Approximation of curvature dependent interface motion, *Inst. Math. Appl. Conf. Ser. New Ser.* **63** (1997) 407–440.

[20] C. L. Epstein & M. Gage, The curve shortening flow, Wave motion: theory, modelling, and computation (Berkeley, Calif., 1986), *Math. Sci. Res. Inst. Publ.* **7** Springer (1987) 15–59.

[21] L. Euler, Institutionum calculi integralis (volumen primum).
英訳：Foundations of Integral Calculus (volume 1), 1768. Opera Omnia: Series 1, Volume 11 に再録（オイラーアーカイブ [22] のエーネストレム番号 (Enestrӧm index)[E342]）.

[22] The Euler Archive. http://eulerarchive.maa.org/

[23] L. C. Evans, *Patial differential equations (2nd ed.)*, AMS (2010).

[24] G. Fairweather & A. Karageorghis, The method of fundamental solutions for elliptic boundary value problems, *Adv. Comput. Math.* **9** (1998) 69–95.

[25] J. Fourier, *Analyse des équations déterminées*, Paris, 1831.

[26] M. L. Frankel & G. I. Sivashinsky, On the nonlinear thermal diffusive theory of curved flames, *Journal de Physique* **48** (1987) 25–28.

[27] 藤井孝蔵, 『流体力学の数値計算法』, 東京大学出版会, 1994.

[28] 降旗大介, 「構造保存数値解法入門：離散変分導関数法」, 応用数学勉強会 2013 at 芝浦工大 (2013.12.27).
http://www.sic.shibaura-it.ac.jp/~tisiwata/Workshops/LectureNotes2013/2013LectureNote_Furihata.pdf

[29] M. Gage, On an area-preserving evolution equations for plane curves, *Contemporary Math.* **51** (1986) 51–62.

[30] M. Gage & R. S. Hamilton, The heat equation shrinking convex plane curves, *J. Diff. Geom.* **23** (1986) 69–96.

[31] 儀我美一, 「曲面の発展方程式における等高面の方法」, 『数学』 **47** (1995) 321–340.
英訳：Y. Giga, A level set method for surface evolution equations, *Sugaku Expositions* **10** (1997) 217–241.

[32] 儀我美一, 「非等方的曲率による界面運動方程式」, 『数学』 **52** (2000) 113–127.
英訳：Y. Giga, Anisotropic curvature effects in interface dynamics, *Sugaku Expositions* **16** (2003) 135–152.

[33] 儀我美一,「界面ダイナミクス：曲率の効果」, 増田久弥（編集）『応用解析ハンドブック』, 第II部, 第4章, シュプリンガージャパン, 2010.
新版：丸善出版, 2012.
[34] 儀我美一, 陳蘊剛,『動く曲面を追いかけて［新版］』, 日本評論社, 2015.
[35] Y. Giga & K. Ito, Loss of Convexity of Simple Closed Curves Moved by Surface Diffusion, *Topics in Nonlinear Analysis*, Progress in Nonlinear Differential Equations and Their Applications **35**, Birkhäuser, Basel (1999) 305–320.
[36] D. Glickenstein & J. Liang, Asymptotic behavior of β-polygon flows, *arXiv preprint* **1610.03598** (2016).
[37] M. Goto, K. Kuwana, G. Kushida and S. Yazaki, Experimental and theoretical study on near-floor flame spread along a thin solid, *Proceedings of the Combustion Institute* **37** (Online: 2018.6.22, Print: 2019) 3783–3791.
[38] M. Goto, K. Kuwana and S. Yazaki, A simple and fast numerical method for solving flame/smoldering evolution equations, *JSIAM Lett.* **10** (2018) 49–52.
[39] J. V. Grabiner, *The Origins of Cauchy's Rigorous Calculus*, Dover, 1981.
[40] M. A. Grayson, The heat equation shrinks emmbedded plane curves to round points, *J. Diff. Geom.* **26** (1987) 285–314.
[41] E. Hairer & G. Wanner, *Analysis by Its History*, Springer, 2008.
邦訳：E. ハイラー, G. ワナー, 蟹江幸博（訳）,『解析教程・上／下』, シュプリンガー・フェアラーク東京, 1997.
新装版：丸善出版, 2012.
[42] H. S. Hele-Shaw, The flow of water, *Nature* **58** (1898) 34–36.
[43] M. H. Holmes, *Introduction to Scientific Computing and Data Analysis*, Springer, 2016.
[44] T. Y. Hou, J. S. Lowengrub and M. J. Shelley, Removing the stiffness from interfacial flows with surface tension, *J. Comput. Phys.* **114** (1994) 312–338.
[45] IEEE Computer Society (IEEE Std 754^{TM}-2008 (Revision of ANSI/IEEE Std 754-1985)), 754-2008 - IEEE Standard for Floating-Point Arithmetic, *IEEE*, 2008. DOI: 10.1109/IEEESTD.2008.4610935
[46] 伊理正夫, 藤野和建,『数値計算の常識』, 共立出版, 1985.
[47] 石渡哲哉,『クリスタライン運動について：平面上の多角形の運動の解析』, 大学院GP 数学レクチャーノートシリーズ **GP-TML06**, 東北大学大学院理学研究科, 2008.
[48] 磯祐介,「境界要素法の数理」,『数学』**41**, 岩波書店 (1989), 112–125.
[49] T. Jecko & J. C. Léger, Polygon shortening makes (most) quadrilaterals circular, *Bulletin of the Korean Mathematical Society* **39** (2002) 97–111.
[50] フリッツ・ジョン（著）, 佐々木徹, 示野信一, 橋本義武（訳）,『偏微分方程式』, シュプリンガー・フェアラーク東京, 2003.
[51] W. Jones ed., *Analysis Per Quantitaum Series, Fluxiones, ac Differentias: cum Enumeratione Linearum Tertii Ordinis*, London, 1711.
[52] L. Kagan & G. Sivashinsky, Pattern formation in flame spread over thin solid fuels, *Combustion Theory and Modelling* **12** (2008) 269–281.
[53] A. Karageorghis, D. Lesnic and L. Marin, A survey of application of the MFS to inverse problems, *Inverse Probl. Sci. Eng.* **19** (2011) 309–336.
[54] M. Katsurada & H. Okamoto, A mathematical study of the charge simulation method. I, *J. Fac. Sci. Univ. Tokyo Sect. IA Math.* **35** (1988) 507–518.
[55] 菊池文雄, 齊藤宣一,『数値解析の原理：現象の解明をめざして』, 岩波数学叢書, 岩波

書店，2016.
- [56] M. Kimura, Accurate numerical scheme for the flow by curvature, *Appl. Math. Letters* **7** (1994) 69–73.
- [57] M. Kimura, Numerical analysis for moving boundary problems using the boundary tracking method, *Japan J. Indust. Appl. Math.* **14** (1997) 373–398.
- [58] M. Kimura & H. Notsu, A level set method using the signed distance function, *Japan J. Indust. Appl. Math.* **19** (2002) 415–446.
- [59] M. Kimura, D. Tagami and S. Yazaki, Polygonal Hele-Shaw problem with surface tension, *Interfaces and Free Boundaries* **15** (2013) 77–93.
- [60] 小林昭七，『円の数学』，裳華房，1999.
- [61] Y. Kohsaka & T. Nagasawa, On the existence for the Helfrich flow and its center manifold near spheres, *Diff. Integral Equations* **19** (2006) 121–142.
- [62] M. Kolář, M. Beneš and D. Ševčovič, Computational analysis of the conserved curvature driven flow for open curves in the plane, *Mathematics and Computers in Simulation* **126** (2016) 1–13.
- [63] N. Kollerstrom, Thomas Simpson and 'Newton's Method of Approximation': an enduring myth, *British Journal for History of Science* **25** (1992) 347–354.
- [64] V. D. Kupradze, On the approximate solution of problems in mathematical physics, *Russ. Math. Surveys* **22** (1967) 58–108.
- [65] V. D. Kupradze & M. A. Aleksidze, The method of functional equations for the approximate solution of certain boundary value problems, *USSR Comput. Maths. Math. Phys.* **4** (1964) 82–126.
- [66] Y. Kuramoto & T. Tsuzuki, Persistent propagation of concentration waves in dissipative media far from thermal equilibrium, *Progress of Theoretical Physics* **55** (1976) 356–369.
- [67] Y. Kurihara & T. Nagasawa, On the gradient flow for a shape optimization problem of plane curves as a singular limit, *Saitama Math. J.* **24** (2006/2007) 43–75.
- [68] 俣野博，『微分と積分3』，岩波講座 現代数学への入門9，岩波書店，1996.
単行本版：『現代解析学への誘い』，現代数学への入門，岩波書店，2004.
- [69] 松尾宇泰，宮武勇登，「微分方程式に対する構造保存数値解法」，『日本応用数理学会論文誌』**22** (2012) 213–251.
- [70] R. M. May, Simple mathematical models with very complicated dynamics, *Nature* **261** (1976) 459–467.
- [71] K. Mikula & D. Ševčovič, Evolution of plane curves driven by a nonlinear function of curvature and anisotropy, *SIAM J. Appl. Math.* **61** (2001) 1473–1501.
- [72] K. Mikula, D. Ševčovič and M. Balažovjech, A simple, fast and stabilized flowing finite volume method for solving general curve evolution equations, *Commun. Comput. Phys.* **7** (2010) 195–211.
- [73] 皆本晃弥，『C言語による数値計算入門：解法・アルゴリズム・プログラム』，サイエンス社，2005.
- [74] 皆本晃弥，『やさしく学べるC言語入門［第2版］：基礎から数値計算入門まで』，サイエンス社，2015.
- [75] 三井斌友，小藤俊幸，齊藤善弘，『微分方程式による計算科学入門』，共立出版，2004.
- [76] 森正武，『数値解析 第2版』，共立数学講座12，共立出版，2002.
- [77] W. W. Mullins, Two-dimensional motion of idealized grain boundaries, *J. Appl. Phys.*

27 (1956) 900–904.
[78] W. W. Mullins, Theory of thermal grooving, *J. Appl. Phys.* **28** (1957) 333–339.
[79] 室田一雄,「代用電荷法におけるスキームの「不変性」について」,『情報処理学会論文誌』**34** (1993) 533–535.
[80] K. Murota, Comparison of conventional and "invariant" schemes of fundamental solutions method for annular domains, *Jpn. J. Indust. Appl. Math.* **12** (1995) 61–85.
[81] 長岡亮介,『改訂版 数学の歴史』, 放送大学教育振興会, 1997.
[82] 長岡亮介, 渡辺浩, 矢崎成俊, 宮部賢志,『新しい微積分〈下〉』, 講談社, 2017.
[83] 中村健二, 矢崎成俊,「古典的曲率流の自己相似解の分類：Abresch-Langer の方法の再考」, 2002 年度科学研究費『巨大領域のための有限要素法と領域分割系ならびに関連事項』研究打ち合わせ会（横浜研究会）, 講演概要集 (2003) 26–35.
[84] K. Nakayama, H. Segur and M. Wadati, A discrete curve-shortening equation, *Methods and Appl. of Anal.* **4** (1997) 162–172.
[85] I. Newton, De analysi per aequationes numero terminorum infinitas, 1669.
[86] 二宮広和,『侵入・伝播と拡散方程式』, シリーズ・現象を解明する数学, 共立出版, 2014.
[87] 西浦廉政,『非線形問題1』, 岩波書店, 1999.
単行本版：『非平衡ダイナミクスの数理』, 岩波講座 現代数学の展開5, 岩波書店, 2009.
[88] J. J. O'Connor & E. F. Robertson, Thomas Simpson, (2005.2). http://www-history.mcs.st-andrews.ac.uk/Biographies/Simpson.html
[89] 岡本久,『現象の数理』, 放送大学教材, 2003.
リメイク新版：『日常現象からの解析学』, 近代科学社, 2016.
[90] 岡本久,「ニュートン法の話」,『数学のたのしみ・2006／春』, 日本評論社 (2006), 70–91.
[91] 岡本久, 桂田祐史,「ポテンシャル問題の高速解法」,『応用数理』**2** (1992) 212–230.
[92] 岡本久, 長岡亮介,『関数とは何か：近代数学史からのアプローチ』, 近代科学社, 2014.
[93] 長田直樹,「英国と日本における Newton 法（数学史の研究）」,『数理解析研究所講究録』**1677** (2010) 243–252.
[94] K. Osaki, H. Satoh and S. Yazaki, Towards modelling spiral motion of open plane curves, *Discrete and Continuous Dynamical Systems, Series* S **8** (2015) 1009–1022.
[95] K. Park, Discrete curvature based on area, *Honam Mathematical J.* **32** (2010) 53–60.
[96] P. Pauš & S. Yazaki, Exact solution for dislocation bowing and a posteriori numerical technique for dislocation touching-splitting, *JSIAM Letters* **7** (2015) 57–60.
[97] J. Rice & M. Mu, An Experimental Performance Analysis for the Rate of Convergence of 5-Point Star on General Domains, *Computer Science Technical Reports* CSD-TR **747** (1988).
[98] S. Roberts, A line element algorithm for curve flow problems in the plane, *CMA Research Report* **58** (1989); *J. Austral. Math. Soc. Ser.* B **35** (1993) 244–261.
[99] S. B. Russ, A translation of Bolzano's paper on the intermediate value theorem, *Historia Mathematica* **7** (1980), 156–185.
[100] 齊藤宣一,『数値解析入門』, 大学数学の入門9, 東京大学出版会, 2012.
[101] 齊藤宣一,『数値解析』, 数学探検17, 共立出版, 2017.
[102] 齊藤良行,『組織形成と拡散方程式』, コロナ社, 2000.
[103] K. Sakakibara & S. Yazaki, A charge simulation method for the computation of Hele-Shaw problem, *RIMS Kôkyûroku* **1957** (2015) 116–133.
[104] K. Sakakibara & S. Yazaki, Structure-preserving numerical scheme for the one-phase Hele-Shaw problems by the method of fundamental solutions, *Submitted* (2017).

[105] K. Sakakibara & S. Yazaki, On invariance of schemes in the method of fundamental solutions, *Appl. Math. Lett.* **73** (2017) 16–21.
[106] K. Sakakibara & S. Yazaki, Method of fundamental solutions with weighted average condition and dummy points, *JSIAM Lett.* **9** (2017) 41–44.
[107] 薩摩順吉, 「微分と差分」, 『数理科学』 **395** (1996) 26–31.
[108] D. Ševčovič & S. Yazaki, Evolution of plane curves with a curvature adjusted tangential velocity, *Japan J. Indust. Appl. Math.* **28** (2011) 413–442.
[109] M. J. Shelley, F.-R. Tian and K. Wlodarski, Hele-Shaw flow and pattern formation in a time-dependent gap, *Nonlinearity* **10** (1997) 1471–1495.
[110] M. Shōji, An application of the charge simulation method to a free boundary problem, *J. Fac. Sci. Univ. Tokyo Sect. IA Math.* **33** (1986) 523–539.
[111] T. Simpson, *Essays on Several Curious and Useful Subjects in Speculative and Mix'd Mathematicks, Illustrated by a Variety of Examples*, London, 1740.
[112] T. Simpson, *Mathematical Dissertation on a Variety of Physical and Analytical Subjects*, London, 1743.
[113] G. I. Sivashinsky, Nonlinear analysis of hydrodynamic instability in laminar flames—I. Derivation of basic equations, *Acta Astronautica* **4** (1977) 1177–1206.
[114] S. L. Smith, M. E. Broucke and B. A. Francis, Curve shortening and its application to multi-agent systems, *Proceedings of the 44th IEEE Conference on Decision and Control, and the European Control Conference 2005* (2005) 2817–2822.
[115] ギルバート・ストラング（著），日本応用数理学会（監訳），今井桂子，岡本久（監訳幹事），『世界標準 MIT 教科書 ストラング：計算理工学』, 近代科学社, 2017.
[116] 杉原正顯, 室田一雄, 『数値計算法の基礎』, 岩波書店, 1994.
[117] Y. Sun, Modified method of fundamental solutions for the Cauchy problem with the Laplace equation, *Int. J. Comput. Math.* **91** (2014) 2185–2198.
[118] Y. Sun, F. Ma and X. Zhou, An invariant method of fundamental solutions for the Cauchy problem in two-dimensional isotropic linear elasticity, *J. Sci. Comput.* **64** (2015) 197–215.
[119] 鈴木貴, 山岸弘幸, 『原理と現象：数理モデリングの初歩』, 培風館, 2010.
[120] 高木貞治, 『解析概論 改訂第三版』, 岩波書店, 1961.
[121] J. E. Taylor, Overview No.98 II—Mean curvature and weighted mean curvature, *Acta Metall. Mater.* **40** (1992) 1475–1485.
[122] J. E. Taylor, Motion of curves by crystalline curvature, including triple junctions and boundary points, Diff. Geom.: partial diff. eqs. on manifolds (Los Angeles, CA, 1990), Proc. Sympos. Pure Math., *Amer. Math. Soc.* **54** (1993) Part I, 417–438.
[123] J. E. Taylor, J. W. Cahn and C. A. Handwerker, Overview No.98 I—Geometric models of crystal growth, *Acta Metall. Mater.* **40** (1992) 1443–1474.
[124] 寺本英, 『数理生態学』, 朝倉書店, 1997.
[125] 登坂宣好, 中山司, 『境界要素法の基礎』, 日科技連出版社, 1987.
[126] T. K. Ushijima & S. Yazaki, Convergence of a crystalline algorithm for the motion of a closed convex curve by a power of curvature $V = K^\alpha$, *SIAM Journal on Numerical Analysis* **37** (2000) 500–522.
[127] D. J. Velleman, The generalized Simpson's rule, *The American Mathematical Monthly* **112** (2005.4), 342–350.
[128] D. T. Whiteside ed., *The mathematical papers of Isaac Newton, Vol. II*, 1667–1670,

Cambridge, 1968.
- [129] 山口昌哉, 『カオスとフラクタル』, 講談社ブルーバックス, 講談社, 1986.
- [130] 山口昌哉, 『カオス入門』, 朝倉書店, 1996.
- [131] 山本哲朗, 「Newton 法とその周辺」, 『数学』 **37**, 岩波書店 (1985), 1–15.
- [132] 山本哲朗, 『数値解析入門 [増訂版]』, サイエンス社, 2003.
- [133] 山中脩也, 『数値計算に潜む罠と精度保証』, 研究集会「数学と現象 in 清里」, (2017.1.31)；『乗除算における数値計算誤差』, 研究集会「数学と現象 in 清里」, (2018.2.4).
- [134] S. Yazaki, On the tangential velocity arising in a crystalline approximation of evolving plane curves, *Kybernetika* **43** (2007) 913–918.
- [135] 矢崎成俊,「クリスタライン曲率流方程式の解の漸近挙動について」, 小薗英雄, 小川卓克, 三沢正史（編）, 『これからの非線型偏微分方程式』, 第 12 章, 日本評論社, 2007.
- [136] S. Yazaki, A numerical scheme for the Hele-Shaw flow with a time-dependent gap by a curvature adjusted method, *Adv. Stud. Pure Math.* **64**, Math. Soc. Japan, Tokyo (2015) 253–261.
- [137] 矢崎成俊, 『界面現象と曲線の微積分』, シリーズ・現象を解明する数学, 共立出版, 2016.
- [138] 矢崎成俊, 『実験数学読本』, 日本評論社, 2016.
- [139] T. J. Ypma, Local Convergence of Inexact Newton Methods, *SIAM J. Numer. Anal.* **21** (1984) 583–590.

索引

英数字

1階辺上差分　186
1階後退差分　90, 107
1階弧長差分　185
1階前進差分　90, 107
1階双対差分　186
1階中心差分　90, 107, 182
1階頂点差分　188
1次収束　83
1次精度　24
1相内部ヘレ・ショウ問題　145
2階弧長差分　186
2階双対差分　187
2階中心差分　107
2次のルンゲ‐クッタ法　24
2分法　80
4次のルンゲ‐クッタ法　25

CFL条件　97

EOC　31

FFV　170

IEEE754規格　8

MFS　251

modified Korteweg-de Vries 方程式　147

NaN　9

p 次収束　70, 83

r 次精度　24

あ行

アイコナール方程式　140
アフィン曲率流方程式　142
異方的等周比　146
アルキメデスらせん　132
アレン‐カーン方程式　237
安定　98, 110, 113
安定性　125

移流方程式　87
陰解法　92
陰的　92
陰的スキーム　92

ウィルモア・エネルギー　138
ウィルモア流方程式　143
右端点則　50
打ち切り誤差　29

オイラー法　22, 24
重み付き曲率流方程式　141

——————— か行 ———————

開曲線　132
カオス的領域　35
隠れビット　9
風上差分スキーム　96
仮数　4
割線法　73
可分なハミルトン系　41
簡易ニュートン法　73
間接法　215

基本解近似解法　251
局所長　133
局所長保存流方程式　146
曲線　131
曲線短縮方程式　140
曲率　135
近似点　253

クーラン数　97
クッタの3/8公式　25
区分求積法　50
蔵本-シバシンスキー方程式　145
クランク-ニコルソン法　92
クリスタライン曲率流方程式　142

桁落ち　13
ゲタ履き表現　9
ケチ表現　9

拘束点　253
後退オイラー法　24
勾配流方程式　115
誤差　22
弧長　133
古典的曲率流方程式　140
古典的面積保存曲率流方程式　141
コンコイド曲線　132

——————— さ行 ———————

最近点への丸め　10
左端点則　50
差分商　22

差分方程式　22
時間差分　90, 107
時間についての前進差分　90
自己相似解　140
指数　4
重心　138
修正オイラー法　25
収束　100
収束次数　24
周長　137
周長保存流方程式　145
縮小写像　68
縮小写像の原理　68
情報落ち　12
上流差分スキーム　96
ジョルダン曲線　132
シンプソン則　57
シンプレクティック・オイラー法　41
シンプレクティック写像　42

数値実験による収束次数　31
数値積分　50

正規化　4
正則　133
正べき曲率流方程式　142
セカント法　73
接線角度　136
接線速度　135
遷移確率　121
全陰的　92
漸近的一様配置法　196
漸近的曲率調整型配置法　199
線形収束　83
前進差分
　1階——　90, 107
　時間についての——　90
全長　137
線の方法　91, 204
全離散化　89, 91, 92
全離散版総熱量　109

相対的局所長　147

増分　21
外向き単位法線ベクトル　134

─────── た行 ───────

第1変分　115
第2特異点　260
台形則　54
代用電荷法　253
ダビデンコの方法　72
ダミー点　260
単射　131
単位接線ベクトル　134
単純　131
弾性棒の曲げのエネルギー　138

秩序変数　238
中心差分スキーム　100
中点則　54
直接法　155, 215

ディドの問題　152
適合　98
電荷点　253

等高面の方法　215
等周比　146
特異点　253

─────── な行 ───────

ニュートン法　64
ニュートン-ラフソン法　76

熱伝導方程式　105
熱方程式　105
熱量保存則　105, 106

─────── は行 ───────

バイアス表現　9
倍精度　8
爆発　28
発散　138
ハミルトニアン　41
ハミルトン系　41

半陰的　92
半離散化　89, 91
半離散版総熱量　109

非数　9
非等方的曲率流方程式　141
非斉次界面エネルギー　142
非斉次外力項付き曲率流方程式　142
非負性　124
微分　21
微分商　21
表面拡散流方程式　141

フォン・ノイマンの安定性　100
符号　4
物質の総量保存則　123
浮動小数点数　4
不動点　68
負べき曲率流方程式　142
不変性　256
フレネ-セレの公式　135

閉曲線　131
平面曲線　131
ヘルフリッヒ流方程式　143
ヘレ・ショウセル　144
ヘレ・ショウ流方程式　145

ホイン法　25
法線速度　135

─────── ま行 ───────

丸め誤差　11
丸める　3

無限大　9

メンガー曲率　169
メンガー曲率流方程式　168
面積　137
面積・周長保存ウィルモア流方程式　143

―――――― や行 ――――――

有効桁数　3
有効数字　3

陽解法　92
陽的　92
陽的スキーム　91

―――――― ら行 ――――――

離散化誤差　29
離散変数法　22

ルンゲ‐クッタ法　25
　　2次の――　24
　　4次の――　25
ルンゲの1/6公式　25

零平均条件　258
レベルセットの方法　215

ロジスティック曲線　32
ロジスティック写像　34
ロジスティック方程式　31

著者紹介

矢崎 成俊(やざき しげとし)

2000年 東京大学大学院数理科学研究科数理科学専攻博士課程修了
現　在 明治大学理工学部数学科 教授
　　　 博士(数理科学)
専　門 界面現象や移動境界問題の数理解析(応用数学)
主　著 『新しい微積分〈上〉,〈下〉』(共著, 講談社, 2017)
　　　 『界面現象と曲線の微積分』(共立出版, 2016)
　　　 『実験数学読本:真剣に遊ぶ数理実験から大学数学へ』(日本評論社, 2016)
　　　 『大学数学の教則:数学ライセンス取得のためのノート』(東京図書, 2014)
　　　 『弱点克服:大学生のフーリエ解析』(東京図書, 2011)
　　　 『これからの非線型偏微分方程式』(共著, 日本評論社, 2007)

動く曲線の数値計算	著　者	矢崎成俊　© 2019
Numerical computation of moving plane curves	発行者	南條光章
	発行所	共立出版株式会社
2019 年 7 月 15 日　初版 1 刷発行		東京都文京区小日向 4-6-19 電話　03-3947-2511（代表） 〒 112-0006／振替口座 00110-2-57035 www.kyoritsu-pub.co.jp
	印　刷	啓文堂
	製　本	ブロケード

検印廃止
NDC 418.1, 413.6, 414.7
ISBN 978-4-320-11380-0

一般社団法人
自然科学書協会
会員

Printed in Japan

JCOPY ＜出版者著作権管理機構委託出版物＞
本書の無断複製は著作権法上での例外を除き禁じられています．複製される場合は，そのつど事前に，出版者著作権管理機構（ＴＥＬ：03-5244-5088，ＦＡＸ：03-5244-5089，e-mail：info@jcopy.or.jp）の許諾を得てください．

シリーズ・現象を解明する数学

全10巻

三村昌泰・竹内康博・森田善久編集

本シリーズは，今後数学の役割がますます重要になると思われる生物，生命，社会学，芸術などの新しい分野の現象を対象とし，「現象」そのものの説明と現象を理解するための「数学的なアプローチ」を解説する。数学が様々な問題にどのように応用され現象の解明に役立つかについて，基礎的な考え方や手法を提供し，一方，数学の新しい研究テーマの開拓に指針となるような内容のテキストを目指す。

【各巻】A5判・上製
税別本体価格

生物リズムと力学系
郡　宏・森田善久著

様々なリズムと同期／力学系の初歩とリミットサイクル／位相方程式による同期現象の解析／位相ダイナミクスの力学系理論／付録(位相方程式の拡張他)／他

188頁・**本体2800円**・ISBN978-4-320-11000-7

だまし絵と線形代数
杉原厚吉著

だまし絵／立体復元方程式／遠近不等式／視点不変性／立体復元の脆弱性の克服／錯視デザイン―不可能立体・反重力すべり台／線画理解の数理モデル／他

150頁・**本体2600円**・ISBN978-4-320-11001-4

タンパク質構造とトポロジー
―パーシステントホモロジー群入門―
平岡裕章著

単体複体(ホモトピー他)／ホモロジー群(タンパク質のホモロジー群他)／パーシステントホモロジー群／参考文献／他

142頁・**本体2600円**・ISBN978-4-320-11002-1

侵入・伝播と拡散方程式
二宮広和著

自然界の伝播現象／反応拡散系に見られる伝播現象／拡散／1次元進行波解／最大値の原理／進行波解の性質／界面方程式／反応拡散系の進行波解／他

196頁・**本体3000円**・ISBN978-4-320-11003-8

パターン形成と分岐理論
―自発的パターン発生の力学系入門―
桑村雅隆著

現象と微分方程式(単振り子他)／安定性(流れとベクトル場他)／分岐(サドルノード分岐他)／付録(数値計算法に関する事項他)／他

216頁・**本体3200円**・ISBN978-4-320-11004-5

界面現象と曲線の微積分
矢崎成俊著

身近にあふれる界面現象／平面曲線と曲率に関する基本事項／界面現象を数学的に記述するための準備／等周不等式とその精密化／異方性と等周不等式の一般化／他

232頁・**本体2800円**・ISBN978-4-320-11005-2

ウイルス感染と常微分方程式
岩見真吾・佐藤　佳・竹内康博著

数理科学と実験ウイルス学の融合／ウイルス感染の数理モデル／抗HIV治療の数理モデル／抗HCV治療の数理モデル／リンパ球ターンオーバーの数理モデル／他

182頁・**本体3000円**・ISBN978-4-320-11006-9

❖主な続刊テーマ❖

渋滞とセルオートマトン
　　　　　　……………友枝明保・松木平淳太著
自然や社会のネットワーク……守田　智著
蟻の化学走性……西森　拓・末松信彦著

続刊テーマ・著者名は変更される場合がございます

---

https://www.kyoritsu-pub.co.jp/　　**共立出版**　　※価格は変更される場合がございます※